U0342512

作者简介

　　沈政昌，1960年6月出生，江苏省常熟市人，博士。北京矿冶研究总院研究员，新世纪百千万人才工程国家级人选。一直从事矿物加工设备研究及工程转化，在我国浮选设备大型化、创建和完善新的浮选装备体系、带动浮选工艺变革、拓展浮选应用等方面起到了关键作用。获得"十一五"国家科技支撑计划执行突出贡献奖、中国有色金属工业科学技术突出贡献奖，并获国家科技进步奖2项、国家发明奖3项。先后在国内外学术刊物和专业学术会议上发表论文60余篇。享受国务院政府特殊津贴。

图1　KYF、XCF、GF 浮选机在河南某铝厂的使用现场

图2　KYF、XCF、GF 浮选机在山西某铝业有限公司的使用现场

图3 KYF-200 浮选机在德兴铜矿大山选矿厂的使用现场

图4 KYF-160 浮选机在中国黄金乌努格土山铜钼矿的使用现场

图5　KYF-320浮选机在中国黄金乌努格土山铜钼矿的使用现场

图6　BF-16浮选机在会泽铅锌矿的使用现场

图7 KYF-50 浮选机在金川集团 6000t/d 选矿厂的使用现场

图8 KYF/XCF-50 浮选机在酒泉钢铁公司的使用现场

图9　KYF/XCF-50浮选机在大冶铁矿的使用现场

图10　KYF/XGF-50浮选机在包钢选矿厂的使用现场

图11　KYF-100浮选机在锦丰金矿的使用现场

图12　XCF/KYF-50浮选机在云南磷化集团昆阳磷矿的使用现场

图13　4.5m 直径浮选柱和 KYF-130 浮选机在云南磷化集团昆阳磷矿的使用现场

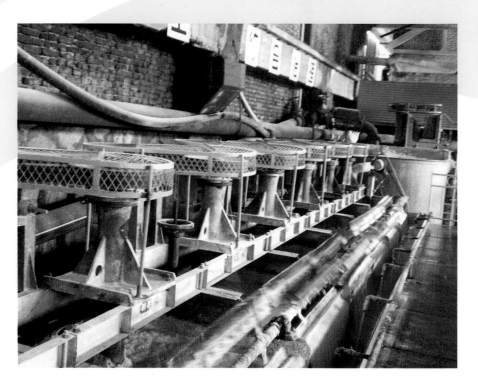

图14　CLF 浮选机在通辽矽砂工业公司的使用现场

浮选机理论与技术

沈政昌 著

北 京

冶金工业出版社

2012

内 容 提 要

浮选机是矿物加工过程的核心装备之一，世界上90%的有色金属、50%以上的黑色金属矿物采用浮选法处理，国内外对浮选机的研究、设计、制造和应用一直非常重视。本书对北京矿冶研究总院近三十年来在浮选机领域的理论研究、技术开发、工业实践等方面的工作进行了总结，同时介绍了国内外浮选机技术方面的研究与进展。本书主要内容包括：浮选理论基础及浮选机发展历史与趋势、浮选机的工艺性能、浮选机内动力学分析、浮选机大型化技术、浮选机流场模拟与测量、自吸气机械搅拌式浮选机、充气机械搅拌式浮选机、浮选机过程控制系统、浮选机的选型设计和浮选机应用实例。

本书可作为高等院校矿物加工专业、化学工程和矿山机械专业本科生和研究生的学习参考书，也可供研究院所、矿山企业等相关科技人员参考。

图书在版编目(CIP)数据

浮选机理论与技术/沈政昌著. —北京：冶金工业出版社，2012.10
ISBN 978-7-5024-6107-2

Ⅰ. ①浮 …　Ⅱ. ①沈…　Ⅲ. ①浮选机—研究　Ⅳ. ①TD456

中国版本图书馆 CIP 数据核字(2012)第 284794 号

出 版 人　谭学余
地　　　址　北京北河沿大街嵩祝院北巷 39 号，邮编 100009
电　　　话　(010)64027926　电子信箱　yjcbs@cnmip.com.cn
责任编辑　杨秋奎　美术编辑　彭子赫　版式设计　孙跃红
责任校对　王贺兰　责任印制　牛晓波
ISBN 978-7-5024-6107-2
冶金工业出版社出版发行；各地新华书店经销；北京百善印刷厂印刷
2012 年 10 月第 1 版，2012 年 10 月第 1 次印刷

787mm×1092mm　1/16；16.25 印张；4 彩页；405 千字；249 页

66.00 元

冶金工业出版社投稿电话: (010)64027932　投稿信箱: **tougao@cnmip.com.cn**
冶金工业出版社发行部　电话: **(010)64044283**　传真: **(010)64027893**
冶金书店　地址: 北京东四西大街 46 号(100010)　电话: **(010)65289081**(兼传真)
　　　　　　(本书如有印装质量问题，本社发行部负责退换)

前　言

浮选机是矿物加工过程的核心装备之一，世界上90%的有色金属、50%以上的黑色金属矿物采用浮选法处理。国内外对浮选机的研究、设计、制造和应用一直非常重视。浮选设备一般根据有无搅拌机构分为浮选柱和浮选机，两者工作原理差别较大，本书仅以浮选机为研究对象，向读者展现世界尤其是我国在浮选机技术方面的研究与进展。我国自1960年以来在浮选机理论和技术方面进行了深入的研究，特别是近30年来，研究的总体思路立足于国内实际，充分调研和分析现有浮选机存在的问题，通过研制新型浮选机叶轮–定子系统，简化浮选机结构，建立适合矿物选别要求的矿浆运动路线；改进浮选机槽体结构及矿浆循环方式，提高浮选机对不同矿物、不同粒级矿物的适用性；同时在浮选机大型化方面进行了大量的研究工作，分别确定了最佳放大技术参数和流体动力学技术路线，并取得了巨大成功，形成了具有鲜明特点的我国浮选机体系，其中主要包括了自吸气机械搅拌式浮选机、充气机械搅拌式浮选机、充气自吸浆式浮选机、粗颗粒矿物浮选机、选磷浮选机、闪速浮选机、浮选机联合机组以及浮选机大型化、系列化等方面的内容。最近十几年，经过进一步的理论探索与试验研究，成功解决了浮选机大型化过程中遇到的粗粒矿物回收率低、细粒回收效果差、短路概率高与泡沫输送慢等世界性难题，研制成功了容积为$40m^3$、$50m^3$、$70m^3$、$100m^3$、$130m^3$、$160m^3$、$200m^3$和$320m^3$浮选机，并实现了大规模工业化应用，设备综合性能及技术经济指标达到国际领先，使我国成为世界上掌握大型浮选机关键技术的三个国家之一。

我国浮选机理论与技术的研究所取得的成就是几十年来几代科研人员共同奋斗和拼搏的结果，特别是第一代科研人员——刘振春、谢百之、邱广泰、张鸿甲、韩寿林等做出了卓越的贡献，他们不仅开启了我国浮选机理论与技术研究的时代，而且形成一个浮选机理论技术研究的团队，最终确定了我国在这一领域的国际领先地位。通过对浮选机理论与技术方面的研究成果综合整理，写出一本专著，让对关心这一领域的人士更好地了解这些成果。此外，本书也致力于加速我国浮选机先进技术的推广应用并使其走向世界，实现几代浮选机科研人员的心愿。

本书共分10章，对浮选技术与理论的发展做了详细的论述，特别是对以北京矿冶研究总院所设计制作的具有代表性的浮选机为例，向读者展示了当今浮选技术及设备的研究发展状况。第 1 章绪论，叙述了浮选理论基础以及浮选设备的发展历史与趋势；第 2 章浮选机工艺性能，对浮选机应用与浮选工艺所涉及的重要参数进行了论述和评价，并介绍了如何评价生产过程中浮选机的性能；第 3 章浮选机内动力学分析，对浮选过程中的矿粒—气泡的碰撞、附着和脱落进行了分析研究，并着重对粗、细粒矿物的浮选动力学进行了详细分析，同时介绍了浮选机槽内动力学分区；第 4 章浮选机大型化技术，简要介绍了国外主要生产商的浮选设备放大技术，并对我国浮选机大型化的技术进行了详细论述；第 5 章浮选机流场模拟与测量，介绍了计算流体力学模拟（CFD）对浮选机研究的意义、研究理论以及实例应用，同时对浮选机内流场测量的方法和原理做了介绍；第 6 章自吸气机械搅拌式浮选机，介绍了国内外主要自吸气机械搅拌式浮选机的发展概况，并以国内使用较为广泛的 JJF、GF 和 BF 等浮选机为典型进行了更为详尽的说明；第 7 章充气机械搅拌式浮选机，介绍了国内外主要充气机械搅拌式浮选机的发展概况，并以国内使用较为广泛的 KYF、XCF 和 CLF 等浮选机为典型进行了详细介绍和说明；第 8 章浮选机过程控制系统，在介绍浮选机过程控制的同时，详细论述了浮选机液位、充气量控制和泡沫图像分析技术，并提出了浮选过程控制所面临的一些问题和发展趋势；第 9 章浮选机的选型设计，介绍了浮选机选型、规格型号和选择、配置方式选择和评判方法等；第 10 章浮选机应用实例，从有色金属矿、黑色金属矿、稀贵金属矿和非金属矿四大矿种领域介绍了浮选机的应用实践。

感谢"十一五"国家科技支撑计划课题"大型高效浮选设备研制（2006BAB11B08）"、"十五"国家科技支撑计划课题"大型高效节能选矿设备研制（2004BA615A-08）"、国家自然科学基金项目"充气式浮选机关键参数对气–液–固三相流态的影响研究（51074027）"对本书的支持。

感谢孙传尧院士在书的完成过程中提出的宝贵意见和建议。此外，感谢许多朋友和同事的帮助，特别是：卢世杰、杨丽君、陈东、史帅星、张跃军、韩登峰、张明、杨文旺，他们的工作使得本书能够顺利完稿。

由于作者水平所限，书中不妥之处，恳请广大读者及同行不吝指教。

2012 年 8 月

目　　录

1 绪　　论

　　自然界蕴藏着极为丰富的矿产资源,选矿就是利用矿物的物理或物理化学性质的差异,借助各种选矿设备将矿石中的有用矿物和无用脉石矿物分离,并达到有用矿物相对富集的过程。选矿学是研究矿物分选的学问,是一门分离、富集、综合利用矿产资源的技术科学。

　　有用矿物和无用脉石矿物通常是共生在一起的,把矿石加以破碎,使之能彼此分离,然后,将有用矿物加以富集,无用的脉石抛弃,这样的工艺过程称为选矿。在选矿过程中选出的有用矿物称为精矿,抛弃的无用矿物称为尾矿。

　　根据不同的矿石类型和对选矿产品的要求,在实践中可使用不同的选矿方法,常用的选矿方法有浮选法、重选法、磁选法、电选法,其中浮选法应用最广,绝大多数有色金属和大多数的黑色金属、非金属矿石均采用浮选法;重选法广泛地应用于黑色、有色、稀有金属和煤的分选;磁选法多用于黑色金属和稀有金属矿石的分选,也可用于从非金属矿物原料中除去含铁杂质,还可用于净化生产、生活用水以及重介质选煤中磁铁矿的回收;电选法用于有色金属矿石和稀有金属矿石、黑色金属矿石的分选,还用于非金属矿石的分选。除上述常用的四种选矿方法外还有光电选矿法、化学选矿法及其他特殊选矿法。选矿方法有时是单独使用,有时是几种方法联合使用。

　　选矿过程离不开设备和检测技术,选矿技术水平和生产实践的发展促进了选矿设备和仪表工业的发展,形成了一个选矿设备及仪表制造分支,这些先进的设备、仪表促进了选矿工艺和科研活动的发展,特别是进入21世纪,浮选设备大型化、高效化、自动化水平迅速提高,大大促进了选矿技术的进步。

　　本章简要介绍浮选技术的发展历史和发展趋势、浮选工艺、浮选药剂、浮选机的发展历史以及浮选机的分类。

1.1　浮选理论基础

1.1.1　浮选

　　浮选是依据矿物表面物理化学性质的不同,在气–液–固三相界面上分选矿物的科学技术。伴随浮选工业的日益发展,浮选领域已从矿业领域扩展到其他领域。在古老的金银淘洗加工过程中,人们就已知道利用金粉的天然疏水性及亲油性,将鹅毛蘸上油去刮取浮在水面的金粉,使其与尘土等亲水性的杂质分离。大规模工业化的浮选法是从19世纪末期才发展起来的。

　　湿润现象是自然界中一个常见的现象。在干净的玻璃上滴一滴水,这滴水会很快沿玻璃表面展开,成为平面凸镜的形状。若在石蜡上滴一滴水,这滴水则力图保持球形,但因重力的影响,使水滴在石蜡上形成一椭圆形水滴而不展开。这两种不同现象表明:玻璃能被水润湿,是亲水物质;石蜡不能被水润湿,是疏水物质。

同样，将一水滴滴于干燥的矿物表面上，或者将一气泡给于浸在水中的矿物表面上，就会发现不同矿物的表面被水润湿的情况是不同的。在一些矿物（如石英、长石、方解石等）表面上水滴很易铺开，或者气泡较难以在其表面上扩展；而在一些矿物（如石墨、辉钼矿）表面上则相反，表明这些矿物表面的亲水性逐渐减弱，而疏水性逐渐增强。

矿物表面所谓"亲水"、"疏水"之分是相对比较而言的。矿物表面的润湿性的大小常用接触角θ这个物理量来度量。在一浸于水中的矿物表面上附着一个气泡，当附着达到平衡时，气泡在矿物表面形成一定的接触周边，称为三相润湿周边。在任何两相界面都存在界面自由能，以$\sigma_{固水}$、$\sigma_{水气}$、$\sigma_{固气}$分别表示固水、水气、固气三个界面上的界面自由能。并以固水与水气两个界面自由能所包之角（包括水相）称为接触角。由图 1.1 可以看到，在不同矿物表面上接触角是不同的，所以接触角大小可以标志矿物表面的润湿性。如果矿物表面所形成的θ角很小或接近于零，则称其表面具有亲水性；反之，如果形成的θ角较大，则称其表面具有疏水性。亲水性和疏水性的明确界限是不存在的，只是一个定性的相对的概念。θ角越大说明矿物表面的疏水性越强；反之，θ角越小说明矿物表面的亲水性越强。

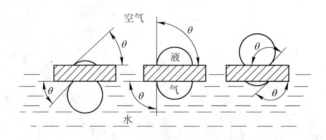

图 1.1　不同矿物表面的润湿现象

矿物表面接触角大小是三相界面性质的一个综合效应[1]。在一个光滑的矿物表面上滴上一个水滴，当达到平衡时润湿周边不动。作用于润湿周边上的三个表面张力在水平方向的分力必为零，即：

$$\sigma_{固气} = \sigma_{固水} + \sigma_{水气} \cos\theta$$

或

$$\cos\theta = \frac{\sigma_{固气} - \sigma_{固水}}{\sigma_{水气}} \qquad (1.1)$$

式 1.1 表明，平衡接触角θ是三相界面自由能的函数，它不仅与矿物表面性质有关，而且与水相、气相的界面性质也有关。

Young 在 1805 年曾以定型的形式表达了式 1.1，因此式 1.1 通常称为杨氏（Young）公式。

1.1.1.1 矿物可浮性

浮选过程从宏观看是一个物理过程，其实质是有用矿物与脉石矿物的分离。从微观看，浮选过程发生的是一系列物理的、化学的以及物理化学的过程。研究这样一个复杂的体系是一个非常困难的任务。浮选过程最基本的行为是浮选气泡的矿化，即矿粒在气泡上的附着。这一基本行为的理论分析已有不少专著进行了讨论。运用热力学分析的方法，可以将这一体系简化为如图 1.2 所示状态。将体系看作是一个等温等压体系，那么矿粒与气泡的附着前体系的自由能 W_1 为：

$$W_1 = S_{水气}\sigma_{水气} + S_{固水}\sigma_{固水} \tag{1.2}$$

式中　　$S_{水气}, S_{固水}$——分别为矿粒、气泡在水中的表面积；

　　　　$\sigma_{水气}, \sigma_{固水}$——分别为水气、固水界面表面自由能。

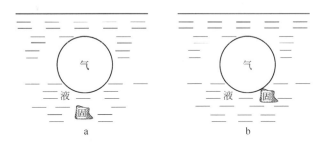

图 1.2　矿粒与气泡固着前后状态
a—附着前；b—附着后

假定我们只讨论附着一个单位面积，即 $S_{固气} = 1$；且附着后气泡仍保持球形不变，则矿粒与气泡附着后的体系自由能 W_2 为：

$$W_2 = (S_{水气} - 1)\sigma_{水气} + (S_{固水} - 1)\sigma_{固水} + \sigma_{固气} \tag{1.3}$$

附着前后体系自由能的变化为：

$$\Delta W = W_1 - W_2 = \sigma_{水气} + \sigma_{固水} - \sigma_{固气}$$

式 1.3 中 $\sigma_{固水}$、$\sigma_{固气}$ 目前尚不能直接测定，用杨氏公式代入，得到：

$$\Delta W = \sigma_{水气}(1 - \cos\theta) \tag{1.4}$$

ΔW 为附着单位表面积附着前后体系自由能的变化，浮选上称为可浮性指标或黏附功。如果 $W_1 > W_2$，则 $\Delta W > 0$，则说明黏着过程体系自由能是降低的，按热力学第二定律此过程可以自发进行。从式 1.4 可以看到，可浮性指标是水气界面表面自由能和矿物表面润湿接触角 θ 的函数。对绝对亲水的矿物，$\theta = 0°$，$\Delta W = 0$，矿物不能自发固着于气泡；当 $\theta > 0°$ 时，则 $\Delta W > 0$，θ 越大 ΔW 也越大，故越是疏水的矿粒固于气泡的自发趋势越显著。疏水性矿粒能固着于气泡而亲水性矿粒不能固着于气泡，这里得到了初步的解释。

1869 年 Dupre 曾以黏附功的定义以代数的形式陈述了式 1.4，将实际上有联系的式 1.1 和式 1.4 称为 Young 和 Dupre 公式。

A　矿物内部结构及自然可浮性

自然界中的矿物绝大多数都是晶体，组成矿物的原子、分子或离子以一定的几何晶格在空间排列，原子、分子或离子之间以一定的键联系起来。矿物晶格结构的差别，主要与其结晶键能有关。键能不仅影响矿物内部性质，也影响矿物表面性质。矿物表面的物理化学性质对可浮性起主导作用。理想矿物的结晶构造及键能比较有规律，但实际矿物则有晶格缺陷等物理的不均匀性，也有如类质同象等化学不均匀性的存在。其次矿物的氧化及溶解也影响其可浮性。

B 矿物的晶体结构及键能

经破碎解离出来的矿物表面，由于晶格受到破坏，表面有剩余的不饱和键能，因此具有一定的"表面能"。这种表面能对矿物与水、溶液中的离子和分子、浮选药剂及气体等的作用起决定性的影响。处在矿物表面的原子、分子或离子的吸引力和表面键能的特性，取决于矿物内部结构及断裂面的结构特点[2]。

晶体化学上根据晶体内部键的性质将矿物晶体分为四类：离子晶体、共价晶体、分子晶体和金属晶体。

天然矿物的晶体，除了上述四种典型晶体外，常碰到以下两种情况：

（1）在天然矿物晶体中，除了四种典型的键外，还有一些过渡形式的键。实际上过渡形式的键不仅在矿物晶体中常遇到，在一般分子结构中也常遇到。极性键就是过渡形式的键，这种键在晶体内是常见的。

（2）由三种或三种以上的元素构成的晶体常遇到同时存在几种不同性质的键。

图 1.3 所示为四种典型的矿物晶体晶格结构。岩盐（NaCl）是一种离子晶体，图 1.3a 中的虚线表示可能裂开的断裂面。萤石（CaF_2）也是离子晶体，Ca^{2+}和 F^-之间有较强的作用力，F^- 和 F^-之间作用力较弱，从而易于沿此界面断裂。重晶石（$BaSO_4$）有一个基团，基团内部是共价键，金属离子与基团之间是离子键，晶格往往沿离子交界面断裂。石墨具有典型的层状结构。石墨中碳原子在同一层内相距 0.142nm，层与层之间的距离为 0.339nm，所以易于沿此层片间裂开。

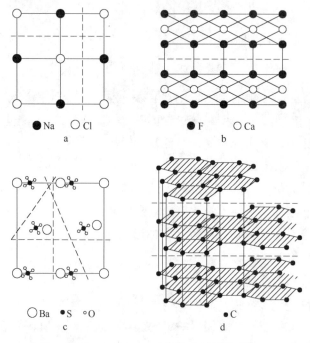

图 1.3 典型矿物晶格及可能断裂面
a—岩盐（NaCl）；b—萤石（CaF_2）；c—重晶石（$BaSO_4$）；d—石墨（C）

实际上许多矿物的结构并不是典型的，例如，最常见的石英就是介于离子晶格、共价晶格及架状结构等过渡形式。图1.4所示为硅氧四面体的基本结构，图1.4中黑小球代表硅，周围有四个白的大球代表氧。Si—O键中，40%是离子键，60%是共价键。硅氧四面体以共有角顶氧的方式，聚合组成各种硅酸盐络阴离子，名为硅氧骨干，硅氧骨干与不同阳离子化合，可以生成各种各样的硅酸盐矿物。

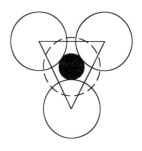

图1.4 硅氧四面体基本结构

C 矿物的自然可浮性

矿物断裂以后，有的矿物表面呈亲水性，有的矿物呈现一定的疏水性，主要决定于矿物表面键的性质。表面是强的离子键或共价键，表面具有强的亲水性；表面是弱的分子键，表面具有强的疏水性。亲水性矿物表面易被水润湿，自然可浮性差；疏水性矿物表面难被水润湿，自然可浮性好。

自然界常见的矿物，自然可浮性好的矿物较少。具有分子键的晶体，例如石蜡、硫黄，有良好的自然可浮性；具有片状或层状结构的晶体，例如石墨、滑石，具有中等的自然可浮性；浮选上常见的多数矿物，具有强的亲水性，自然可浮性差。大多数硫化矿物、氧化矿物、硅酸盐等都有强的亲水性，未经捕收剂作用都不能实现浮选。自然可浮性好的矿物，为了提高它的回收率，一般也要加适量的捕收剂。自然可浮性好的一些脉石矿物，为了抑制它的浮选，经常要用有选择性的抑制剂。实践上对易浮脉石的抑制常是一个困难的问题。

D 矿物溶解和氧化与可浮性

水和矿物之间的作用不仅会使矿物被水润湿并在矿物表面形成水化层，而且还会引起矿物在水中的溶解。由于矿物的溶解使水中含有某些与矿物组成有关的分子或离子。矿物置于水中，它的表面将吸引极性水分子。以一离子晶体为例，晶格表面正负离子外围吸引了一些水分子，这一作用结果使离子晶体内部的键能削弱，最终有可能使离子脱离晶格溶解于水中。离子溶于水中后形成水化离子。矿物的溶解一方面吸收能量破坏晶格键，这一能量等于矿物的晶格能，矿物将溶解；另一方面离子的水化将放出能量，这一能量等于离子的水化能。如果水化能大于晶格能，矿物将溶解，这两个能量的差值即为矿物的溶解热。

离子的水化能随着离子价数的增加和离子半径的减小而增大，晶格能也如此，然而随着离子价数的增加，水化能增加的速度较晶格能慢，所以增大离子价数将降低溶解度。这就解释了为什么二价金属的硫化物和氧化物的溶解度大大地低于相应金属一价的化合物。

水中的气体与矿物的作用对矿物的溶解有显著的影响，特别是氧的作用，据测定，1L雨水中含$25\sim30cm^3$的气体，其中30%为O_2、10%为CO_2、60%为N_2。这一含量比例和大气中气体的组成比较，显然O_2和CO_2富集了。

氧对硫化物的作用使矿物发生氧化，生成含氧的化合物。例如，黄铁矿氧化结果生成硫氧化物H_2SO_4、$FeSO_4$、$Fe_2(SO_4)_3$等。方铅矿和闪锌矿氧化的结果生成相应金属的硫氧化物。硫氧化物氧化的结果大大增大了矿物的溶解度，使矿浆中的重金属离子和硫酸根离子的浓度大大地增加。

氧与硫化物相互作用过程分阶段进行。第一阶段：氧的适量物理吸附，硫化物表面保持疏水；第二阶段：氧再吸收硫化物，晶格的电子之间发生离子化；第三阶段：离子化的氧化学吸附并进而使硫化物发生氧化生成各种硫酸基。

研究表明，各种硫化矿的可浮性深受氧化的影响，在一定限度内，矿物的可浮性随氧化而变好。但过分氧化，则起抑制作用。例如方铅矿在纯水中，与黄药的作用不强，故其可浮性不好。微量氧的作用，加强了黄药的吸附，提高了可浮性。可能的解释是，氧与矿物表面硫离子的作用，形成半氧化状态，生成一部分易于解离的 SO_4^{2-} 进入溶液，于是表面附近的 Pb^{2+} 有不满足的键能，与溶液中的黄原酸离子（X^-）起作用，使表面变成疏水上浮。方铅矿的氧化会引起表面电子状态的变化，在中性及弱碱性矿浆中，方铅矿表面可能析出部分元素硫，有利于形成疏水性表面。过分氧化时，方铅矿的可浮性又变坏，这是因为方铅矿表面大部分被氧化成 $PbSO_4$，而 $PbSO_4$ 不稳定易溶解，捕收剂离子不能牢固吸附，所以可浮性下降。

上述内容说明氧化作用的多样性。浮选体系中氧化还原的控制有很大的实践意义，浮选过程中充气搅拌的强弱与时间长短是浮选操作控制的重要因素之一，例如，短期适量充气，对一般硫化矿浮选有利，但长期过分充气，磁黄铁矿、黄铁矿可浮性会下降。这可能是过分充气生成 $FeSO_4$、$FeO(OH)$ 所致。

调节矿物的氧化还原过程，可以调节可浮性，目前采用措施有：

（1）调节搅拌调浆及浮选时间；

（2）调节浮选机的充气量；

（3）调节搅拌强度；

（4）调节矿浆 pH 值；

（5）加入氧化剂或还原剂。

1.1.1.2 浮选技术的发展历史及发展趋势

A 发展历史

中国古代曾利用矿物表面的天然疏水性来净化朱砂、滑石等矿质类药物，使矿物细粉漂浮在水面上，而无用的废石颗粒沉下去。在淘洗砂金时，用羽毛蘸油粘捕亲油疏水的金、银细粒，当时称为鹅毛刮金。明宋应星《天工开物》记载，金银作坊回收废弃器皿上和尘土中的金、银粉末时"滴清油数点，伴落聚底"。这就是浮选法选金的最初应用。

今天所应用的泡沫浮选起源于 20 世纪初的澳大利亚。

1903 年，埃尔默提出的混合油浮选法，该法被认为是浮选领域的希望。1903 年 11 月出版的学院杂志《加利福尼亚技术杂志》上有一篇由三个加利福尼亚大学优秀学生发表的文章，题目为《埃尔默油富集法的试验研究》。在文中他们描述道："该法是基于在矿浆润湿处理过程中具有金属光泽的矿物黏附在油滴上，而土质矿物不会黏附。"

1904 年，埃尔默的真空-油浮选专利是现代泡沫浮选的起点。使用 2kg/t 的油，利用溶解在水中的空气浮起黏附在油滴上的硫化物颗粒，也可用矿浆酸化释放出的二氧化碳气体作为上浮的一部分气体。

众所周知，浮选实际上是开始于 1905 年苏尔曼、皮卡德和巴劳特的矿物分离专利，他们用油性起泡剂，并通过搅拌，使气泡弥散在矿浆中。

1906 年，基尔比获得了一项专利，通过特别轻度的搅拌和明确使用空气，因而可以用较稀的油代替埃尔默专利中所要求的黏稠的油。

第一个不用酸或油，而明确提出用空气作为唯一浮选药剂的发明者是诺里斯，为此他于 1907 年申请了专利。

1909 年，格林韦、萨尔曼和希金斯发现了能溶的起泡剂（如酮和酒精），改进了浮选法，进一步降低浮选所需的油用量。

1911 年，在美国蒙大拿州的 Basin 建立了第一座浮选厂——Timber Butte 选矿厂。

从 1913 年到 1922 年，可以说浮选首次成功用于商业，特别在美国。第一个重要的工业浮选厂由 Butte & Superior 公司于 1913 年投产。

1916 年，气泡被认为是浮选学科的关键，理查德认为浮选取得了很大进步："我们知道浮选法的关键不是油、酸或设备，而是气泡。了解肥皂泡物理现象的人抓住了浮选的主要神秘之处。"

1920 年，朗格缪尔首次提出浮选理论，即药剂在矿物表面上的吸附现象和矿物在气泡上的附着。

1921 年，珀金斯发现了化学成分确定的 α-萘胺和均二苯硫脲在促进硫化矿物浮选中的重要作用后，浮选进入了一个新的时代。

1924 年，凯勒发现，可溶于水的黄药是高效浮选捕收剂。自那以后，其他一些研究者还发现，在碱性溶液中可用氰化物抑制黄铁矿和闪锌矿浮选。

1930 年美国氰胺公司的克里斯曼进一步详细阐述了浮选理论。此时浮选开始用于非硫化矿石处理中。在处理磷酸盐矿石、石灰石、钾盐矿石、萤石矿石和重晶石矿石中获得了满意的结果。浮选的应用领域进一步扩大，如从低品位铁矿石中获得高品位铁精矿和精选煤。

1934 年，高登评论道："浮选发展如此迅速，但起作用的一个重要因素即溶解气体的化学作用几乎没有得到注意。最新理论表明，在许多情况下气体是很重要的，极有可能通过控制气体就可以控制浮选。"

1958 年，富尔斯特瑙和魏曼发表的有关化学药剂对水中气泡运动影响的研究结果，清楚地表明有机表面活化剂（起泡剂）的吸附延迟了气泡的运动速度。

为了浮选硫化矿物，将各种油（如木材加工得到的油和煤焦油）作为捕收剂与起泡剂（松枝油和松脂油）联合使用。需要指出的是，这些捕收剂的化学成分都是不确定的。当时只能回收混合硫化矿精矿，而不能用当时已知的浮选药剂分离不同种类的硫化矿物。

20 世纪 60 年代以来，随着世界经济的快速发展，一方面人类对矿物资源的需求不断增加；另一方面，矿物资源中的富矿减少、贫细矿资源增加，而且矿山、冶炼厂排出的废水、固体废弃物等对环境的污染与治理问题日益受到重视，传统的选矿技术与理论已不能完全适应并解决这些问题。

为了从贫细矿物资源中有效地分离、富集矿物，充分合理地利用资源，并解决环境问题，选矿科技工作者开始认识到，不仅存在传统的选矿技术不能有效地解决贫细矿物资源的分离问题，而且更重要的问题是资源的综合利用。这就需要综合利用多学科的知识与新成就，寻找新的学科起点，开发新的科学技术，以实现矿物资源的综合利用，包括分离、富集贫细矿物资源的新技术、工艺和设备，矿物的提纯与精加工，环境的综合治理，矿物新用途的开发等。为此，近几年来选矿及相邻学科的科技工作者在选矿学及交叉领域，进行了大量的基础理论与工艺技术的研究。同时由于相邻学科的发展，如电化学、量子化学、表面及胶体化学、紊流力学、生物工程、冶金学、材料科学与工程及计算机科学与技术在选矿领域中的应用，形成了许多新的学科方向和各种矿物加工利用新技术。

B　发展趋势

持续增长的全球经济对矿物原料质量与数量的要求不断增加。伴随矿产资源日趋贫乏复杂的变化趋势与科学技术的迅猛发展，选矿厂的规模不断扩大，这对选矿工艺、药剂和选矿设备提出了很大的挑战。选别工艺在不断创新，应用领域也在不断拓展；药剂向着作用力强、选择性好、用量少、绿色环保的方向发展；浮选设备的研制向着系列化、大型化、自动化的方向迈进。矿物工艺学、化学、物理学、表面化学、流体动力学、概率统计等理论在浮选技术中的渗透将不断深入浮选机理研究。

1.1.2　浮选工艺

影响浮选过程的工艺因素很多，其中较重要的有：矿物粒度（磨矿细度）、矿浆浓度、药剂的添加及调节、气泡及泡沫的调节、矿浆温度、水质、浮选流程等。生产经验证明，与浮选工艺相关的操作因素和水平必须根据矿石本身性质结合试验研究来确定和选择，才能获得最优的技术经济指标。

1.1.2.1　矿物粒度

为了保证浮选获得较高的工艺指标，研究矿粒大小对浮选行为的影响以及根据矿石性质确定最适宜的入选粒度（细度）和其他工艺条件具有重要意义。

浮选时不但要求矿物充分单体解离，而且要求有适宜的入选粒度。矿粒太粗，即使矿物已单体解离，因矿粒质量超过气泡的浮载能力，往往浮不起来。各类矿物的浮选粒度上限不同，如硫化矿物一般为0.2~0.25mm，非硫化矿物为0.25~0.3mm，对于一些密度较小的非金属矿（如煤等），粒度上限还可以提高。但是，磨矿粒度过细（如小于0.01mm）也对浮选不利。实践证明，各种粒度的浮选行为是有差别的。

及时测定分级溢流细度的变化，可为磨矿分级操作提供依据，在没有粒度自动测量和自动调节的情况下，一般可采用快速筛析法检测。现场按规定每隔1~2h测定一次，如果细度不合要求，就要及时改变磨矿分级设备操作条件，如调整磨机的给矿速率、分级机溢流浓度、磨矿浓度等。

1.1.2.2　矿浆浓度

浮选前矿浆的调节，是浮选过程中的一个重要作业，包括矿浆浓度的确定和调浆方式选择等工艺因素。

矿浆浓度是指矿浆中固体矿粒的含量。通常有液固比、固体的质量分数两种表示方法：液固比表示矿浆中液体与固体质量（或体积）之比，有时又称为稀释度；固体的质量分数（%）表示矿浆中固体质量（或体积）所占矿浆质量（或体积）的比例。

矿浆浓度是浮选过程中重要的工艺因素，它影响下列各项技术经济指标：

（1）回收率。在各种矿物的浮选中，矿浆浓度和回收率之间存在着明显的规律性。当矿浆很稀时，回收率较低；矿浆浓度逐渐增加，则回收率也逐渐增加，并达到最大值；超过最佳的矿浆浓度后，回收率又降低。这是由于矿浆过浓或过稀都会使浮选机充气条件变坏。

（2）精矿质量。一般规律是在较稀的矿浆中浮选时，精矿质量较高，而在较浓的矿浆中浮选时，精矿质量就下降。

（3）药剂用量。在浮选时矿浆中必须保持一定的药剂浓度，才能获得良好的浮选指标。因此，当矿浆较浓时，液相中药剂浓度增加，处理每吨矿石的用药量可减少；反之，当矿浆较稀时，则处理每吨矿石的用量就需增加。

（4）浮选机的生产能力。随着矿浆浓度的增大，浮选机的生产能力（按处理量计算）可提高。

（5）浮选时间。在矿浆较浓时，浮选时间延长，有利于提高回收率或增大浮选机的生产率。

（6）水电消耗。矿浆越浓，处理每吨矿石的水电消耗将越少。

在实际生产中，浮选时最适宜的矿浆浓度，除上述因素外，还须考虑矿石性质和具体的浮选条件。一般原则是：浮选大密度、粒度粗的矿物，往往用较浓的矿浆；反之，当浮选小密度、粒度细和矿泥时，则用较稀的矿浆；粗选作业采用较浓的矿浆，可以保证获得高的回收率和节省药剂；精选用较稀的浓度，则有利于提高精矿质量；扫选作业的浓度受粗选影响，一般不另行控制。

1.1.2.3 药剂的添加和调节

药剂的添加和调节是浮选过程中重要的工艺因素，对提高药效、改善浮选指标有重大的影响。

A 药剂的配制

同一种药剂，配制方法不同，用量和效果都不同。配制方法的选择主要根据药剂的性质、添加方法和功能。

（1）配制成5%~10%的水溶液。大多数可溶于水的药剂都采用此法（如黄药、水玻璃、硫酸铜等）。

（2）加溶剂配制。有些不溶于水的药剂，可将其溶于特殊的溶液中。例如白药不溶于水，但可溶于10%~20%的苯胺溶液，配制成苯胺混合溶液之后，才能使用。

（3）配制成悬浮液或乳浊液。对于一些不易溶的固体药剂，可配制成乳浊液使用。如石灰在水中的溶解度很小，可将石灰磨细用水调成乳状悬浮液。

（4）皂化。对于脂肪酸类捕收剂，皂化是最常用的方法。如我国赤铁矿浮选，用氧化石蜡皂和妥尔油配合作捕收剂。为了使妥尔油皂化，配制药剂时，添加10%左右的碳酸钠，并且加温制成热的皂液添加。

（5）乳化。乳化的方法有机械强烈搅拌、超声波乳化等方法，脂肪酸类及柴油经乳化后，可以增加其在矿浆中的弥散、提高效用。加乳化剂就更为有效，如妥尔油与柴油在水中常用烷基芳基磺酸盐作为乳化剂，许多表面活性物质，都可作为乳化剂。

（6）酸化。在使用阳离子捕收剂时，由于它的水溶性很差，故必须用盐酸或醋酸进行质子化处理，然后才能溶于水，供浮选使用。

（7）气溶胶法。这是强化药剂作用的药剂配制新方法，它的实质是使用一种特殊的喷雾装置，将药剂在空气介质中雾化后，直接加到浮选槽内，所以也称为"气溶胶浮选法"。

该方法不仅提高了浮选指标，而且用药量显著下降。

（8）药剂的电化学处理。药剂的电化学处理是指在溶液中，通直流电对浮选药剂的电化学作用。用这种方法可以改变药剂本身的状态，溶液的 pH 值以及氧化还原电位数值，从而提高最优活化作用的药剂组分的浓度，提高形成胶粒的临界浓度，提高难溶药剂在水中的分散程度等。

B　联合用药

联合用药已在实践中得到广泛的应用，各种捕收剂联合用药，是以矿物表面不均匀性和药剂间的效应为根据的，近年来又有新的发展及新概念出现，并在应用中取得了良好的效果。联合用药主要有：同系药剂混合或联合使用；与溶剂、乳化剂、润湿剂混合使用；同类药剂的混合使用；氧化矿与硫化矿捕收剂共用；阳离子与阴离子捕收剂共用；大分子与小分子药剂共用或混合。

C　药剂的合理添加

药剂合理添加目的是保证矿浆中药剂最大效能和维持最佳浓度。为此，可根据矿石的特性、药剂的性质和工艺要求，选择合适的加药地点和加药方式，确保浮选回路中的药剂制度得到最佳控制。

（1）加药地点。加药地点的选择与该药剂的用途及溶解度有关。通常将介质调整剂加到磨矿机中，这样就可消除起活化或抑制作用的"难免离子"对浮选的有害影响。抑制剂应加在捕收剂之前，通常也加入磨矿机中，活化剂常加入调和槽，在槽中与矿浆调和一定的时间。捕收剂和起泡剂加到调和槽或浮选机中，而难溶的捕收剂，为了促进其溶解和分散，增长与矿物的作用时间，亦常加入磨矿机中。

（2）加药方式。浮选药剂可采用两种方式添加：一次添加、分批添加。

1.1.2.4　矿浆温度

矿浆温度在浮选过程中常常起着重要的作用，是影响浮选过程的一个重要因素。调节矿浆温度条件主要来自两个方面的要求：一是药剂的性质，有些药剂要在一定温度下，才能发挥其有效作用；二是有些特殊的工艺，要求提高矿浆温度，以达到矿物分离的目的。

A　非硫化矿物加温浮选

在非硫化矿物浮选实践中，使用某些难溶且溶解度随温度而变化的捕收剂时，增加矿浆的温度可以使它们的溶解度和浮选效果提高，常能因此而节约大量的药剂和提高目的矿物的回收率。加温矿浆还能改善浮选过程的选择性，大幅度提高精矿品位。

B　硫化矿物加温浮选

用黄药类捕收剂浮选多金属硫化矿物时，将混合精矿加温至一定的温度，可以促使矿物表面捕收剂的解吸，强化抑制的作用，解决多金属矿混合精矿在常温下难以分离的问题，节约抑制剂的用量。大量试验证明，温度在 80~100℃ 时，黄药的分解、解吸硫化矿表面的黄药甚为有效。加温浮选的实质是利用各种硫化矿物表面氧化速度的差异来扩大矿物可浮性差别以改善其浮选的选择性。

1.1.2.5　水质

浮选过程在水介质中进行，但用于浮选过程的水质却因时因地而变化。水的组成成分对浮选效果的影响很大，必须重视浮选用水的质量，根据不同情况可将浮选用水分为以下几类：

（1）软水。大多数江河、湖泊的水都属于软水，也是浮选过程中使用最多的一种。它的特点是含盐比较低，一般含盐量少于 0.1%，含多价金属离子较少，软水的硬度小于 4。

（2）硬水。硬度大于 4 的水，统称为硬水。硬水还可分为中等硬水（硬度 4~8）和最硬水（硬度 8~12）。硬水含有较多的多价金属阳离子及阴离子，对脂肪酸类药剂浮选是有害的。硬水的软化有化学法和物理法。化学法是将一些有害金属离子转为沉淀或吸附的方法。离子交换法具有广泛的适应性，根据不同的要求，选择不同型号的交换树脂可以达到不同的要求。电磁处理、超声波处理都可作为硬水软化的手段。

（3）咸水。海水和一部分湖水属于咸水，其特点是含盐量较高，一般为 0.1%~5%。对于沿海矿山或咸湖地区，咸水也用于浮选。如煤在咸水中浮选，甚至可以不用加药剂就可得到很好的指标，且浮选速度比普通淡水高 60%。用海水浮选时应注意对设备的腐蚀。

（4）易溶盐的饱和溶液。可溶性盐类，如钾盐、岩盐、硼砂等的浮选需要在其饱和溶液中进行，为了减少有用成分的损失，选用捕收剂必须满足以下几个条件：

1）能在饱和溶液中溶解，而且不会与溶液中的离子形成沉淀；

2）能在饱和溶液中被盐类吸附；

3）所需的浓度，不超过形成胶束的临界浓度。

在易溶盐的饱和溶液中，无机盐类的解离程度显著减小，因此，不能采用常用的无机抑制剂来抑制脉石，而应使用聚合物抑制剂。

（5）回水。无论从环境保护，还是从节省药剂和工业用水的角度出发，回水的利用都十分必要。浮选回水的特点是：含有较多的有机和无机药剂，组成比较复杂。使用时必须考虑它们对浮选过程的影响，使用不当会给分选效果带来负面影响。回水中的浮选药剂，有时比新鲜水高出 50~100 倍，合理利用回水可节省药剂。

浮选单金属矿石时，回水利用比较简单。如铜镍硫浮选时，回水全部使用，碱用量可降低 17%，黄药用量可降低 23%。

选别多金属矿石时，回水的循环使用就比较复杂。处理硫化矿物时，混合浮选后进行混合精矿再分离的流程，便于回水利用。如铅锌混合浮选，混合精矿脱水后的溢流、尾矿澄清水，都可返回流程前部。如遇到流程更复杂的，原则上可以认为，同一回路排出的废水，返回同一回路是比较合适，这样做当然要麻烦一些，回水循环使用的方案以及使用的比例，一般要通过试验来确定。

回水使用之前，往往需要进行调节。因为回水中不但有过剩的药剂，而且还含有固体物质（如细粒矿泥），对浮选是有害的。一般要求循环使用的水中含固体颗粒不超过 0.2~0.3g/L。因此，常用自然澄清法或加凝聚剂使细泥絮凝沉降。使用的絮凝剂有石灰，石灰与硫酸亚铁（硫酸铝），有时不希望有 Ca^{2+} 时，可单用硫酸铝作絮凝剂。如果回水的 pH 值过高，必要时还要添加酸处理。

1.1.2.6　浮选流程

浮选过程中矿浆流经过各作业的路程称为流程，浮选流程主要讨论三个问题：浮选流程的段数、有用矿物的选别顺序和流程内部结构。

A 流程段数

为了保证有用矿物的充分解离又要尽可能地防止矿石过粉碎，根据有用矿物的浸染特性，可以采用不同类型的流程段数，生产实践中常用的浮选流程段数有以下几种类型：

（1）一段磨浮流程。矿石中有用矿物浸染得比较均匀，并且浸染粒度不十分细，可以一次磨到全部矿物基本解离，经浮选得到精矿和尾矿。

（2）阶段磨浮流程。根据有用矿物的浸染特性的不同，可施行阶段磨浮流程，有三种情况：1）第一段选得合格的尾矿和贫的精矿，第二段将贫精矿再磨再浮；2）第一阶段选出合格的精矿及富尾矿，第二阶段将富尾矿再磨再浮；3）第一阶段得到合格精矿、合格尾矿和少量中矿，第二阶段对中矿进行再磨再选。

（3）多段磨浮流程。工业生产采用二段以上的磨浮流程较少。对一些原矿品位很低，有用矿物可浮性较好，精矿质量要求又很严格的矿石可考虑采用多段磨浮流程。

B 选别顺序

多金属矿石的浮选流程，就选别顺序而言有四种基本形式：

（1）优先选择浮选流程。先浮选一种矿物抑制其余矿物，然后再活化并浮选第二种矿物并抑制其余矿物，按顺序回收有用矿物的流程称为优先选择流程。

（2）混合浮选流程。先将矿石中两种或两种以上的有用矿物一同浮出，得到混合精矿。然后再将混合精矿分离得到几种合格精矿，这样的流程称为混合浮选流程。

（3）部分混合优先浮选流程。先浮选某两种有用矿物，抑制其余矿物，然后再活化并浮选第三种有用矿物，先浮起的混合精矿再进行分离浮选得到合格精矿。

（4）等可浮流程。如铅锌矿，先浮出方铅矿和部分易浮的闪锌矿，第二个回路活化难浮的闪锌矿并浮出部分易浮的黄铁矿，之后分别进行分离浮选。这一流程以等可浮为特征，避免了强抑制剂强活化带来的分离困难。

C 浮选流程内部结构

浮选的原则流程确定后便要进一步确定每一回路的内部结构，即决定每一浮选回路内部粗选、精选和扫选的次数及中矿的处理问题。

粗选作业一般只有一次。精选和扫选的次数，根据原矿品位高低、对精矿的质量要求以及有用矿物和脉石矿物的可浮性而定。当原矿品位较高，有用矿物可浮性较差，并对精矿质量要求不高时可以在粗选直接出精矿，为了提高回收率可以扫选一次到数次；当有用矿物较难浮且易于泥化或易于氧化的情况下尽快分出精矿，流程不宜采用精选作业，因为泥化或氧化的矿物易于在精选作业中掉到精选尾矿中去；单矿石原矿品位较低，对精矿质量要求较高，有用矿物易浮则将流程结构向精选方向发展。精选和扫选次数对于具体矿石在一般理论分析的基础上最终通过实验加以确定。

中矿处理方法有以下几种：

（1）将中矿依次返回到前一作业；

（2）中矿合一返回粗选或磨矿作业；

（3）中矿单独处理。

1.1.3 浮选药剂

自然界产出的矿物，绝大多数矿物的自然可浮性很差，必须用浮选药剂来加强它的可浮性，而且这种加强必须有选择性。浮选之所以能被广泛地应用于矿物原料加工的各个领域，不仅仅因为它能够最大限度地回收有用矿物，更重要的是在于该过程可得到有效的控制，按人们的要求对矿物加以分离，使资源得到充分的利用。

浮选药剂的种类很多，既有有机化合物又有无机化合物，既有酸和碱又有不同成分的盐类。对它们进行分类，可以使我们易于系统地、科学地认识药剂的共性和个性，从而可以正确地使用好药剂。

最基本的药剂分类方法是依据药剂在浮选过程中的作用来进行的，通常将药剂概括为三类：

（1）捕收剂。能够选择性地作用于矿物表面并使矿物疏水的有机物质称为捕收剂。捕收剂能够作用于矿物-水界面，提高矿物的疏水性，促进矿粒在气泡上的附着。我国对捕收剂命名常带"药"字，如黄药、黑药。

（2）起泡剂。它是一种表面活性物质，主要富集在水-气界面，能够促进空气在矿浆中弥散成小气泡，防止气泡的兼并，并能够提高气泡在矿化和上浮过程中的稳定性，从而保证矿化气泡上升并形成泡沫层。我国对起泡剂的命名常带"油"字，如二号油、松醇油。

（3）调整剂。此类药剂的主要作用是调整其他药剂（主要是捕收剂）与矿物表面的作用，调整矿浆的性质，改变浮选环境，提高浮选过程的选择性。调整剂的种类较多，可大致分为四种：

1）活化剂。凡能促进捕收剂与矿物的作用，从而提高矿物可浮性的药剂（多为无机盐）称为活化剂，这种作用称为活化作用。

2）抑制剂。与活化剂相反，凡能削弱捕收剂与矿物的作用，从而降低和恶化矿物可浮性的药剂（各种无机盐以及一些化合物）称为抑制剂，这种作用称为抑制作用。

3）介质 pH 值调整剂。其主要作用调整矿浆的性质，造成对某些矿物浮选有利而对另一些矿物浮选不利的介质性质，例如用它调整矿浆的离子组成、改变矿浆的 pH 值、调整可溶性盐的浓度。

4）分散与絮凝剂。分散与絮凝剂用于调整矿浆中细泥的分散、团聚与絮凝。

浮选药剂的上述分类是有条件的，而非绝对的。某种药剂在一定条件下属于这一类，在另一条件下可能属于另一类。例如，硫化钠（Na_2S）在浮选有色金属硫化矿时它是抑制剂，但在浮选有色金属氧化矿时是活化剂，当用量过多时它又成了抑制剂。

1.2 浮选机的发展历史与趋势

浮选机是实现浮选过程的重要设备，常由单槽或多槽串联组成浮选作业（粗选、扫选与精选），进而组成浮选系统或系列。浮选时，矿浆与浮选药剂调和后送入浮选机，在其中经搅拌和充气，目的矿物会与气泡发生碰撞、附着及脱落等一系列物理化学作用，形成矿化气泡，矿化气泡上升到浮选机上部形成泡沫层，泡沫以刮出或自溢的方式排出，实现产品的分离。

1.2.1 浮选机的发展历史

早在我国明朝时期，浮选方法就已被应用于医药和冶金行业。直到 19 世纪末期，伴随着细粒选矿的需求，浮选才作为一种选矿方法被明确提出，各类浮选设备也随之产生。在1908~1909 年间 Zinc Corporation 公司对不同浮选机械进行了试验，对自吸气机械搅拌浮选机的发明起到了决定性作用。自吸气机械搅拌浮选机的搅拌十分剧烈，使得用作捕收剂的天然油脂容易被打碎，很容易包覆住矿粒。1913 年 John Callow 发明了充气式浮选机，Robert Towne 与 Frederick Flinn 共同发明了充气式浮选柱。Callow 充气式浮选机中的搅拌很轻柔，天然矿物油不能够充分地混合，所形成的泡沫更易破碎，因而需要通过将水喷洒在泡沫中来增强脉石的亲水性。充气式浮选柱与充气式浮选机有类似的浮选效果，但是因为存在矿物研磨的问题，它最终被舍弃不用。

1910~1960 年成为小型浮选机发展的时代，当时使用最广泛的五种浮选机：Minerals Separation、Callow、Fahrenwald Denver、Galigher Agitair 和 Fagergren WEMCO 浮选机。然而，到了 1947 年，Denver、Agitair 和 Fagergren 这三种形式的浮选机占据主要市场。

在 1944 年，最大的 Denver 浮选机是 No.30 Sub-A 浮选机，其容积为 2.83m³，号称为当时浮选机业界最大的机械式浮选机。

到 1945 年"二战"结束时，虽然 Callow 充气式或者其他充气式浮选机还在使用，但自吸气机械搅拌式浮选机已经成为当时运用最广泛的浮选机类型。1960 年后，经济萧条和战争带来的阴云渐渐散去，而对于生产者来说，这正是开始设计大型机械搅拌式浮选机以及重新研究不同搅拌强度的浮选机所呈现的各种生产性能的最佳时期。

1959 年，Outokumpu 为 Kotalahti 选矿厂制造了两台 2.5m³ 的方形浮选机。

1967 年，Denver 公司研制了一台 5.66m³ 的 DR 型浮选机在 Duval Esperanza 矿山安装应用。其中两个主轴之间的挡板能够减少循环流过短的现象。该浮选机命名为 200H。

1982 年，圆筒形槽体第一次应用于 Pyhäsalmi 矿，其容积为 60m³。与方形槽体相比，圆筒形槽体被证实效率更高，操作更简单。由于槽体没有角落，混合更均匀，沉砂量极少，并且泡沫床稳定地通过槽体整个表面。尽管最初各方面都是成功的和有效的，但是 TankCell 作为一个可信赖的技术被全世界所接受花了近 10 年时间。

1995 年，Outokumpu 公司的第一台 100m³ 浮选机在智利 Escondida 矿的 Los Colorados 选矿厂安装使用。

1996 年，WEMCO SmartCell™ 浮选机在铜矿进行测试，其特征在于有一个容积达125m³ 的圆柱形槽体。其主轴机构的设计为典型的 1+1 型主轴设计，但是主轴机构底部的进入管道被扩大以增大吸入的矿浆量。

1997 年，Outokumpu 公司 160m³ 浮选机首次应用于智利 Chuquicamada 矿。

2002 年，当 Outokumpu 公司开始研发了 200m³ 浮选机——TankCell-200 型浮选机。第一台 TankCell-200 型浮选机在澳大利亚的 Century 矿山安装使用。

2003 年，FLSmidth 公司安装了首台 257m³ 的 SmartCell™ 浮选机。

2007 年，Outokumpu 公司研制成功了容积为 300m³ 的浮选机，在新西兰的 Macraes 金矿安装使用。

2008 年，北京矿冶研究总院研制成功了世界上最大容积浮选机——320m³ 浮选机，并在国内外多家大型矿山应用了 62 台。

1.2.2 浮选机的发展趋势

随着矿产资源的开发及社会经济发展的需要，浮选设备的发展面临新的挑战和机遇。在有色、黑色、稀有贵金属、非金属和其他有用矿物的处理量不断增加以及加大二次资源回收的条件下，浮选设备将向大型化、高效节能、低操作成本、跨界应用、低环境污染和更安全的方向发展，提高资源的综合、高效回收。

（1）浮选设备的大型化。随着选矿厂日处理量的增大，单槽容积大于 $100m^3$ 的浮选设备已经大量进入工业应用，目前世界上最大规格的浮选机容积达 $320m^3$。大型浮选机在提高指标、减少占地面积、降低单位功耗、节约人力成本等方面有比较明显的优势。

（2）自动化控制要求越来越高。大型浮选机容积大，矿浆波动周期长，液面控制和充气量要求更加精确，设备可靠性要求更高，对浮选作业的过程控制和设备控制提出了更高的要求。浮选是一个连续、稳定的过程，要尽量避免前一作业对后一作业的影响，保证控制的协同相关性。加强浮选作业的可视化检测，及时提供有效数据来指导和修正操作参数。

（3）浮选设备的节能降耗。全球都在提倡节能减排，浮选设备作为矿山企业主要设备，在节能降耗方面要做出一定的贡献。在叶轮定子及槽体结构方面进行优化设计，提高浮选的效率并且降低浮选机的单位能耗和减少浮选机部件的磨损；在设备选型方面，根据实际的矿石性质和数质量流程进行选型计算，确保选择合适型号和规格的浮选机，保证单位容积能耗最低。

（4）浮选设备的多样化。根据矿石性质的差异，选择不同型号的浮选机，比如闪速浮选机、粗颗粒浮选机、细颗粒浮选机、专用浮选机等；根据作业的差异，可以选择更适合粗扫选和精选作业的浮选设备，大大增强浮选机对不同可浮性矿物浮选的适应性。

（5）浮选设备应用领域不断扩大。浮选机传统意义上的应用领域正在发生改变，不仅适用于常规的金属、非金属矿山的选矿，而且可用于冶金、造纸、农业、食品、医药、微生物、环保等行业产品或废弃物的回收、分离和提纯。

1.3 浮选机的分类

浮选机的种类繁多，主要差别体现在充气方式和搅拌装置结构两方面，目前使用最多的分类方法是按充气和搅拌方式的不同将浮选机分为两大类，即机械搅拌式和无机械搅拌式（又称浮选柱）。机械搅拌式浮选机根据供气方式不同分为两类：充气机械搅拌式浮选机和自吸气机械搅拌式浮选机。

充气机械搅拌式浮选机是一种气体由外力作用给入，叶轮仅起搅拌、混合作用，无需抽吸空气的浮选机，其主要优点是充气量可按需要进行精确调节，无需通过叶轮产生真空吸入气体，转速要求较低，能耗较少。充气机械搅拌式浮选机是目前应用最广的浮选机，广泛适用于铜、铅、锌、镍、钼、硫、铁、金、铝土矿、磷灰石、钾盐等有色、黑色和非金属矿的选别，特别适用于气量要求小且精确控制的矿石，如铝土矿、磷矿等。

自吸气机械搅拌式浮选机是一种靠机械搅拌来实现真空吸入空气的浮选机。其主要优点是可以自吸空气，不需外加充气装置；缺点是吸气量调节范围窄，不能精确控制。主要适用于吸气量范围要求较宽的金属矿和非金属矿物的选别。

根据配置方式浮选机又可分为直流槽和吸浆槽两种。直流槽浮选机不能抽吸矿浆，具有磨损小、电耗低的特点；吸浆槽浮选机具有抽吸矿浆的能力，与直流槽浮选机配套使用可以实现水平配置，中矿无需泡沫泵返回，简化了选矿厂的流程。

浮选机分类多种多样，具体分类见表 1.1。

表 1.1 浮选机分类

分类依据	浮选机类型
有无机械搅拌装置	浮选柱、浮选机
泡沫与矿浆的流向	顺流型、逆流型
进气方式	自吸式、充气式、压力溶气式
槽体尺寸	深槽型、浅槽型
泡沫排出方式	单边排泡沫、双边排泡沫、周边排泡沫
槽体形状	四边形、多边形、圆形
使用场合	闪速浮选机、精选浮选机、粗扫选浮选机
根据选别的粒级范围	细粒浮选机、常规浮选机、粗粒浮选机
选别的物料	氧化矿专用、水处理

参 考 文 献

[1] 胡为柏. 浮选[M]. 北京：冶金工业出版社, 1983.
[2] 王淀佐, 邱冠周, 胡岳华. 资源加工学[M]. 北京：科学出版社, 2005.

2 浮选机工艺性能

浮选机工艺性能是影响浮选指标的关键因素之一，因而评价浮选机工艺性能是提升浮选指标的重要环节。本章探讨与浮选机工艺性能相关的参数，包括充（吸）气量、空气分散度、气泡直径及其分布、气泡表面积通量、气体保有量、气泡负载率、矿浆停留时间分布、矿浆悬浮能力、叶轮临界转速等的定义及测定方法，并提出了几个在浮选机性能评价过程中的常用参数。

2.1 浮选机重要参数及评价

2.1.1 充（吸）气量

充（吸）气量是指每平方米浮选机液面上每分钟逸出的空气体积，它是表征浮选机充（吸）气能力的量度。浮选机泡沫浮选是利用气泡作为载体，将疏水性能好的矿物颗粒黏附并升浮到浮选机内的液面，充（吸）气量会直接影响浮选速率，它是工业生产中最常用浮选机动力学参数之一。

在学术研究中，浮选机充（吸）气能力常用单位浮选机横截面积上进入的空气体积流量——气体表观流速来表示。也就是说，气体表观流速其实是浮选机充（吸）气量的另一种表达方式，下面对它们的影响因素及测定方法进行介绍。

2.1.1.1 充（吸）气量的影响因素

对于充气式浮选机来说，充气量取决于风机性能及其操作参数。

对于自吸气浮选机来说，吸气量还受浮选机本身结构及其操作参数的影响：

（1）叶轮与盖板的间隙。间隙大，则充气量减小，但间隙过小，会造成叶轮与盖板发生撞击与摩擦，并使吸气量下降。较适宜的间隙为5~8mm。

（2）叶轮的转数。在一定的范围内，叶轮转速大，则吸气量也大，但转速过大，叶轮磨损快，电耗大，矿浆面不稳定。此外，对某些性脆的矿石易产生泥化现象。

（3）进浆量。当进入叶轮中心的矿浆量最合适时，则吸气量最大。但当进浆量超过叶轮的生产能力时，矿浆会堵塞空气筒，吸气困难，吸气量下降。另外，内部矿浆循环量（即从盖板上的循环孔返回到叶轮腔内的矿浆量）大，则吸气量大，但电耗随之增加。

（4）叶轮上部的矿浆浓度。其值越大，则作用于叶轮上的静压力也越大，叶轮旋转阻力增加，吸气量变小。

2.1.1.2 充（吸）气量的测量方法

充（吸）气量的测量方法主要有：

（1）排水集气法。浮选机吸气量的测量采用排水集气法进行，如图2.1所示。首先在浮选机内选择若干个具有代表性的测量点，将一个标定高度的、一端封闭的有机玻璃管，在每个测点先充满水，然后垂直倒置插入清水或矿浆中，要保证管口低于液面，当液面下降到第一个刻度时（图 2.1a）开始计时，到第二个标定高度时（图 2.1b）停止计时，记录下所用的时间。以同样的方法进行下一点的测量，直到所有的测点全部测完。为保证测量的准确性，每个测量点重复测量两次，如果两次测量时间相差较大，进行第三次测量。然后计算出每点的充气量，并计算浮选柱内的空气分散度。

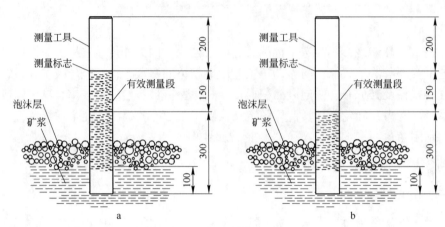

图 2.1 空气分散度测量方法

浮选机的充（吸）气量用 1min 内通过槽内 1m^2 截面上的空气体积来表示，测量时用排开清水的体积代表空气的体积。

$$Q = \frac{V}{TS} = \frac{SL}{TS} = \frac{L}{T} = \frac{L}{\dfrac{t}{60}} = \frac{60L}{t} \tag{2.1}$$

式中 Q——测量点充（吸）气量，m^3/(m^2·min)；

V——从测量工具中排开清水的体积，m^3；

T——测量时间，min；

S——测量工具的截面积，m^2；

L——有效测量段的长度，m；

t——测量时间，s。

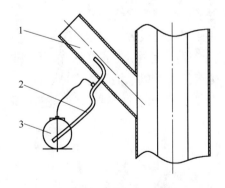

图 2.2 皮托管法测量充气量
1—进气管；2—皮托管；3—微测压计

为提高测量准确性，取有效测量段长度 L 为 150mm，当 $t = 9$s 时，$Q = 1$ m^3/(m^2·min)。

计算过程：先计算出每个测量点的排水时间的平均值，代入公式 $Q = 9/\overline{t}$，算出各点的平均充气量 Q，然后计算出所有测量点的平均值 $\overline{Q}$，该值即为浮选机的充（吸）气量。

（2）皮托管法。在浮选机的进气管上安装一个带有微测压计的皮托管（图 2.2），所测进气量 Q(m^3/s) 结果按式 2.2 计算：

$$Q = F \sqrt{2gi\rho_{\text{L}}K(h - h_0)/\rho_{\text{a}}} \tag{2.2}$$

式中　F——进气管截面积，m^2；

　　　g——重力加速度，m/s^2；

　　　i——测压计对水平倾角的正弦；

　　　ρ_L——测压计内液体（通常为酒精）的密度，kg/m^3；

　　　K——皮托管修正系数；

　　h_0, h——分别为测量前后测压管的液位，m；

　　　ρ_a——测量条件下空气的密度，kg/m^3。

（3）风速计法。在浮选机充（吸）气管上安装风速计，进气量采用式2.3进行计算：

$$Q = KvF \tag{2.3}$$

式中　v——风速计指示的风速，m/s；

　　　F——风速计圆环的有效面积，m^2；

　　　K——压头损失修正系数。

（4）流量计法。将气体转子流量计垂直安装在浮选机吸管上，直接测出空气流量。

上述四种充（吸）气量测量方法中，后三种方法误差较大，因此排水集气法最为常用。

此外，根据表观气速与充气量之间的关系，可以认为表观气速就是气相排开液相的速度，因而表观气速可以采用与充气量相同的集气排水法来测定，并可通过式2.4进行计算：

$$J_g = \frac{Q_c}{S_c} = \frac{Q_m}{S} = \frac{V}{TS} = \frac{LS}{TS} = \frac{L}{T} \tag{2.4}$$

式中　J_g——浮选机内气体表观气速，cm/min；

　　　Q_c——进入浮选机槽体的空气体积流量，m^3/min；

　　　S_c——浮选机槽体横截面积，m^2；

　　　Q_m——进入测量工具中的空气流量，m^3/min；

　　　S——测量工具的横截面积，m^2；

　　　V——从测量工具中排开清水的体积，m^3；

　　　T——测量时间，min；

　　　L——有效测量段的长度，cm。

2.1.2　空气分散度

空气分散度是表征浮选机内空气分散均匀程度的参数，是浮选机叶轮定子气体分散功能的重要评价参数。浮选机内均匀的空气分布有利于气泡与矿物颗粒更充分地接触，有效增加气泡-颗粒碰撞概率，从而提高浮选效率。

空气分散度主要受浮选机本身充气性能、搅拌方式及几何结构的影响。浮选机充气越均匀稳定，浮选空气分散度越高，一般情况下，可以通过在叶轮定子系统内添加空气分配器，采用较大的叶轮转速和圆形槽体来提高空气分散度。

依据2.1.1.2节所介绍的充（吸）气量的计算方法，空气分散度计算公式为：

$$\eta = \frac{\overline{Q}}{Q_{max} - Q_{min}} \tag{2.5}$$

式中　　$\overline{Q}$——所有测量点充（吸）气量的平均值；

Q_{max}，Q_{min}——分别为所有测量点中的最大充气量、最小充气量。

2.1.3　气泡直径及其分布

气泡直径及其分布是浮选过程中的一个重要参数。通常认为在浮选机中气泡的速度比在矿浆流速高。因此，流体动力学和浮选特性主要取决于浮选机内空气流速和分散的方式。不同大小的气泡以及它们在上升时的混合情况，将导致不同的气泡兼并和破裂方式，由此产生不同的流体动力学和物理化学条件，进而影响浮选效率。

2.1.3.1　气泡直径及其分布的影响因素

气泡平均尺寸随着空气流速、矿浆密度和速度以及矿粒大小的增大而增加。泡沫浓度增加将导致泡沫表面迁移率的降低，从而降低气泡的上升速度。同时，表面张力的降低能显著降低气泡兼并强度，从而显著减少气泡平均尺寸。

如果浮选机槽体无限高，那么槽体上部的气泡大小分布将趋向于恒定。气泡上升较大距离后，气泡的平均尺寸不是取决于产生位置，而是取决于所在位置的位能。模拟浮选行为时，要考虑在气泡上升过程中，由于流体静压减小，气泡容积增大，在浮选机壁面层（厚度为几厘米）的高速度梯度和轴部气体保有量较大导致了兼并，这些区域的气泡平均尺寸大于其他部分。

形成恒定气泡大小分布状态需要一定的时间，而这个时间取决于充气速率、表面活化剂以及固体浓度和特性。当表面气体和液体流速增大，表面活性剂浓度降低时，兼并是影响气泡大小的主要原因。兼并导致了大气泡的形成，同时槽体内气体和液体的脉动速度可生成甚至比最初的气泡还要小的气泡。在表面活性剂浓度较低、矿浆速度中等时，随着气泡直径的增大，气泡的最终速度对气泡的表面迁移性和变形的影响加大。在气-水两相系统中，对于直径在 1~12mm 的大气泡，其最终速度并非主要取决于当量半径。

泡沫层中会产生两种类型的气泡：大气泡和小气泡。运用离析法对泡沫层的试验研究表明，大部分气体在大气泡中，浮选机在通常情况下，大约有 80%~90%的气-液界面是由0.5~2mm 的气泡组成。细颗粒可能被小气泡捕获，然后随之进入泡沫层；细颗粒也可能与小气泡一起，黏附在运输区的大气泡上。

由于大小气泡具有不同的上升速度，它们在浮选机中的滞留时间不同。即使不考虑气泡兼并、破裂以及流体静压力的不同导致的气泡变大，在浮选机中，不同高度的气泡大小分布情况与浮选机槽体中平均气泡分布情况也不同。通过大气泡的滞留时间较短这个现象可以得出，矿浆中气泡的平均大小小于最初的气泡大小。

2.1.3.2　气泡直径测量

采用照相法对气泡直径进行测量，通过测定不同充气量时的气泡直径计算气泡平均直径。气泡直径的测量设备如图 2.3 所示，在这个装置中，将气泡收集到取样管后进入观测区中，用数码摄像机摄取图像。观察室与收集管之间由一根有机玻璃管连接。观察室顶部有一个与大气相通的手动球形阀门，便于试验时的操作。当气泡进入到观测区中，沿着倾斜的观测窗，气泡向上滑动铺展为单层，以便于摄像和观察。倾斜窗对提高图像质量有两个好处：减少气泡重叠，提高焦点清晰度。应用背景照明可获得中心明亮圆圈呈黑色的气泡图像，在这种条件下，可很准确地识别气泡边缘。观察室设有刻度标尺，用于测量气泡直径。根据观测窗内的标准可读尺寸的物体校准摄像机棱镜的焦距，打开球形阀，在气泡形成连续流动时记录 1~2min。

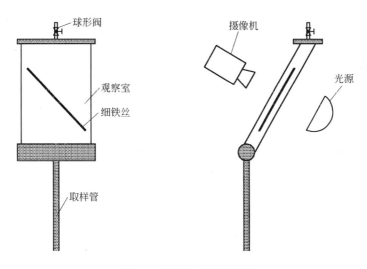

图 2.3　气泡大小测量装置

气泡尺寸采用照相法测定，所得图片经过处理，并根据 Sauter 平均粒径公式（式 2.6）进行计算，可得出不同条件下不同气泡尺寸的分布图。

$$d_{32} = \frac{\sum\limits_{i=1}^{n} d_i^3}{\sum\limits_{i=1}^{n} d_i^2}$$ （2.6）

式中　d_i——第 i 个气泡的当量直径；

　　　n ——气泡的个数。

2.1.4　气泡表面积通量

气体分散作用是要产生表面积足够多的小气泡。单位时间内浮选机单位表面积产生的气泡界面称为气泡表面积流量（S_b）。气体表面积通量与空气分散度的作用相同，是表示气体分散程度的常用变量，同时也是将气体分散与浮选行为直接联系在一起的重要参数。一般情况下，空气分散度用于实际生产，而气体表面积通量则主要用于学术研究，后者的特点在于将气体表面流速与气泡尺寸结合到单一的变量中。

对于气体表面速度为 J_g 的一群平均尺寸为 d_b 的气泡，可由几何学推导它的气泡表面积通量[1]：

$$S_b = 6J_g / d_b$$ （2.7）

由式 2.7 可知，气体表面积通量与气体表面流速成正比，与气泡平均直径成反比。

要计算 S_b 值，首先要按 2.1.3.2 介绍的方法测定气泡平均直径，再按 2.1.1.2 介绍的方法测定气体表观流速，代入式 2.7 进行计算。在工业选矿中已实现了气体分散参数的测量，其主要目的是描述担任相同任务的多个浮选机的气体分散性能，或描述不同任务的同种浮选机的气体分散性能。

2.1.5 气体保有量

浮选机中气体保有量是指空气在全部混合物（矿浆与空气）中所占的体积分数。气体保有量不仅影响气泡大小的分布情况，还影响浮选速率和选择性。气体保有量增加到某一值就能改善浮选动力学，这是因为单位体积内的气泡数量增加了；但空气保有量过大又会对浮选效果产生不利影响，因为这样会明显降低矿浆在浮选机槽体内的停留时间，所以不同类型的浮选机操作，需要对应不同的气体保有量。

空气保有量由相流速和气泡大小决定。假定气泡大小一样，相速度也一样，这种情况下，浮选机某一段截面上气体所占的体积就是气体保有量 δ；气体保有量按如下方法测定（图2.4）：首先向浮选机槽内添加矿浆至接近溢流堰高度 H_1，然后向浮选机内充入空气，启动浮选机电动机。此时，矿浆会从溢流堰溢出（如矿浆不溢出，继续向浮选机槽体内补加矿浆），待充气状态稳定后，停止供气，浮选机内矿浆会下降到新的高度，记录这个新的高度 H_2，则浮选机空气保有量为：

$$\delta = \frac{H_1 - H_2}{H_1} \tag{2.8}$$

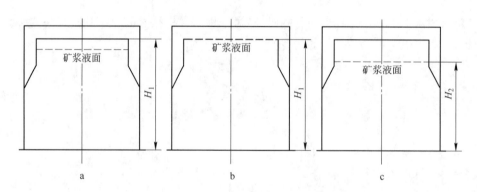

图2.4 气体保有量测试方法示意图

a—初始矿浆液面；b—充气情况下矿浆液面；c—停止充气后矿浆液面

2.1.6 泡沫负载率

泡沫负载率是表示泡沫所承受的负荷占最大泡沫负荷的分数。根据相关文献可知，一些研究者已经研究过最大泡沫负荷，而其他一些人则运用基于物质关系或现象知识建立了半经验模型。只有少数几个研究者报道过泡沫负荷分析建模工作。根据这些报道，泡沫直径、颗粒密度、颗粒直径、颗粒形状和颗粒的几何分布对泡沫负荷的估算都是很重要的因素[2]。

Bradshaw 和 O. Connor 提出了在微型浮选槽里测量泡沫负荷的技术。为了有好的重现性，该技术要求仔细控制操作参数，如矿物的准备、空气压力和气泡大小。推荐的估算泡沫负荷的算法则由以下几个步骤组成：

（1）每个气泡负载的平均固体质量 M_b 的计算。

$$M_b = R / N_b \tag{2.9}$$

式中 R——质量回收率；

N_b——在某个时间段内产生的气泡个数。

（2）每个气泡负载的颗粒数 N_{pb} 的计算。

$$N_{pb} = M_b / M_p \tag{2.10}$$

式中 M_p——一个颗粒的质量。

（3）单位气泡表面积负载的颗粒质量 M_{sa} 的计算。

$$M_{sa} = R / A_t \tag{2.11}$$

式中 A_t——这个时间段内的气泡总表面积。

（4）泡沫负载率 M_{f_1} 的计算。

$$M_{f_1} = M_b / M_{max} \tag{2.12}$$

式中 M_{max}——泡沫最大负载率，可用式 2.13 进行计算：

$$M_{max} = V_b \rho \rho_1 / (\rho - \rho_1) \tag{2.13}$$

V_b——气泡体积；

ρ, ρ_1——分别为矿物和水的密度。

Uribe Sales 等人采用几何模型估算颗粒–气泡聚集体的密度，并把他们的计算结果与通过作用于静止水中上升的团聚体上的平衡力得到的结果进行了比较。当气泡表面完全负载颗粒并形成团聚时，采用他们的几何模型来估算泡沫负荷（M_t），团聚体密度计算公式如下：

$$\rho_{bp} = \frac{M_t}{\dfrac{\pi}{6}d_b^3 + \dfrac{M_t}{\rho_p}} \tag{2.14}$$

气泡的速度和直径可通过高速视频技术来测量，然后计算聚合团体的密度和覆盖于气泡表面上的矿物颗粒质量。假设气泡直径为 d_b、气泡覆盖分数为 φ 和颗粒填充因子 ε 已知，则被覆盖的气泡表面积 A_p 为：

$$A_p = \pi d_b^2 \varphi \varepsilon \tag{2.15}$$

1）当量直径为 d_i 的颗粒数可用式 2.16 计算得出：

$$n_i = \frac{m_{d_i} M_t}{\dfrac{\pi}{6} \rho_p d_i^3} \tag{2.16}$$

式中 n_i——当量直径为 d_i 的颗粒数；

m_{d_i}——d_i 直径颗粒的质量分数。

2）d_i 直径的单个颗粒横截面积的乘积就是负载颗粒的表面积：

$$A_{d_i} = \frac{\pi}{4} n_{d_i} d_i^2 \tag{2.17}$$

3）负载中各粒级颗粒的总表面积就是颗粒分布的总面积：

$$A_p = \sum_{i=1}^{n} A_{d_i} \tag{2.18}$$

根据这些假设，最大泡沫负荷可以用式 2.19 估算：

$$M_{\mathrm{t}} = \frac{2A_{\mathrm{p}}\rho_{\mathrm{p}}}{3\sum\limits_{i=1}^{n}\dfrac{\Delta m_i}{100d_i}} \tag{2.19}$$

式中　　Δm_i——颗粒粒度分布中直径为 d_i 的颗粒质量权重。

2.1.7　矿浆停留时间分布

停留时间 RTD（resident time distribution）是指物料从进入浮选机到离开浮选机所消耗的时间分布，是物料在浮选机中流动的最佳表示方法。它与浮选机浮选效率直接相关。确定 RTD 分布最常用的方法是注入一种固体物质后可溶于水的物质作脉冲示踪粒子，通过检测这种示踪物在浮选机出口处出现的数量与时间的函数来测定 RTD 的值。

为全面分析浮选机内矿浆流动的连续程度，弄清矿物颗粒从浮选机入口至出口的持续时间很有必要。矿浆的流动形式可以通过向浮选机内注入由可监测材料制成的脉冲示踪粒子并关注这些粒子在浮选机出口的出现形式来判定。另一种方法是突然改变给料浓度，然后观察出流浓度变化。处于浮选机内部的矿浆流动方式通常以两种理想类型来考虑：柱塞流和理想混合。

浮选过程中最简单的流动形式是浮选机给矿里的所有组分都具有相同的停留时间 τ，即柱塞流。τ 由式 2.20 得出：

$$\tau = \frac{\text{浮选机容积}}{\text{矿浆体积流量}} = \frac{V}{I_{\mathrm{V}}} \tag{2.20}$$

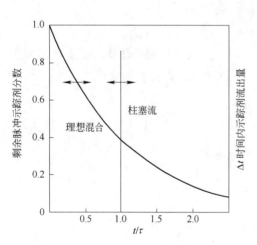

图 2.5　停留时间分布（脉冲示踪剂）

在这种情况下，在浮选机中各单元的停留时间相等，在运动方向上可能不发生混合作用，而侧向可能发生混合作用。如果在给矿中引入脉动示踪剂，那么示踪剂就会在 $t = \tau$ 之后出现在出口矿浆中（图 2.5）。此时柱塞流与分批过程等价。

在理想混合状态下，给矿组分会立刻在整个浮选机中混合均匀，在 $t = 0$ 时刻注入示踪粒子，t 时刻的出口浓度 c 计算如下：

$$c = c_1 \exp\left(-\frac{I_{\mathrm{V}}}{V}t\right) \tag{2.21}$$

c_1：$t = 0$ 时的初始浓度，见图 2.5。从图 2.5 中可以看出，某些示踪物立刻流出槽体，另一些则在理论上未离开槽体，因而 RTD 等于零或无穷大，所以 RTD 试验最大的意义在于得出平均 RTD[3]。

名义停留时间依然采用式 2.20 的定义，那么式 2.21 就可以写成：

$$c = c_1 \exp\left(-\frac{t}{\tau}\right) \tag{2.22}$$

式 2.22 可以扩展到一个系列中 N 个浮选机的混合过程中，则：

$$\frac{c_N}{c_1} = \frac{(t/\tau)^{N-1}\exp(-t/\tau)}{(N-1)!} \tag{2.23}$$

式中　c_N——t 时刻第 N 个浮选机槽体排出产品的浓度；

　　　τ——每个浮选机槽体的名义停留时间。

由式 2.23 得出的理论曲线如图 2.6 所示。

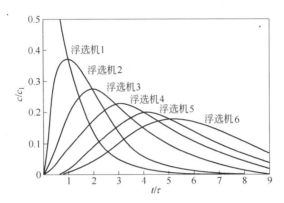

图 2.6　由式 2.23 所预测的系列中多台浮选机在理想混合状态下的停留时间分布
（脉冲示踪剂）

对比这个系列的理想混合流动和柱塞流流动很有用。图 2.6 表明，当矿浆流过一个系列浮选机槽体时，会及时分散，尽管槽体数量在变，但总的名义停留时间 τ_Σ 却保持同一常数。

也遵循这样一个规律，即小数量连续的浮选设备在理想混合状态下要比柱塞流状态下效果差，因为一些物料停留时间太短，而另一些物料停留时间太长。一般情况下增加系列中浮选机台数可以取得更好的浮选效果，但有时浮选机台数对浮选动力学影响并不显著。

2.1.8　短路

浮选工艺过程中的短路是指矿浆未经充分循环便进入下一浮选阶段，这种情况意味着浮选设备存在死区，浮选时间短于设计要求，导致浮选效果差。

浮选机内矿浆短路现象的发生与工艺参数、药剂制度及浮选机特性都有关系。在以前常规的浮选回路设计中，为了避免有用矿物的损失，常对浮选机各作业采用增加浮选机台数的方法来增加矿物在作业中的停留时间，即防止"短路"，以此增加有用矿物回收的机会，如粗扫选作业通常每排 4~8 槽或更多。

随着浮选设备技术水平的提高，设备的大型化及选矿厂控制水平的提高，这一方式已发生了变化：

（1）在实际生产中通过调整药剂制度和控制策略可以在一定程度上避免矿浆短路；

（2）对矿浆停留时间的测定表明，当浮选机内矿浆混合状态为柱塞流时，矿浆名义停留时间为一常数（参见 2.1.7 节），在这种情况下添加浮选机台数并不会对浮选机动力学性质造成明显影响；

（3）浮选机不同的浮选动力学与几何结构特性也为避免矿浆短路提供了解决思路。

从浮选动力学的观点出发，有用矿物颗粒的浮游是由于与脉石矿物颗粒在气泡黏附上发生竞争的结果。采用中小型浮选机时，浮选机体积小，矿浆停留时间短，矿浆深度小，矿浆流动冲力对颗粒在气泡上的附着影响大。当有用矿物颗粒在与脉石矿物颗粒的附着竞争中脱落后，受重力、离心力及横向冲力的作用，总是沿着矿浆流动方向水平移动一定的距离，在这种情况下，有用矿物粒子再次附着于气泡上的概率总是小于 100%；采用大型浮选机时，浮选机体积大，矿浆停留时间长，矿浆深度大，特别是由于浮选机内部结构及搅拌装置原理上的不同，使得浮选系统中矿浆流冲力对颗粒在气泡上的附着影响几乎可以忽略，有用矿物颗粒从附着气泡上脱落后，仅受重力和离心力的影响，由于下降距离长，有用矿物粒子再次附着于气泡上的概率接近于 100%；设计上，采用浮选柱或短柱型浮选机，可以在一个作业中单台配置。目前，国内外大型机械搅拌式浮选设备都采用圆柱形槽体，其对称性可提高充气的分散度和矿浆表面的平稳度，可改善浮选机的效率。槽底设计为锥底形，有利于粗重矿粒向槽中心移动以便返回叶轮区再循环，减少矿浆短路现象。因此，在常规配置中易出现的"短路"现象，在浮选柱或短柱型浮选机的配置回路中则不易发生[4]。

2.1.9   容积利用系数

容积利用系数是指浮选机槽体内矿浆体积与槽体几何容积的比值。在扩大试验和工程设计中，浮选时间是选矿厂极其重要的基础数据。而浮选时间的确定却涉及浮选机容积的利用特性。通常这种特性是用容积利用系数 K 值描述的，不言而喻，K 值的选取对浮选时间的计算结果影响很大。

2.1.9.1   容积利用系数的影响因素

浮选机工作过程中，矿浆和空气给入槽体，空气在叶轮定子系统的剪切作用下形成气泡，气泡与矿浆中的矿物颗粒发生碰撞，黏附而形成矿化气泡，矿化气泡上升形成泡沫层。因而，整个浮选机几何容积可分割成四个部分，即矿浆体积、泡沫层体积、溶于矿浆中的空气体积和浮选机位于槽体内的其他零部件的体积。因此，容积利用系数便与后三种体积所占浮选机几何容积的比例有关。实际生产中，上述三种体积与工艺流程（浮选机所在作业）、药剂制度（泡沫层厚度）、浮选机结构（槽内包含零件）都有关系。

2.1.9.2   容积系数的计算

一般情况下，容积利用系数可采用式 2.24 进行计算：

$$K = (V - V_1 - V_2 - V_3)/V \tag{2.24}$$

式中　V——浮选机槽体几何容积；

$\qquad$ V_1——泡沫层容积，根据浮选机生产实际测量的泡沫厚度计算得出，泡沫低于溢流堰时，V_1 也包括泡沫"凹陷"部分的容积；

$\qquad$ V_2——浮选过程中，矿浆所含气泡的体积；

$\qquad$ V_3——生产时，没入矿浆中浮选机零部件的体积。

2.1.10   矿浆悬浮

矿浆悬浮是指矿浆中的矿物颗粒所达到的悬浮状态，它直接影响矿浆与药剂的混合效果，颗粒与气泡的碰撞概率，浮选机内充分的矿物悬浮是获得良好浮选指标的前提条件。

2.1.10.1 矿浆悬浮的影响因素及判定依据

矿物颗粒在浮选机内的悬浮状态与浮选机机械结构（浮选机槽体结构、叶轮定子结构）有关，与浮选机操作参数（叶轮转速、充气量）有关，也与矿物颗粒本身性质（颗粒尺寸、颗粒密度）有关。

浮选机存在不同形式，但从固-液悬浮的特性来分，浮选机叶轮搅拌的目的主要有以下两个[5]:

（1）使固体粒子完全离开槽底悬浮起来，即完全离底悬浮；

（2）使固体粒子在槽内悬浮并均匀分布，即均匀悬浮。

针对固-液悬浮的两个不同目的，提出了两个固-液悬浮状态的判断依据。

（1）以槽底未悬浮固体量为判据。固体粒子在槽底的停留时间不超过1~2s，则认为达到了完全离底悬浮，在达到完全离底悬浮时，槽内各处的固体含量并不是完全均匀的，用此判据可以对浮选槽内的矿物颗粒悬浮状态做出一个定性的分析。图 2.7 示出了随着搅拌机构转速逐渐提高，槽内粒子悬浮状态的变化。

（2）以矿物颗粒运动速度为判据。由于槽底中心的固体颗粒是最后悬浮起来的部分，所以考察这个部位的固体颗粒在不同搅拌转速下的速度大小的变化也可作为颗粒是否完全悬浮起来的判据。当没有达到完全悬浮的时候，这些部位的颗粒的运动速度变化很小；当颗粒完全悬浮之后，颗粒的速度随搅拌转速的变化有较大的变化。

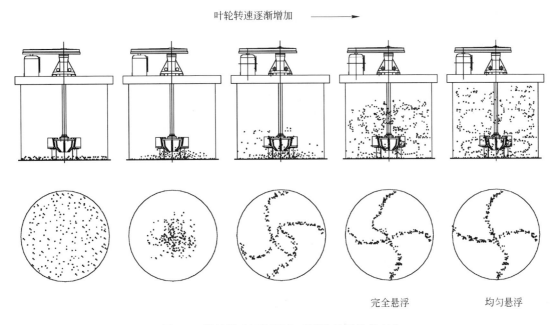

图 2.7　搅拌转速逐渐增大时颗粒悬浮状态变化

2.1.10.2 矿浆悬浮状态的测定方法

要考查浮选机内的矿物颗粒悬浮状态，可以采用深槽取样的方法来测定浮选机内不同深度截面的矿粒分布情况。如图 2.8 所示，在距浮选机溢流堰下方 H_1、H_2、H_3、H_4、H_5（依据实际情况，深度参数设置可以更多，其中 H_1 应位于泡沫层下方）等若干个深度截面处对矿浆取样，并对所取样品进行水析。根据水析结果分析所取样品的粒度分布，并对比各个深度截面的矿物颗粒粒级分布状态，如果粒级分布未在深度截面上产生明显差别，则表明矿浆中的矿物颗粒没有分层现象，该浮选机的矿物颗粒悬浮能力好；反之，悬浮能力差。

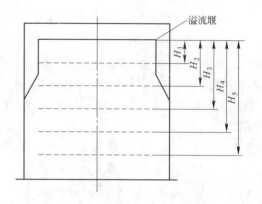

图 2.8　浮选机内矿浆深槽取样方法示意图

2.1.11　叶轮临界转速

浮选机叶轮临界转速是指使浮选机内部空气达到完全分散或使矿浆达到完全离底悬浮时的最小叶轮转速。

2.1.11.1　空气临界分散转速

在气–液搅拌设备中，气体以小气泡的形式分散于液体中，伴随搅拌转速和充气速率的变化，分散状态也会发生变化。图 2.9 描述了在一定的充气速率下，搅拌转速逐渐增加时出现的气液分散状态的变化，可分为三个状态：

（1）气泛状态。此时大部分气体没有分散，气泡直径也比较大，沿搅拌轴直接上升到液面，相当于鼓泡釜（图 2.9a、图 2.9b）。

（2）载气状态。气体基本上得到分散，气泡已接近浮选机槽壁，但叶轮以下气体分散不良，气泡仅能随液流做有限再循环（图 2.9c）。该状态与气泛状态的相互转变存在一个临界转速，称为泛点转速 n_f，该转速通常随充气速率的增大而增大。

（3）完全分散状态。气体在设备内得到良好的分散，气泡较小，往往随着液体再循环（图 2.9d、图 2.9e）。该状态在载气状态的转变也有一个临界转速，称完全分散转速 n_{cd}。由于载气状态的操作条件比较窄，故 n_f 与 n_{cd} 差别不大，工程中一般不严格区分这两个临界转速。

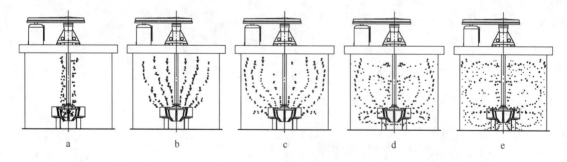

图 2.9　浮选机内气泡分散状态

2.1.11.2　矿浆临界悬浮转速

矿浆临界悬浮转速是指使浮选机内矿物颗粒全部悬浮起来的最小转速，用 n_c 表示，通常用作判定浮选机悬浮效果的准则。叶轮临界转速对于浮选机的设计非常重要，它是矿物颗粒离底悬浮的一个精确点，同时是其他固体悬浮的一个通用参考点[6]。

A 矿浆临界悬浮转速的影响因素

叶轮临界转速可被直观地视为两个对立机理的结果。第一种机理是颗粒悬浮机理，主要受到叶轮性能和几何形状的影响。颗粒悬浮机理与总体矿浆流的流动状态相关，这取决于叶轮的抽吸能力和局部能量分散引起的湍流旋涡。第二种机理与第一种机理相对，即颗粒的沉降机理，沉降过程的驱动力就是广为人知的颗粒临界沉降速度。这会导致相的分离，主要受到颗粒性质（颗粒尺寸、固体浓度、相对固体密度）和矿浆性质（液相黏度和表观气速）的影响。O. A. Lima，D. A. Deglonb，L. S. Leal Filho 采用了 6L Denver 和 Wemco 浮选机进行了叶轮临界转速对比试验[7]。试验采用了三种矿物：磷灰石、石英和云母。研究表明，叶轮临界转速主要取决于颗粒尺寸、颗粒密度及空气量（表观气速），而固体浓度对其影响甚微，液体黏度对其影响可忽略。对于三种浮选机来说，颗粒尺寸、固体浓度及液体黏度的影响指数相等。而固体密度对临界叶轮转速的影响指数没有先前的研究人员所观测的大，且与一般文献中报道的搅拌槽内试验测得的结果相一致。

B 矿浆临界悬浮转速的确定

浮选机所处理的矿浆中所含的矿粒大小并不是相同的，其大小一般呈正态分布，因此在确定叶轮转速时应保证矿浆中的大颗粒矿物能达到完全离底悬浮，此时小于这个尺寸的颗粒一般都能达到离底悬浮，也就是说叶轮转速必须大于矿浆中最大颗粒达到完全离底悬浮状态所需的转速。

大量的浮选试验和理论研究表明，适合机械搅拌式浮选机的固体完全离底悬浮的临界转速计算公式为：

$$n_c = K_s D_{槽}^{-0.85} d_p^{0.20} B^{0.13} v^{0.10} g^{0.45} \frac{(\rho_s - \rho_1)^{0.45}}{\rho_1} \tag{2.25}$$

式中　　n_c——临界转速，r/min；

　　　　K_s——槽体几何形状因子；

　　　　$D_{槽}$——浮选机槽体直径，m；

　　　　d_p——矿浆中大颗粒直径，mm；

　　　　B——浮选机内矿浆中固体质量与液体质量的比值；

　　　　v——矿浆的运动黏度，MPa·s；

　　　　g——重力加速度，m/s^2；

　　　　ρ_s——固体颗粒的密度，g/cm^3；

　　　　ρ_1——液体密度，g/cm^3。

2.1.12 主轴功耗

主轴功耗是指浮选机在工作过程中所产生的实际功率消耗，在不考虑传动损失的情况下，电动机功耗可视为主轴功耗。对选矿厂而言，除磨矿作业以外，浮选作业的能耗在总能耗中占有的比例是最大的，因此浮选机能耗的高低自然成为表示浮选机性能优劣的一个重要技术指标[8]。

2.1.12.1　主轴功耗影响因素

在不考虑浮选工艺方面对浮选机能耗影响的情况下，机械式浮选机能耗主要是受浮选机结构参数的影响，包括浮选槽结构尺寸（槽体深度）、叶轮结构形式（叶轮直径、叶轮转速、叶片数目、叶片高度）、浮选机的运转参数（叶轮转速）以及矿浆性质（矿浆密度）。因此要降低浮选机的能耗，必须从这些方面分析，其中的重点是叶轮的形式和结构参数。

浮选机叶轮旋转时的动力消耗用于克服矿浆的阻力和吸入矿浆及将矿浆甩出叶轮区。叶轮旋转时功率可用式 2.26 表示：

$$N = N_1 + N_2 \tag{2.26}$$

式中　N——浮选机叶轮旋转时所消耗的总功率，不包括浮选机刮泡以及充气搅拌式浮选机鼓风系统的能耗，kW；

　　　N_1——叶轮吸入矿浆及克服矿浆静压头将矿浆甩出叶轮区所消耗的功率，kW；

　　　N_2——叶轮旋转时用于克服矿浆阻力所消耗的功率，kW。

$$N_1 = \frac{\gamma Q H'}{102 \eta_1 \eta_2} \tag{2.27}$$

式中　γ——矿浆密度，kg/m^3；

　　　Q——叶轮吸入的矿浆量（包括给矿及循环矿浆），m^3/s；

　　　H'——叶轮旋转时所产生的压头（其值等于槽体内矿浆的静压头），m；

　η_1，η_2——分别为叶轮的水力效率和机械效率。

$$N_2 = \frac{\pi \Psi Z D^2 n H S \gamma}{120 \times 102} \tag{2.28}$$

式中　Ψ——叶轮叶片的正阻力系数；

　　　Z——叶片数，片；

　　　D——叶轮直径，m；

　　　n——叶轮转速，r/min；

　　　H——槽体内矿浆的静压头（$H = H'$），m；

　　　S——叶轮高度，m；

　　　γ——矿浆密度，kg/m^3。

其中 N_1 远小于 N_2，通常 N_1 仅占叶轮旋转总动力的 10% 左右，而 N_2 约占 90%，也就是说功率消耗主要是用于克服矿浆的阻力。

从式 2.28 中，可以看出槽体、叶轮及矿浆相关参数对浮选机主轴功率的影响情况。

2.1.12.2　主轴功耗的计算与测定

浮选功率可以用式 2.29 表示：

$$P = N_p \rho n^3 D^5 \tag{2.29}$$

式中　P——主轴功率，kW；

　　　N_p——功率准数；

　　　ρ——矿浆密度，g/cm^3。

上述公式一般用于浮选机的安装功率设计的计算，在实际生产中，关注的是浮选机主轴的实耗功率，这个功率可以采用功率表直接测得或根据实测的电流计算得出。

2.2　浮选机性能评价

　　浮选机分选过程是多个变量交互作用的结果。Klimpel 等[9]将浮选过程视为化学、操作及机械三个因素相互影响的体系。长期以来，这三个因素的平衡研究有所改变，有关机械方面的因素研究开始兴盛起来。目前开展的工作着眼于对与浮选机工艺性能相关的无量纲数的研究[10]。这些研究说明，单独的机械因素（如叶轮转速、充气量及槽体设计）不会明显影响浮选机的工艺性能，但由它们形成的浮选动力学条件——流动状态、混合强度、颗粒悬浮状态、空气分散度、气泡–颗粒间作用则会反过来控制工艺性能。因此，浮选设备本身的浮选性能评价依赖于其运行过程中的浮选动力学与操作参数。

　　如前所述，浮选机动力学及操作参数有很多，在实际生产工艺流程中，对于矿浆性质和药剂制度已定的定型设备来说，其泡沫负载率、矿浆停留时间及临界转速都不可变，所以这些浮选机参数一般不用于实际生产对浮选机工艺性能的考察。常用于工程实践中的浮选机性能评价参数需要具备以下几个特点：

　　（1）对浮选效果会产生明显影响，如空气分散度，直接影响气泡与颗粒的碰撞和附着概率。

　　（2）与工艺操作联系紧密，受工艺条件影响或可依据工艺要求进行调节，如充气量，表征浮选机充气能力的重要参数，可随时依据矿浆性质的不同进行调节。

　　（3）易于测量。气体保有量、矿浆悬浮能力及主轴功耗，测量过程简单，准确。

　　因此，最为常用的评价浮选动机性能的参数为：充气量、空气分散度、气体保有量、矿浆悬浮能力及主轴功耗。

参 考 文 献

[1]　哥麦茨 C O, 等. 浮选机气体分散度的测定[J]. 国外金属矿选矿, 2003(4).

[2]　加勒哥斯–阿西韦多 P M, 等. 最大泡沫负荷的试验测量与分析估算[J]. 国外金属矿山, 2006(5).

[3]　列林斯基 D, 等. 矿浆在大型浮选机中停留时间分布的分析[J]. 国外金属矿选矿, 2003(3).

[4]　杨松荣, 吴振祥. 谈浮选回路中的几个问题[J]. 有色矿山, 2000, 29(5).

[5]　浮选机手册[R]. 北京矿冶研究总院, 2000.

[6]　沈政昌, 卢世杰, 陈东, 等. 大型机械搅拌式浮选机槽内固体悬浮的研究, 有色金属(选矿部分), 2009(4).

[7]　LIMA O A, DEGLONB D A, LEAL FILHO L S. A comparision of the critical impeller speed for solids suspension in a bench-scale and a pilot-scale mechanical flotation cell, Minerals Engineering, 2009(22): 1147~1153.

[8]　杨福新. 机械搅拌浮选机能耗分析. 有色金属（选矿部分）, 2004(5).

[9]　KLIMPEL R R, DHANSEN R, FEE B S. Selection of flotation reagents for mineral flotation.In Design and installation of Concentration and Dewatering Circuit. Ed: A. L. Mular and M.A. Anderson, 1986: 384~404.

[10]　HARRIS C C. Flotation machines, in Flotation A.M. Gaudin Memorial Volume, Vol.2(Ed. M. C. Fuerstenau), ALME, 1976: 753~815.

3 浮选机内动力学分析

影响浮选过程的因素主要包括矿石的性质（如矿物的组成、粒度分布、形状、矿物的可浮性）、浮选环境（药剂用量、pH 值、矿浆浓度和温度等）、操作因素和浮选机特性等。在给料准备和药剂调整适宜的条件下，浮选技术指标主要取决于浮选机的性能和操作。因此，要提高矿物浮选效率，就需使浮选机槽内的流体动力学状态满足各粒级矿物浮选过程要求。

实现矿物颗粒浮选过程的首要条件是矿粒与气泡的接触和附着，矿粒与气泡附着以后，矿粒-气泡集合体在浮选机中上升，形成矿化泡沫。在此过程中，矿粒-气泡集合体将经历脱落、再碰撞和再附着的交换过程。根据浮选动力学基本理论，矿物颗粒的浮选过程可分为三个阶段：矿粒与气泡的碰撞、矿粒在气泡上的附着和矿粒从气泡上脱落。理想浮选指标的获得是需要目的矿物在气泡上具有较高的附着概率和较低的脱落概率，非目的矿物在气泡上具有较低的附着概率和较高的脱落概率，除去药剂制度的影响，性能优良的浮选机必须能够在浮选动力学特性上与矿物颗粒的浮选过程相匹配。

3.1 矿粒与气泡的碰撞

矿物与气泡的接触方式主要存在两种机理[1]：惯性机理和气泡表面力场的无惯性机理。惯性机理是惯性粒子与气泡的互撞由惯性力产生，矿物质量越大，矿物与气泡的相对速度越大，矿物颗粒与气泡产生碰撞接触的机会就越多。气泡表面力场的无惯性机理是无惯性粒子被运动着的气泡所产生的远程作用的扩散-静电力所吸引，当矿物粒度小于某个临界值时，矿物颗粒就会难以与气泡发生惯性碰撞，与气泡相接触的方式更多地体现为滑移接触（选择性较差），这也是细颗粒矿物难选的原因之一。

矿物与气泡碰撞的成功概率决定了整个浮选过程中矿物回收的概率。碰撞概率由体系的流体动力学因素决定，受矿粒粒度、气泡尺寸以及紊流程度的影响。

Yoon 和 Kuttrell 认为碰撞概率在很大程度上取决于碰撞截面，矿粒和气泡的碰撞概率（P_c）为[2]：

$$P_c \propto 3r_p / r_b^2 \tag{3.1}$$

式中 r_p——矿粒半径；

r_b——气泡半径。

从式 3.1 中可以看出碰撞概率受矿粒粒度和气泡尺寸影响，并且与矿粒粒度成正比。矿粒粒度越大，惯性力就越大，接触概率就越大；与气泡半径的平方成反比，气泡尺寸越小碰撞效率越高。

碰撞概率除受矿粒粒度和气泡大小的影响外，还受矿粒-气泡间相对速度、气体保有量和矿物表面水化膜的厚度等因素的影响。

由碰撞理论得到：

$$P_c = u_\infty \sigma N \qquad (3.2)$$

式中　　u_∞——矿粒与气泡的相对速度；

　　　　σ——碰撞截面；

　　　　N——矿浆中气泡的含量。

式 3.2 表明，碰撞概率与浮选槽中的矿粒与气泡的相对速度和气体保有量成正比。

Schulze 认为碰撞概率取决于矿物表面水化膜的破裂厚度[3]：

$$P_c = 1.78 \frac{r_p}{r_b} (H_{cr})^{1/8} \qquad (3.3)$$

式中　　H_{cr}——无量纲临界水化膜厚度：

$$H_{cr} = \frac{h_{cr}}{R_p}$$

　　　　h_{cr}——与矿物表面临界水化膜厚度；

　　　　R_p——与矿物表面润湿性有关，矿粒越疏水，h_{cr} 越大，碰撞概率越高。

因此，矿粒与气泡的碰撞主要与矿粒的粒度、矿物表面水化膜的厚度、气泡尺寸、气泡与矿粒间的相对速度以及气体保有量有关。

悬浮颗粒的粒级分布是影响浮选回收率的重要因素之一。矿物的可浮性与矿物粒度密切相关，适于浮选的矿物最佳粒径随矿物性质与浮选机类型变化而变化。研究不同粒级矿物浮选动力学特性，掌握粗细颗粒矿物与气泡碰撞、附着、脱落过程的影响因素及特点是认识浮选规律和解决浮选问题的关键。

3.1.1　粗颗粒矿物碰撞过程机理

如前所述，矿物与气泡的接触方式主要存在两种机理：惯性机理（惯性碰撞）和气泡表面力场的无惯性机理（滑移接触）。

Stokes 准数 K 是判定矿物颗粒与气泡接触方式的重要依据。理论上，$K > 1$ 时是惯性力起主导作用，体现为惯性碰撞；$K < 1$ 时，惯性力变为次要，矿粒运动主要受介质的黏滞阻力影响，与气泡的接触以滑移接触为主。K 值与矿粒粒度和气泡雷诺数有关，矿物粒度越粗，质量越大（K 值越大），矿物与气泡的相对速度越大，矿物与气泡的碰撞机会就越多，因而对粗颗粒来说，惯性碰撞机理在浮选过程中占主导地位。

惯性碰撞效率 E_c 是指跟气泡实际接触的矿粒数与在气泡运动轨迹内并位于气泡的前进方向上的矿粒总数之比，可用式 3.4、式 3.5 近似计算：

$$E_c = \frac{K}{K + 0.5} \qquad (3.4)$$

式 3.4 适用于 $K > 1/12$、$Re \geqslant 1$ 的情况。

$$E_c = \left[\frac{1 + 3\ln 2K}{4(K - 1.214)} \right]^{-2} \qquad (3.5)$$

式 3.5 适用于 $K > 1.24$、$Re \leqslant 1$ 的情况。

3.1.2　细颗粒矿物碰撞过程机理

与粗颗粒矿物相比，细粒级矿物有着不同的矿物碰撞、附着、脱落过程。大量试验及生产数据分析表明，泡沫浮选的最佳粒度范围的下限约为 3~7μm。一般硫化矿较低（3~5μm）；氧化矿物较高（5~7μm），3~7μm 以下直到 0.1μm 为微粒范围，0.1μm 以下属于胶类范围。对于细颗粒矿物来说，碰撞过程主要体现为气泡表面力场的非惯性机理，即矿粒主要受介质黏滞力作用而与气泡之间滑动接触。同时，细颗粒碰撞过程还应考虑两个附加因素，即：近流体动力学作用及表面力作用。

近流体动力学作用，是两物体无限接近时为排开间隙水而受到的流体抵抗力。受近流体动力作用，矿粒在气泡赤道附近的运动轨迹将向外偏移 ΔH，接触概率将进一步减小。

表面力主要指分子作用力及因双电层交叠而产生的静电作用力。当矿物颗粒与气泡接近到表面力发生作用时，矿物颗粒的运动轨迹将根据表面力的性质发生相应的偏移。

近流体动力学力的作用距离与矿物颗粒半径相当，表面力的作用一般不超过数十纳米，两者约相差一个数量级。

非惯性碰撞概率极低，一般不超过 0.2%，但在某些条件下接触效率可以明显提高。当气泡的 $Re > 20$ 时，被气泡分开的水流开始在其尾部脱离出去形成旋涡，矿粒可能被回流旋涡卷吸与气泡尾部发生接触。此种接触被称为湍流扩散接触。试验表明，对于半径为 1mm 的气泡，能够实现此种接触的矿物颗粒粒度不大于 3μm。例如，用石蜡球（$R = 2mm$）代替气泡，测定半径为 0.25μm 的颗粒在湍流场中的接触效率 E_c 为 1%~2%。

当矿粒达到胶粒粒度（$R_p \leqslant 1μm$）矿物颗粒明显地表现出布朗运动特性，矿物颗粒运动轨迹可脱离流线与气泡实现分子扩散接触，此时，接触效率 E_c 可用式 3.6 表示：

$$E_c \propto \frac{1}{R_b^2 R_p^{2/3}} \tag{3.6}$$

此时随着矿粒粒度的减小，E_c 反而增大。

以非惯性碰撞为主的细粒级矿物颗粒质量小，运动速度慢，沿气泡壁滑动至被夹带而去的时间（滑动时间）较长。根据理论推算，R_p 为 5μm 的矿粒和气泡（R_b 为 1mm 左右）的滑动接触时间可达 440mm。

综上所述，矿物颗粒与气泡的接触方式及接触效率与矿物颗粒粒度有密切关系。接触效率在 R_p 为 1~10μm 之间有极小值。

3.2　矿粒与气泡的附着

事实上，矿粒和气泡接触不一定会导致附着，亲水性的矿粒与气泡惯性碰撞时，尽管可以接触并使气泡变形，但是最终很可能会被反弹出去。从碰撞到附着要完成的过程有：介于矿粒与气泡间的水化膜薄化、破裂，形成足够长的三相接触周边，矿粒与气泡间出现固–气界面。完成这整个过程所用的时间称为感应时间。因此矿粒和气泡接触后实现附着的必要条件是：所需感应时间必须小于矿粒与气泡碰撞时实际接触时间。只有在这种情况下，矿粒才有可能附着在气泡上，否则就因来不及附着而脱落。感应时间与矿粒粒度的关系式为[4]：

$$t = kd^n \tag{3.7}$$

式中　　t——感应时间;

　　　　k——系数;

　　　　d——矿粒粒度;

　　　　n——与矿浆的运动状态有关, 层流时 $n=0$, 紊流时 $n=1.5$, 过渡状态 n 介于 0~1.5
之间。

感应时间与矿粒粒度的关系如图 3.1 所示, 随着矿
浆运动状态由层流向紊流变化, 感应时间相应增大。对
于粗粒矿物由于其粒度大, 惯性大, 一般与气泡的接触
时间较短, 仅为数毫秒, 尤其在紊流状态时, 矿粒与气
泡的接触时间远远小于感应时间, 这就是粗颗粒难浮的
原因之一。要实现粗颗粒附着, 就必须减小紊流程度(搅
拌强度)使矿粒能在平稳的环境中与气泡接触。

Zongfu Dai 等最近的研究表明, 感应时间还与颗粒
的接触角、气泡大小等有关[5]。感应时间随着颗粒粒度、
接触角和气泡的增大而增大。矿粒与气泡的接触时间取

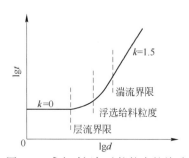

图 3.1　感应时间与矿粒粒度的关系

决于矿粒最终的速度, 所以减小搅拌强度可以减小矿粒的运动速度, 进而增大矿粒与气泡
的接触时间, 有利于实现矿粒与气泡的黏附。

考虑感应时间、颗粒直径、气泡直径及紊流强度等因素的影响, 颗粒-气泡附着概率可
用式 3.8 来表示[4]:

$$P_a = \sin^2 \left\{ 2\arctan\exp\left[\frac{-(45 + 8Re_b^{0.72}V_b t_i)}{30R_b\left(\dfrac{R_b}{R_p} + 1\right)} \right] \right\} \qquad (3.8)$$

式中　　Re_b——气泡雷诺数, $Re_b < 100$;

　　　　V_b——气泡平均运动速度;

　　　　t_i——感应时间;

　　　　R_b——气泡半径;

　　　　R_p——矿粒半径。

因此, 矿粒与气泡黏附与否, 除了取决于矿粒本身的性质和矿浆的性质外, 还取决于
浮选机中的紊流程度和气泡大小等因素。浮选机中紊流程度高, 有利于细颗粒矿物的黏附,
但不利于粗颗粒矿物的附着。

3.2.1　粗颗粒矿物附着

粗颗粒矿物在气泡上的附着主要是由惯性碰撞引起的, 矿物颗粒与气泡的接触并不一
定导致附着。实现颗粒在气泡上附着的必要条件是:

(1)介于矿物颗粒与气泡之间的水化膜发生破裂;

(2)形成三相接触周边并扩大到足够长度。

这个必要条件对于惯性碰撞的粗颗粒矿物尤为重要, 否则即使发生附着, 也可能因矿
粒质量较大导致的惯性力过大而从气泡上脱落。

水化膜的破裂与否取决于各种表面力的相互关系，Дерягин Л.В. 等在分析矿物与气泡作用的各种表面力基础上提出膜裂压（使水化膜变薄直至破裂的附加能量）这一概念，并提出膜裂压由静电组分、分子组分和结构组分构成，最终研究得出结构组分的作用是矿粒表面疏水化所引起的界面水结构变化的直接结果。结构组分的变化主要包含疏水作用引起的能量变化，尽管疏水作用的距离小于其他两组分的作用距离，但是，只要疏水颗粒与气泡借助外来能量接近到作用距离后，疏水作用就成为决定性因素，导致水化膜破裂。

水化膜破裂后必须要形成三相周边并逐步扩大，最终达到平衡，才能使矿物颗粒在气泡上附着。研究表明，三相周边的扩大受矿物颗粒表面水的黏度、表面粗糙度、表面不均一性及药剂在界面的扩散作用等因素的影响。

3.2.2　细颗粒矿物附着

对于细颗粒矿物的非惯性碰撞来说，附着过程的实现可能有两种情况：一种是水化膜破裂，形成三相接触周边；另一种附着并不一定伴随水化膜的破裂，只需矿物颗粒与气泡间的距离达到两者表面作用势能的能谷时，矿物颗粒也可以与气泡相"附着"。对于后者的实现需要两个条件：

（1）矿物颗粒与气泡要接近到表面力开始发生作用的距离；

（2）两者的作用势能为负值且势能曲线上有极小值。

需要注意的是：水化膜破裂，产生固–气界面是保证矿物颗粒浮选选择性的必要条件；而处于能谷状态的"附着"是缺乏选择性的，这正是浮选中矿泥无选择性上浮的原因之一。

3.3　矿粒–气泡的脱落

矿粒与气泡碰撞黏附后，在紊流力场的作用下会发生脱附，脱附概率为：

当 $d_p < d_{max}$ 时，

$$P_d = \left(\frac{d_p}{d_{max}}\right)^{1/2} \tag{3.9}$$

当 $d_p \geqslant d_{max}$ 时，

$$P_d = 1 \tag{3.10}$$

式中　d_{max}——稳定黏附在气泡上矿粒的最大粒度。

粒度越小，脱附概率越小；黏附在气泡矿粒的最大粒度越大，脱附概率越小。黏附在气泡上最大粒度直径可通过舒尔茨的推导公式计算[6]：

$$d_{max} = \sqrt{\frac{3\gamma_g \sin\left(180° - \frac{1}{2}\theta\right)\sin\left(180° + \frac{1}{2}\theta\right)}{2[(\rho_p - \rho_l)g + \rho_p b_m]}} \tag{3.11}$$

式中　γ_g——液气表面张力；

　　θ——接触角，(°)；

　　b_m——湍流加速度。

从式 3.11 可知，湍流加速度增大，可上浮的最大矿粒粒度下降，矿粒的脱附概率就会增大；接触角越小，脱附概率增大越快，不但粗粒级矿物不浮，细粒级矿物也可能不浮。

通过对静态条件下的受力分析和动态条件下的能量平衡计算可以评价颗粒在气泡上附

着的牢固程度，分析导致颗粒脱落的影响因素。

气–液界面上作用于球形矿物颗粒的力有附着力、浮力、水静压力、重力、毛细压力和附加惯性力。

在静力学条件下，矿物颗粒受的总合力 $\sum F$ 为：

$$\sum F = \frac{2\rho_p}{\rho_l} - 1 + \cos^3 \omega - \frac{3h}{2R_p}\sin \omega + \frac{3}{aR_p^2}\sin \omega \sin(\omega + \theta) \tag{3.12}$$

式中　ρ_p——颗粒密度；

　　　ρ_l——液体密度；

　　　h——矿粒浸没深度；

　　　R_p——颗粒直径；

　　　ω——中心角；

　　　θ——润湿角。

分析式 3.12 可知，矿粒一定时，ρ_p、R_p 及 θ 也一定。在静态条件下，矿粒在气–液界面处于黏着平衡状态时，作用于矿粒的合力 $\sum F = 0$，此时矿粒的没入深度为 h_l（图 3.2a）。对矿物颗粒施加足够大的外力，或者矿粒本身的自重很大会使颗粒继续下沉，随着 h 的增大，$\sum F$ 也相应发生变化（$\sum F = f(h)$），直至达到临界没入深度 h_{cr} 时矿粒便自行脱落（图 3.2b）。

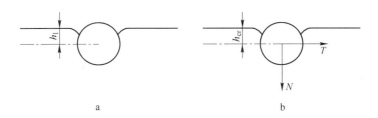

图 3.2　矿粒的没入深度

因此，脱落功 E_{cr} 应表示为：

$$E_{cr} = \int_{h_l(\omega)}^{h_{cr}(\omega)} \sum F \mathrm{d}h(\omega) \tag{3.13}$$

在浮选矿浆的湍流运动下，矿粒脱落的必要条件是，矿浆的运动使矿粒获得数量上大于脱落功的动能。流体作湍流运动时其中任意点的速度和压力均随时间作连续脉动，其实际运动速度 v 表现为具有流体平均速度及与之叠加的附加脉动速度 v' 之和，即 $v = \overline{v} + v'$。令 $v_t = \overline{v}_0^2$ 为附加脉动速度的均方值，它代表湍流的强度。

对于局部各向同性的湍流，v_t 可用式 3.14 求出：

$$v_t = 0.33 \frac{\varepsilon^{1/9}(2R_{agr})^{7/9}}{\nu^{1/3}}\left(\frac{\Delta \rho}{\rho_l}\right)^{2/3} \tag{3.14}$$

式中　ε——平均能量耗散；

　　　R_{agr}——矿化气泡的半径，cm；

$\Delta \rho = \rho_{\mathrm{s}} - \rho_{\mathrm{l}}$，g/cm^3；

ν——运动黏度，Pa·s。

一旦矿粒所获得动能 $E_{\min}$ 大于或等于脱落功 $E_{\det}$，即 $E_{\min} \geqslant E_{\det}$ 时，矿粒将从液面脱落，计算公式如下：

$$\frac{2}{3}\pi R_{\mathrm{p}}^3 \Delta\rho v_{\mathrm{l}}^2 \geqslant \frac{2}{3}\pi R_{\mathrm{p}}^3 \rho_{\mathrm{l}} g \int_{\mathrm{heq}}^{\mathrm{hcr}}\left[\frac{2\rho_{\mathrm{p}}}{\rho_{\mathrm{l}}}-1+\cos^3\omega-\frac{3h}{2R}\sin^3\omega+\frac{3}{aR_{\mathrm{p}}^2}\sin\omega\sin(\omega+\theta)\right]\mathrm{d}h \qquad （3.15）$$

根据以上讨论及计算可知颗粒附着牢固程度和脱落的影响因素有：矿粒的密度 ρ_{p}、粒度 R_{p}、润湿性 θ、液体的密度 ρ_{l}、气–液界面张力 γ_{gl} 及矿浆的平均脉动速度 v_{t}。对于给定的矿粒及液体体系，可以通过添加不同的表面活性剂来改变矿粒的润湿性 θ 及气–液界面张力 γ_{gl}，从而在一定程度上控制颗粒脱落概率。

此外，随着矿粒的密度增大、粒度增大，附着牢固度相应减小。在静力学条件下，矿粒脱落是由于作为脱落力的重力增大的缘故；在湍流条件下，矿粒质量的增大或者平均脉动速度 v_{t} 的增大，均导致矿粒惯性脱落力的增加。

3.4　粒级对浮选动力学的影响

悬浮颗粒的粒级分布是影响浮选回收率的重要因素之一，细颗粒与粗颗粒具有不同的浮选速率常数、浮选动力学性质和药剂制度。非常粗的颗粒则主要因为其易于脱落而无法回收；非常细的颗粒具有较小的附着概率细颗粒浮选，或者是无法附着在气泡上的细颗粒浮选消耗大量的药剂，还会限制中粒级有用矿物的回收。因此，过粗过细的矿物颗粒都会以不同的方式影响浮选效果。

3.4.1　粗颗粒对浮选动力学的影响

粗颗粒矿物具有粒径大、质量大的特点。大量的生产数据及实验室观察表明，浮选矿物粒度过大或过小均会导致浮选速率系数明显变小，恶化浮选效果。根据 3.3 节中对静态条件下颗粒的受力分析和动态条件下的能量平衡计算可知，矿物颗粒过大会对浮选过程产生不利影响的主要原因有两个：

（1）矿粒–气泡感应时间的增长导致颗粒与气泡难以附着。矿物颗粒与气泡的接触并不一定导致附着，实现颗粒在气泡上附着的必要条件是：介于矿粒与气泡间的水化膜破裂、碰撞时间大于等于感应时间。

通过对粗矿物颗粒的气泡矿化过程的快速摄影观察，发现 0.5mm 方铅矿粒与 2mm 气泡碰撞时，使气泡显著变形，接触处被压扁，气泡由圆球体变为 1.5mm×3mm 的椭圆球体，变形发生在 2~3ms 之间，随后又在 2~3ms 内复原。此种弹性振动甚至可将矿粒抛出。另一观察表明，大矿粒与气泡碰撞时，可使气泡变形。由于接触面积过大，使接触区中心地带的水来不及排除形成夹心水带，使矿物颗粒与气泡不能真正接触。

Jowett 在对不同粒级硫化矿物的可浮性进行理论分析后指出，粗粒浮选恶化的主要原因是随粒度增大，感应时间亦相应增长，并提出了矿粒–气泡感应时间与矿物粒度的关系。当矿粒与气泡的接触时间小于感应时间时，附着过程不可能发生，矿化不能实现。粒度越大，随着矿浆运动状态由层流向湍流过渡，感应时间相应增长，而接触时间仅为数毫秒，远远小于感应时间，显然附着无法实现。

（2）粗颗粒矿物易于从气泡上脱落。粒度过粗的矿粒很难在气–液界面上稳定漂浮，即使矿物颗粒与气泡附着，但气泡已不能以一定速度将矿粒运载浮升到液面；在静力学条件下，粗重的矿物颗粒以重力作为脱落力的重力增大脱落概率；在湍流条件下，矿粒质量的增大或者平均脉动速度 v_t 的增大，同样会导致矿粒惯性脱落力的增加[7]。

为了克服粗颗粒的一系列引起浮选恶化的特性，改善粗颗粒矿物浮选效果，可以从浮选工艺和浮选设备两个方面采取措施。

（1）浮选工艺方面。

1）适当改变药剂制度。强化粗粒表面的疏水性并加强矿化气泡的附着半固度；调节气泡强度，在一定程度上对气泡直径和气泡的兼并破灭速度进行控制。

2）引入中矿再磨工艺。对需要进行再处理的解离不完全的中矿进行再磨，有效降低矿物粒度。

3）加强分级作业。对无价值的粗颗粒进行提前去除，加强分级作业的操作与维护，尽量防止跑粗现象的发生。

（2）浮选设备方面。

1）改变浮选机槽体结构，创建适于粗粒级矿物选别的循环方式。根据上面的分析可以看出，机械搅拌式浮选机内矿浆强烈湍流运动是妨碍粗矿粒与气泡附着及使其从气泡上脱落的基本根源。创建适于粗粒级矿物选别的循环方式，减小矿浆平均脉动速度可使矿物颗粒与气泡的相对速度下降，减缓矿粒对气泡的碰撞，防止气泡因激烈碰撞而产生的弹性振动，从而延长矿物颗粒与气泡的接触时间，提高矿物颗粒在气泡上的附着概率。

2）改变浮选机搅拌方式。为减弱矿浆不利矿粒在气泡上稳定附着的湍流运动，可在机械搅拌式浮选机叶轮区域的上方加格筛以平息湍流，抑制矿化气泡上升速度，保证疏水矿物颗粒在气–液界面的较高稳定性，使其直接将矿物颗粒带入泡沫层中。

3）合理设计泡沫槽及刮泡装置。有效延长泡沫溢流堰长度，尽可能迅速排出上浮产品，以免矿粒脱落。

4）优化充气方式。应提供较大的充气量，同时保证气泡分布均匀稳定，从而营造多气泡共同运载粗矿粒的有利条件。

3.4.2 细颗粒对浮选动力学的影响

细颗粒矿物自身的物理化学性质常给浮选过程带来负面影响，过细的矿物颗粒不但会明显降低回收率，还会显著影响浮选精矿品位。

（1）物理方面的影响。

1）影响矿物颗粒与气泡的碰撞及附着。一方面，细颗粒矿物直径小，质量小，动量低，颗粒与气泡的碰撞与附着概率会随粒度减小而降低，因此，颗粒与气泡碰撞及附着概率较低，气泡矿化不易，影响回收率；另一方面，一旦细颗粒矿物附着于气泡表面，又难以脱落，造成浮选过程中泡沫的过分稳定和发黏，使浮选过程的选择性变坏，影响精矿质量的提高。

2）降低浮选速率。因细颗粒矿物与气泡碰撞概率低，细颗粒浮选速率会随矿物粒度的减小而降低。

3）增加水力夹带。研究表明，矿物颗粒越细，质量越小，水力夹带的程度就会越高。细粒的夹带同样会破坏浮选过程的选择性，影响浮选精矿品位。

（2）化学方面的影响。

1）矿泥罩盖。由于不同条件下的静电作用，细颗粒会在粗颗粒表面罩盖，从而抑制目的矿物的浮选，恶化浮选指标。

2）细粒互凝。同样是因为静电作用，带有不同电荷的细颗粒会发生颗粒间的互凝。非选择性的互凝也会恶化浮选指标。

3）药剂消耗。细颗粒矿物的比表面积和比表面能大，使细颗粒矿物具有较高的药剂吸附能力，同时药剂吸附选择性差，不利于浮选过程。

4）溶解度。细颗粒矿物的比表面积大，氧化速率提高，溶解度增大，矿浆中的离子组分就会增加，矿物间相互活化的作用就会加强，造成浮选分离困难。同时，溶解的组分会与矿物表面发生反应，导致矿物表面转化，矿物表面相互转化会对矿物表面电性及浮选行为产生重要的影响，使不同的矿物表面在矿浆中表现出类似的表面电性及浮选行为，从而进一步恶化浮选分离效果。

为了克服细颗粒矿物的一系列引起浮选恶化的特性，改善细颗粒浮选，可以从浮选工艺和浮选设备两个方面采取措施。

（1）浮选工艺方面。

1）在浮选工艺前采用脱泥工艺（脱除恶化浮选效果的细颗粒矿物）；

2）防止细粒矿物的无选择性互凝，保证矿浆充分分散；

3）采用适于选别细粒的浮选药剂，使目的矿物表面选择性地疏水化；

4）使细矿物颗粒选择性聚团，以增大其浮选粒径；

（2）浮选设备方面。

1）在浮选过程中进行矿物颗粒分级。在浮选机内添加辅助的具有分级作用的装置，引出细颗粒矿物。国外某磷灰石选矿厂在生产线适当位置的一台独立的 $5m^3$ Outotec 浮选机中添加了双出口装置，进行了该浮选机对磷矿石分选效率的半工业研究，获得了满意的效果。给矿为旋流器底流，干矿量 50t/h。该装置从浮选机内引出占给矿量 5%~15%的第三产品流，其中含有相对较细的悬浮颗粒。产品分析表明，双出口装置对小于 74μm 的颗粒回收率超过 31%，对细颗粒具有明显的富集效果。该装置提供了一个从浮选机内除去一部分未能附着的细颗粒矿物的机会，这些颗粒再到下一流程中进行处理，它们的浓度就可以控制。如此处理，浮选精矿中的粗颗粒回收率也会有所提高[8]。

2）设计泡沫喷淋装置。矿物颗粒越细，水力夹带的程度就会越高，在浮选设备内添加泡沫喷淋装置，充分利用浮选过程中的泡沫二次富集作用。

3）优化充气方式，减小浮选气泡粒径。细颗粒浮选动力学研究表明，细颗粒浮选速率常数 $K \propto d_p^n / d_b^m$（式中 d_p、d_b 分别为微粒及气泡粒径，$n=2$，$m=2.67$~3）。因此，减小气泡直径是提高细颗粒矿物浮选的主要途径之一。

4）优化搅拌方式，防止细颗粒矿物的非选择性絮凝。

5）改变浮选机槽体结构，创建适于细粒级矿物选别的循环方式。

与粗颗粒矿物类似，细颗粒在气泡上的脱落同样会受到旋涡的影响。

3.5 浮选机动力学分区

由于浮选动力学过程很复杂，因此浮选机内各动力学分区实际上并没有严格清晰的界限，一般可将浮选机划分为搅拌混合区、运输区、分离区和泡沫区 4 个动力学区域（图 3.3）。

下面结合矿物颗粒浮选过程阐述各浮选机分区的动力学特性。

3.5.1 搅拌混合区

搅拌混合区是浮选机中非常重要的区域，矿浆的悬浮和循环、气泡的分散和矿粒与气泡的碰撞黏附等过程大部分发生在此区。该区以气泡和矿粒碰撞、附着为主，间有脱附。

矿浆是通过叶轮旋转而在槽内悬浮的，矿浆的悬浮状态和循环量大小主要取决于叶轮几何结构、参数和转速。在确定的浮选机内，浮

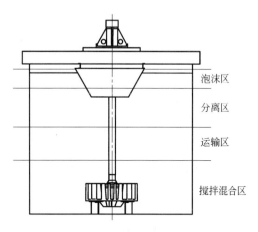

图 3.3　浮选机的流体动力学分区

选要求适当的叶轮转速，当叶轮转速过低时，矿浆不能充分悬浮，不仅影响矿粒与气泡的碰撞，也易产生死区甚至沉砂；当叶轮转速太高，会影响矿粒与气泡的有效黏附和增大脱落概率，不利于浮选。

无论从哪种理论都可以看出气泡的分散主要取决于叶轮定子的结构及操作参数（如叶轮速度、叶轮与定子间的间隙、空气速率等）。叶轮搅拌力要满足矿浆循环畅通，保证较粗矿粒能充分悬浮，槽底没有沉砂，同时要保证叶轮搅拌产生的紊流强度适中，以免附着在气泡上的矿粒脱落。

3.5.2 运输区

运输区主要作用在于形成上升矿浆流，使矿物颗粒-气泡集合体在流体动力和自身速度的作用下向浮选机槽体上部运输。根据 C.C.沙赫马托夫的观察[9]，在离开搅拌混合区时，由于搅拌力较强，形成的矿粒-气泡集合体几乎都解体了，所有气泡矿化程度较弱。在运输区内，矿物颗粒和气泡又重新碰撞、附着，这种现象称为二次碰撞附着。因此，运输区不仅要求形成一个上升流，将矿化气泡运送至分离区，而且要求有适当的上升速度，这样可以在减少矿物颗粒脱落概率的同时，增加矿物颗粒与气泡的二次碰撞概率。

对于搅拌混合区紊流强度相对较大的浮选机来说，易于造成已附着的矿物颗粒从矿化气泡上脱落，因此需要相对较高的运输区，把矿粒及矿化气泡带到槽内更高区域，以增加矿粒与气泡的二次碰撞机会和缩短矿化气泡的上升距离。

3.5.3 分离区

分离区的关键在于形成一个清晰的矿浆-泡沫界面。要使浮选机实现这一动力学条件，气泡直径应在一定的范围内，气体截面流速不能过高，必须低于某一临界值[10]。在矿浆跑槽（没有矿浆泡沫界面）前观察到，当气泡尺寸 d_b = 0.8~1.2mm 时，其临界气体截面流速

约为 2.7cm/s。当气泡尺寸较小（小于 0.5mm）时，允许气体截面流速范围较小，矿浆–泡沫界面易缺失，脉石矿物易被气泡夹带进入泡沫层中；而当气泡尺寸较大（大于 3mm）时，气泡负载能力小，泡沫稳定性差。

　　分离区还要求矿浆流相对稳定，兼顾颗粒运动速度与颗粒–气泡悬浮碰撞的关系。曾克文等[11]采用了世界上先进的粒子动态分析仪（particle dynamics analyzer system，简称 PDA）对 XFD-12 型 8L 浮选机内各动力学区域的颗粒进行了速度测定，测试点以中心轴为基准线在轴壁外沿径向以 7.8mm 为步长分布，分离区共测 9 点，结果表明（图 3.4、图 3.5）：分离区时均速度 v_X（浮选机槽体横截面切向方向的速度）分布与混合区时均速度分布相类似，沿径向分布的时均速度 v_X 由大变小直至为零，再变为负，只是分离区的矿物颗粒时均速度绝对值小于混合区。测试结果说明，在距轴心 40~50mm 处出现了回流，对浮选不利，只是强度小于混合区。时均速度 v_Y（浮选机槽体轴向方向的速度）沿径向分布规律为由小变大，然后再逐渐变小。这对靠近槽壁的矿粒悬浮不利，对靠近轴的矿粒悬浮有利，尚未与气泡附着的矿粒在轴附近可以更好地悬浮，并与气泡再次碰撞实现附着。颗粒脉动速度 v'_X 波动不大，比较均匀；而脉动速度 v'_Y 沿径向衰减较大，对颗粒悬浮不利，这会减少矿物颗粒与气泡的碰撞机会，影响浮选效果。

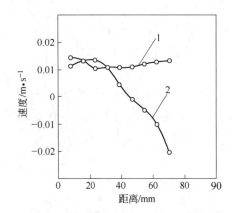

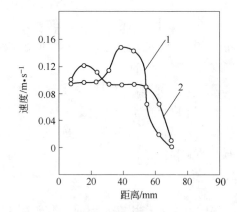

图 3.4　分离区切向时均速度和脉动速度沿　　　图 3.5　分离区轴向时均速度和脉动速度沿
　　　　　浮选机横截面径向的分布　　　　　　　　　　　　浮选机横截面径向的分布
1—分离区切向时均速度 v_X；2—分离区切向脉动速度 v'_X　　1—分离区轴向时均速度 v_Y；2—分离区轴向脉动速度 v'_Y

　　因此，掌握并运用好分离区的动力学性质能够使脉石颗粒与矿化气泡充分分离，同时，降低已附着的目的矿物从气泡上脱落的概率，进而提高产品回收率和精矿质量。

3.5.4　泡沫区

　　泡沫区的作用是使矿物进一步得到富集，平稳的泡沫层能够保证附着在气泡上的矿物颗粒不致脱落，使其随泡沫一起顺利地流入泡沫槽内得到收集，该区应重点考察泡沫层厚度和泡沫驻留时间。

　　泡沫层的厚薄是个关键的操作参数，对回收率和精矿品位有着直接的影响。在浮选操作中，泡沫层的厚度是通过浮选机中矿箱或尾矿箱的矿浆阀门调节矿浆液面高度来间接控制的。除此之外，药剂制度及矿浆性质等因素对泡沫层厚度也会产生影响。在浮选机中的一般情况是：泡沫层越厚，聚集的金属量越多；泡沫层越薄，聚集的金属量越少。保证合理的泡沫层厚度，有利于加强泡沫层对矿物颗粒二次富集作用，提高精矿品位。但要防止泡沫层过厚，因为泡沫层过厚，其上层的气泡会变大，总的气泡表面积就会减少，有些已上浮的粗粒或较难浮的矿粒会从气泡上脱落；泡沫层过薄也是不利的，过薄的泡沫层不仅会减弱二次富集作用，矿浆也容易被刮出来，即产生"翻花"现象，影响精矿质量。在浮选过程实际操作中，精选作业往往具有较厚的泡沫层，以保证获得高质量的精矿，即注重精矿品位；而对于粗扫选作业则具有较薄的泡沫层，以保证可浮性较差的矿物和部分连生体尽量得到回收，即注重矿物回收率。

浮选机的最终目的是将富集上来的泡沫从溢流堰排出回收，排得越迅速越彻底越好。矿物选别的回收率随着泡沫驻留时间的增加呈指数的降低[12]。因此，泡沫驻留时间是评价回收率的重要指标之一，在浮选机设计过程中考虑缩短泡沫驻留时间，对提高回收率有很大的帮助。

$$\varepsilon(t) = \exp(-kt)　　　　　　　　　　（3.16）$$

式中　$\varepsilon(t)$ ——t 时刻的回收率；

　　　k ——系数；

　　　t ——泡沫驻留时间。

考虑到颗粒在泡沫层中在垂直和水平方向上都有速度，所以泡沫驻留时间 t 为[12]：

$$t(r) = \frac{H_f \varepsilon_f}{J_g} + \frac{2h_f \varepsilon_f}{J_g} \ln\left(\frac{R}{r}\right)　　　　　（3.17）$$

式中　H_f ——气液界面到溢流口的距离；

　　　ε_f ——泡沫层中的气体保有量；

　　　h_f ——溢流口到泡沫顶部的距离；

　　　J_g ——表面气体速率；

　　　R ——浮选槽的当量半径；

　　　r ——矿化气泡进入泡沫层的位置的半径。

从式 3.17 可以看出，泡沫驻留时间与浮选机的操作条件（泡沫层高度和表面气体速率）、泡沫运动的距离（浮选槽当量半径）以及矿化气泡进入泡沫相中的位置有关。提高泡沫层高度和增加泡沫中的气体保有量会增加泡沫驻留时间，增加泡沫相的表面气体速率会降低泡沫驻留时间。

参 考 文 献

[1] 沈政昌, 卢世杰. 大型浮选机评述[J]. 中国矿业, 2004(2): 229~233.

[2] YOON R H. 矿粒–气泡作用中的流体动力及表面力[J]. 戴宗福, 译. 国外金属选矿, 1993(6): 5~11.

[3] SCHULZE H J. Physicochemical Elementary Processes in Flotation [M]. Elsevier Science Publishers, 1983: 348.

[4] 邱冠周, 胡岳华, 王淀佐. 颗粒间相互作用与细粒浮选[M]. 长沙: 中南工业大学出版社, 1993.

[5] DAI Z F, DANIEL FORNASIERO, JOHN RALSTONL. Particle bubble attachment in mineral flotation[J]. Journal of Colloid and Interface Science, 1999(9): 70~76.

[6] 卢寿慈, 翁达. 界面分选原理及应用[M]. 北京: 冶金工业出版社, 1992.

[7]　ZHENG X, FRANZIDIS J P, MANLAPING E. Modeling of froth transportation in industrial flotation cells Part Ⅰ: Development of froth transportation models for attached particles [J]. Mineral Engineering, 2004 (9–10): 981~988.

[8]　WIERINK G A, HEISKANEN K, NIITTI T, et al. The dual outlet device—Key to size-selective flotation[M]. Minerals Engineering 21, 2008: 894~898.

[9]　萨梅金 B Л. 浮选理论现状与远景[M]. 刘恩鸿, 译. 北京：冶金工业出版社, 1984.

[10]　亚纳托斯 B. 浮选设备的设计、建模和控制[J]. 国外金属选矿, 2004(4): 19~24.

[11]　曾克文, 薛玉兰, 余永富. 浮选槽中固–液–气三相流中颗粒的速度[J]. 金属矿山, 2001(5).

[12]　GORAIN B K, HARRIS M C, FRANZIDIS J P, et al. The effect of froth residence time on the kinetics of flotation [J]. Mineral Processing, 1998, 11(7): 627~638.

4 浮选机大型化技术

经济的发展对矿石的需求量不断增加，矿产资源逐渐贫杂化，为处理越来越多的贫矿石和难选矿石，必须大幅提高浮选设备的处理能力[1]。大型浮选设备具有安装台数少、占地面积少、易于自动控制、基建投资费用少、单位槽容安装功率小、综合经济效益高等突出优点[2]，浮选设备大型化一直是近30年来的研究重点。

浮选是一个复杂的气液固三相物理化学反应过程，浮选机放大过程不是简单地将浮选机关键部件如槽体、叶轮、定子等的几何尺寸增加，而是要充分考虑浮选机内部浮选动力学特性，满足不同粒级矿物的选别要求。浮选机大型化时，由于槽体高、矿化气泡上升距离长，粗颗粒矿物易从矿化气泡上脱落导致回收率降低；同时由于比功率（kW/m^3）低、叶轮循环流量相对较小，雷诺数低，降低了细颗粒矿物与气泡的碰撞概率，细粒矿物回收效果差。与中小型浮选机相比，大型浮选机的浮选动力学过程及微观浮选行为有着显著差异，存在粗粒矿物回收率低、细粒回收效果差、短路概率高、泡沫输送慢等难题。

因此，浮选机大型化时，除了根据中小型浮选机的原有设计，按一定的放大方法进行放大外，还应充分考虑上述难题对选别性能的影响。此外，大型浮选机按比例放大时还必须认真考虑大型浮选机容积与一组浮选机的槽数之间的关系。一组浮选机中槽数主要取决于浮选机槽的容积、浮选回路的处理能力和足以获得所要求回收率的浮选时间。为防止矿浆流短路对回收率产生不利影响，一组浮选机中的最少槽数应留有余地[3]。

4.1 浮选机大型化进程

从20世纪40年代开始，浮选机开始朝着大型化发展。从20世纪90年代起，大容积浮选机的使用备受重视。生产实践表明，提高浮选设备的单位生产能力可以降低单位费用，浮选机设计工作应沿着单槽容积大、生产能力强、能耗低、结构简单和自动控制优良的思路进行。近30年里浮选机容积至少增大了10倍，比20世纪40年代增大了100倍，目前工业应用最大的浮选机容积已达到320m³。单槽容积大于100m³的浮选设备已经大量进入工业应用[4]。图4.1所示为大型浮选机的容积。

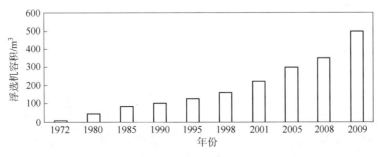

图4.1　大型浮选机的容积

浮选设备单槽容积大小在一定程度上体现浮选设备研究水平。目前能够代表国际上浮选设备研究开发和应用水平的公司主要有芬兰的 Outotec 公司、丹麦的 FLSmidth 公司、芬兰的 Metso 公司和中国的北京矿冶研究总院（BGRIMM）。其中，具有代表性的产品包括：OK-TankCell 浮选机、Wemco 浮选机、Dorr-Oliver 浮选机和 XCELL 浮选机、RCS^{TM}（reactor cell system）的浮选机和 KYF 浮选机等。表 4.1 为浮选设备开发商成功研制最大容积浮选设备的时间。

表 4.1 不同厂家开发及应用的最大容积浮选设备

浮选设备品牌	开发最大容积浮选机/m³	应用最大容积浮选机/m³	充气方式	研发时间	所在国家
KYF 浮选机	500	320	外加充气	2009 年	中国
JJF 浮选机	200	200	自吸空气	2008 年	中国
TankCell 浮选机	300	300	外加充气	2007 年	芬兰
Wemco 浮选机	300	300	自吸空气	2009 年	美国
Dorr-Oliver 浮选机	330	160	外加充气	2009 年	美国
XCELL 浮选机	350	50	外加充气	2009 年	美国

由于浮选过程复杂，其三相流场无法精确测量和计算，原有流体动力学和浮选动力学等理论成果远不能支撑浮选机大型化研究。尽管目前国内外在浮选大型化研究方面花费了很大精力，也做出了很大的贡献，但浮选机容积增大的速度比浮选机大型化研究进展快得多。目前浮选机大型化技术以经验公式为基础，还没有统一、精确的大型浮选机放大方法。

4.2 国外浮选机大型化技术

浮选机大型化技术是各个浮选机生产厂商的核心机密，本节将简要介绍国外典型的充气机械搅拌式浮选机 TankCell 浮选机、自吸气机械搅拌式浮选机 Wemco 浮选机大型化技术现状。

4.2.1 TankCell 浮选机

Outotec 公司是一个面向全世界的通用金属集团。自 1959 年其研制的第一批 OKKO-1.5、OKKO-3 浮选机在 Kolatahti 选矿厂投入使用以来，浮选机一直是 Outokumpu 公司开发的重点。TankCell 浮选机是 Outotec 公司的代表机型，为充气式机械搅拌浮选机，其特点是模拟浮选柱并在其中加入了机械装置，因此它同时具有浮选柱和机械搅拌式浮选机的特点，既可以使粗粒充分悬浮，又可以获得较高品位的精矿。

4.2.1.1 OK-TankCell 浮选机开发历程

1983 年，OK-TankCell 浮选机首次在皮哈萨尔米选矿厂安装使用，规格为 OK-60- TC。此后，Outotec 公司按比例放大了 OK-TankCell 浮选机，在许多矿山取得了很好的分选效果。

1996 年，在美国 Phelps Dodge 公司莫伦西–麦特卡尔夫铜矿选矿厂，6 台 100m³ OK-TankCell 浮选机以 2+2+2 的方式配置在铜粗选浮选回路中。回路设计从空间考虑将这些槽按 U 形排布，获得了优异的分选效果，功率消耗也明显降低。

1999 年，TankCell-200 浮选机在昆士兰 Zinifex Century 锌选矿厂和澳大利亚的 Cowal

金选矿厂中被使用。在智利 BHP/RTZ 埃斯康迪达铜矿选矿厂安装了 80 台 100m³ OK-TankCell 浮选机，与以前所用浮选机相比，TankCell 浮选机的成功安装和工业上的应用使 BHP 的精铜矿铜品位和回收率提高幅度很大[5~10]。

2007 年，首台单槽 300m³ 容积 TankCell 浮选机在新西兰 Macraes 金矿得到应用，与该选矿厂原有的 TankCell-150 浮选机联合使用替代了原有的两条浮选柱和传统浮选机组成的生产线，回收率提高了 4%。

2009 年，Outotec TankCell-300 浮选机（图 4.2）在智利 CODELCO 公司丘基卡马塔分部通过测试并被证明获得了预期效果。与两台平行安装的 TankCell-160 相比，回收率提高了 5 个百分点，精矿品位提高了 1 个百分点，且 TankCell-300 能耗更低，仅为 0.58kW/m³。300m³ OK-TankCell 浮选机是 Outotec 公司已成功研制了世界容积最大的浮选机之一，这种浮选机的空气给入流量约为 16~31m³/min、轴压力为 71 kPa。

图 4.2　TankCell-300 浮选机在智利铜业的测试现场

4.2.1.2　OK-TankCell 大型化技术

Outotec 公司所采用的按比例放大参数主要为（以 2001 年以 16m³ TankCell 浮选机为根据按比例放大成功研制了 160m³ 的浮选机为例）：

（1）转子/定子结构。

（2）槽体几何形状。

（3）矿粒悬浮能力。浮选给料中一般含有粗、中、细颗粒，每个粒级在浮选过程中行为是不同的。不同容积的浮选机都应具有使矿浆有效混合和空气充分分散的能力。

（4）泡沫特性。泡沫的稳定性、泡沫厚度和使已经浮出的不同粒度颗粒保持在泡沫中的能力，以及有效刮出泡沫的方法，都会影响矿物的回收率。

（5）利用流体动力学对浮选机的三相流态进行模拟仿真，加快了浮选机大型化的研究进程。

该公司认为，在按比例放大过程中应使不同容积浮选机槽体的动压头和流体静压相似，即弗劳德数相等相似，并据此得出了系列浮选机的比例放大方程组[11]：

叶轮直径与槽宽比：

$$\frac{D'}{D} = \left(\frac{L'}{L}\right)^{\frac{2}{3}}$$

矿浆量比：

$$\frac{Q'}{Q} = \left(\frac{L'}{L}\right)^{\frac{5}{3}} = \left(\frac{D'}{D}\right)^{\frac{5}{2}}$$

功率比：

$$\frac{P'}{P} = \left(\frac{L'}{L}\right)^{\frac{7}{3}} = \left(\frac{D'}{D}\right)^{\frac{7}{2}}$$

式中 D，Q，P，L——分别为浮选机的叶轮直径、矿浆流量、功率和槽宽。

4.2.2 Wemco 浮选机

FLSmidth 公司的 Wemco 浮选机是世界上最大的自吸气机械搅拌式浮选机生产厂家之一，其代表性的产品是 Wemco 1+1 浮选机和 Wemco SmartCell 浮选机。近年来已在南美洲安装了 400 多套容积为 130m³、160m³ 的浮选机[12]。

4.2.2.1 Wemco 开发历程

2003 年研制成功的 SmartCell-250 浮选机，单槽容积 257m³。该机工业试验在智利的 Minera Los-Pelambres 进行，在硫化铜矿选厂粗选回路中用 SmartCell-250 浮选机代替 SmartCell-160 浮选机，结果表明，安装功率降低了 15%，能耗费用减少了 7%，同时还减少了备用零部件费用，缩短了维护时所需的停机时间，试验现场如图 4.3 所示[13]。试验成功后，Minera Los Pelambres 公司订购了 10 台 257m³ 的浮选机，使其日处理量由 12 万吨提高到 14 万吨。

2004 年，FLSmidth 矿业公司开始接手这一生产线并将其推至更高一级别，开始研发新一代浮选机。在与由美国七所矿业类大学组成的高级分离技术中心合作的基础上，FLSmidth 矿业公司设计出了世界上最大容积为 300~350m³ 的 SuperCells（超大浮选机）。2009 年，两台 SuperCells™-300 在美国的犹他州力拓 Kennecott Copperton 选矿厂进行了工业测试，并成功应用在该选矿厂的铜钼混选流程。现场的试验如图 4.4 所示。

图 4.3 Wemco 257 的试验现场

图 4.4 Wemco 300 的试验现场

4.2.2.2 Wemco 浮选机大型化技术

Wemco 浮选机利用流体动力学参数进行按比例放大特性。这些参数包括：

（1）单位泡沫表面的气体流速。它由进入浮选槽中单位泡沫表面积的气体数量决定。浮选机的单位截面气体流速低，会使疏水矿物的回收率降低，而单位泡沫表面气体流速过大，则会使矿浆表面扰动或翻花。为了防止矿浆表面过分地扰动，一般浮选所允许的最大单位泡沫表面气体流速为 10.67~12.2m/min。

（2）气体和矿浆在分散器区域中的停留时间。它代表了气泡与矿粒之间的接触时间长短，由单位时间内分散器区域中的矿浆和气体总体积决定。浮选机分散器的体积就是分散器腔所包含的容积。

（3）分散器的功率强度。表示每立方英尺分散器体积的功率，也是由分散器区域所决定的另外一个参数。

（4）浮选槽的循环强度。循环强度表示矿浆在离开浮选槽前通过充气机构的次数。循环强度越大，在分散器区域中矿浆与进入的气体接触次数越多。

（5）矿浆在竖管中的速度。矿浆速度是单位面积的速度，它决定于通过竖管横截面的液体速度。为了改善大容积浮选机中固体悬浮特性，随着浮选机规格的增大，矿浆速度应增大。因此，这个参数可对浮选机固体悬浮特性定量化。

（6）气体流量数（Q/DN^3，Q 为气体流量，N 为转子转速，D 为转子直径）。气体流量数表示搅拌机构的吸气能力，直接决定自吸气式浮选机充气速率的大小，是浮选过程中的一个重要因素。

4.3 国内浮选机大型化技术

我国浮选机大型化研究起步较晚，直到 20 世纪 90 年代才开始了浮选机大型化的研究，为满足我国对大型浮选机的需求，国内有关科研人员针对浮选机放大过程中的技术难点和要点开展了很多研究工作，逐步形成了具有我国自主知识产权的浮选机大型化关键技术。2000 年，成功研制单槽容积 50m³ 浮选机，在国内外迅速推广使用近千台。2005 年，成功研制单槽 160m³ 浮选机，2007 年在中国黄金集团乌努格吐山铜钼矿 34000 t/d 工程中使用。2008 年初，成功研制了 200m³ 充气机械搅拌式浮选机，并在江西铜业集团公司大山选矿厂 90000 t/d 工程中使用。2008 年年底，BGRIMM 最新研制成功了的 KYF-320 充气机械搅拌式浮选机，该浮选机是目前世界上单槽容积最大的浮选机之一，单台浮选机的铜富集比可达 20.62，硫富集比可达 71.44，单机功耗 160kW，图 4.5 所示为 KYF-320 在德兴铜矿的试验现场（2008 年）。2009 年，中铝秘鲁 Toromoch 项目最终采用了 320m³ 浮选机 28 台。2011 年，中国黄金集团乌山二期采用了 16 台（套）320m³ 浮选机。

图 4.5 KYF-320 在德兴铜矿的试验现场（2008 年）

4.3.1　浮选机大型化技术难点

4.3.1.1　浮选机相似放大难

浮选机放大技术依赖于对浮选过程的分析与把握，而浮选过程其实是气、液、固三相物质混合且相互之间发生复杂物理化学作用的过程，这些过程是无法用肉眼直接进行观测的。对于浮选机内宏观的三相流场来说，必须要依靠先进的测试技术（如毕托管、粒子图像测速仪、3D PIV 等）和计算机流体力学（computational fluid dynamics）数值模拟软件（如FLUENT、XCF、PHONICS 等）来进行分析，通过工业试验和生产实践逐步验证，从而得到与真实情况无限接近的测试结果；而对于浮选机内气泡、矿物颗粒及药剂间微观的物理化学过程则需借助矿物学、电化学、表面化学等学科的现有知识进行分析。从这个意义上说，浮选机放大过程也是一个多学科交叉的过程。

4.3.1.2　浮选泡沫回收难

从机械方面来说，大型浮选机相对于中小型浮选机横截面积加大，槽体加深。从工艺方面来说，大型浮选机相对中小型浮选机泡沫产量大，泡沫层厚度大；因此，大型浮选机泡沫输送距离相对变长，如果泡沫不能及时回收，将导致矿化气泡上已附着的目的矿物颗粒脱落，造成浮选回收率降低。

4.3.1.3　浮选机短路克服难

大型浮选机槽体加深，矿化气泡上升路径长，矿物颗粒脱落概率增大，粗粒矿物易沉槽，这将导致浮选机内产生死区，浮选机有效容积即会减少。在这种情况下，浮选机内矿浆实际停留时间将小于由浮选机有效容积计算得出的浮选时间，即出现短路现象，短路现象同样会降低浮选回收率。因此，消除浮选机死区，避免短路现象的发生也是浮选机大型化的技术要点和难点。

4.3.2　BGRIMM 浮选机大型化技术

针对浮选机大型化技术的难点，我国最大的浮选机研究机构和浮选设备供应商——北京矿冶研究总院（BGRIMM）开展了一系列关键技术研究工作，逐步形成了具有我国自主知识产权的 BGRIMM 浮选机大型化关键技术，包括浮选机相似放大技术、泡沫输送技术、矿浆定向与选择性循环技术以及矿浆驻留时间动态计算技术。

4.3.2.1　浮选机相似放大技术

浮选机放大的关键在于放大因子的选择以及放大的规则，不同的浮选机由于其工作原理、操作参数和适用范围的不同，其采用的放大因子和放大规则也不相同。

大小不同的浮选槽中流体运动状态不同，造成浮选效果不同。浮选机相似放大准则在大型浮选机设计时有一定的指导意义。在浮选机设计中已有某些相似放大准则，如功率数、弗劳德数、空气流量数、韦伯数、雷诺数和悬浮相似[14~16]。

（1）功率数表征输入浮选机槽内功率的大小，反映浮选槽内各部件的几何结构特征和工作参数的关系。

$$N_P = \frac{P}{\rho N^3 D^5}$$

式中 N_P——功率数；

　　　　P——功率；

　　　　ρ——矿浆密度；

　　　　N——叶轮转速；

　　　　D——叶轮直径。

（2）弗劳德数是叶轮产生的离心加速度与重力加速度之比，它对转子周围的现象产生影响，对浅槽浮选机或槽内有充分稳流措施的浮选机意义不大。

$$Fr = \frac{N^2 D}{g}$$

式中 Fr——弗劳德数。

（3）空气流量数表示搅拌机构的吸气能力，直接决定浮选机充气速率的大小。

$$N_A = \frac{Q_A}{ND^3}$$

式中 N_A——空气流量数；

　　　　Q_A——空气流量。

（4）韦伯数是惯性力与表面力之比，描述浮选槽内气泡尺寸的相似准数。

$$We = \frac{N^2 D^2}{\gamma_{gt}}$$

式中 We——韦伯数；

　　　　γ_{gt}——气液界面的张力。

（5）雷诺数是判定流体流动性质的无量纲数，它是惯性力和黏滞力之比。

$$Re = \frac{\rho ND^2}{\eta}$$

式中 Re——雷诺数；

　　　　η——动力黏度。

（6）悬浮相似。要使浮选槽正常运转，槽中必须保持充分悬浮状态，只有在悬浮状态下矿粒才能附着于气泡，浮选过程才能得以进行，悬浮相似是基于运动相似的原则。

以上准则均是相等准则，而事实上在同一型号不同规格的浮选机中并不是相等的，在浮选机设计时，不可能这些准则都同时适用，不同类型的浮选机需选择不同的放大准则。

研究充气机械搅拌式浮选机的放大方法要从其基本原理着手。与自吸气机械搅拌式浮选机通过叶轮旋转搅拌矿浆形成负压抽吸空气来实现充气不同，充气机械搅拌式浮选机浮选时所需的气体主要是由外力（鼓风机）强制给入的，充气大小可调，因此在放大时不用考虑充气量的放大，即不考虑空气流量数。

就设备本身而言，除机械结构参数外，影响浮选过程的主要因素是动力学因素：决定紊流强度、颗粒悬浮、空气分散、气泡–颗粒的碰撞的因素（如搅拌强度等）和影响气泡尺寸、气泡数量、液面的稳定性因素（如充气速率）等。因此在浮选机放大时，必须实现机械结构相似、浮选槽中的悬浮相似和浮选机流体动力学相似。

A   机械结构相似放大

机械结构相似即保持浮选机的关键部件几何形状相似，包括槽体相似和叶轮搅拌机构几何相似。槽体相似和叶轮相似是浮选槽中悬浮相似和流体动力学参数相似的前提。可通过回归法寻求槽体和叶轮的放大因子及规则。

a   槽体相似

根据所需的浮选机容积，模拟放大槽体时，可以不必机械地按几何方法放大，要充分考虑到大容积浮选槽内的流体运动状态，首先要寻找体现浮选槽中关键部件的相关性的参数及其与浮选槽容积间的关系。一般浮选机放大时，均保持叶轮直径与槽体截面特征尺寸的比值不变的方法放大，且槽体截面特征尺寸一般取槽宽。这种的放大方法存在一定的问题：

（1）槽体尺寸还包括槽深，不能用槽体截面尺寸代替，且槽体截面特征尺寸包括槽宽、槽长和槽截面面积，不能简单地由槽宽代替。

（2）研究表明，同一类型不同规格的浮选机的叶轮直径与槽宽的比值也并不是固定不变的。为了考查各槽体尺寸与叶轮直径比值和槽容积之间的关系，通过对国内外主要同类浮选机的研究，槽截面面积与叶轮直径的比值与槽体容积间的关系如图 4.6 所示。

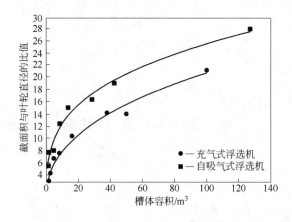

图 4.6   槽体截面积与叶轮直径的比值与槽体容积的关系

从图 4.6 可以看出，槽截面面积与叶轮直径的比值与槽体容积间呈幂函数关系，因此浮选机槽体放大时采用截面积与叶轮直径的比值为放大因子，其放大规则为：

$$\frac{S}{D} = a_1 V^{b_1} \qquad (4.1)$$

式中 S——浮选槽截面积；

　　　　D——叶轮直径；

　　　　V——槽体容积；

　　a_1, b_1——与槽体结构相关的系数，可通过同系列浮选机结构数据拟合确定。

确定槽体截面面积后，不能机械地用槽体容积除以槽截面面积来得出槽体深度。因为上面所用的槽体容积均指槽体的有效容积，而浮选机的几何容积还包括叶轮、定子、泡沫槽和槽底死角等，因此在计算槽体深度时应用槽体几何容积计算。

b 叶轮相似

同样地，叶轮放大时，也要寻找叶轮的关键参数及其与浮选槽容积间的关系。最能体现叶轮性质的关键参数为叶轮直径。图 4.7 分析了国内外主要同类浮选机的叶轮直径与浮选机槽体容积的关系。

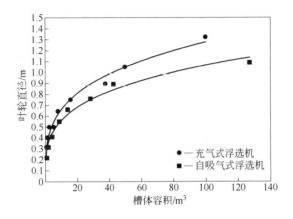

图 4.7 叶轮直径与槽体容积间的关系

从图 4.7 中可以看出两种浮选机的叶轮直径与浮选机槽体容积均呈幂函数关系，且其拟合度较高，因此浮选机放大时可采用叶轮直径为叶轮形状放大的放大因子，其放大规则为：

$$D = a_2 V^{b_2} \tag{4.2}$$

式中 a_2, b_2——与槽体结构相关的系数，可通过同系列浮选机叶轮数据拟合确定。

B 悬浮相似放大

实现浮选机关键部件几何相似后，要实现固体物料的相似悬浮。在不同规格的浮选槽中，流体在相应点的速度的绝对值和方向应相似。设在浮选槽中的任何一点（坐标为 X）上，矿浆速度为 u，在另一台浮选槽上相应的点（坐标为 X'）的速度为 u'，则要求：

$$u(X) \propto u'(X') \tag{4.3a}$$

选取槽子的一个特征尺寸。从上节的分析可以看出，相比于槽长、槽宽和槽深，槽横截面积更能体现浮选槽的特征，因此取当量半径 $R = \sqrt{\dfrac{S}{\pi}}$ 为槽子的特征尺寸，用因次分析法，由式 4.3a 可得：

$$u(R) \propto u'(R') \tag{4.3b}$$

以叶轮射出的矿浆流的速度场的特征近似地推导计算速度的公式，为了简化，假设射流来自圆形出口，以出口中心与轴线正交的对称平面为坐标，即用半径 r 和与对称面距离 z 确定位置，则该点的速度：

$$u = u_0 f(r)\phi(z/r) \tag{4.4}$$

式中 u_0——位于对称面上圆形出口处的射流速度；

$f(r)$ ——对称面上速度随 r 值变化率;

$\phi(z/r)$ ——半径 r 处对称面的垂直方向上速度随 z 值变化率。

当喷出的流体射入周围流体中时,根据动量守恒定律可得:

$$I = \rho \int_{-\infty}^{\infty} 2\pi u^2 r d_z = 常数$$

由式 4.4 得:

$$I = u_0^2 f^2(r) \rho \int_{-\infty}^{\infty} 2\pi \phi^2\left(\frac{z}{r}\right) d_{\frac{z}{r}} = 常数$$

动量不变,则 $f(r) \cdot r = 常数\ C$,即 $f(r) = \dfrac{C}{r}$。沿对称平面的射流速度为:

$$u(r) = u_0 f(r)$$

在距离为 $r = \sigma(D/2)$ 处,射流中与转子圆盘形缝隙中相同的速度,即 $u_0 = u_0 C / \sigma \cdot D/2$,

则:$C = \dfrac{\sigma}{2} D$

所以:$u(r) = u_0 (\sigma/2)(D/r)$

式中　σ ——系数,仅与叶轮形状有关,几何相似的 σ 值相等。

根据式 4.3b 得:

$$\frac{u_0 D}{R} \propto \frac{u_0' D'}{R'}$$

射流对称面上圆形出口处的射流速度与出口平均速度成正比,后者又与叶轮线速度成正比,则:$u_0 = ND$

则:

$$\frac{D^2 N}{R} \propto \frac{D'^2 N'}{R'} \tag{4.5}$$

因此,浮选机悬浮相似的放大因子为 $\dfrac{D^2 N}{R}$。叶轮是使浮选机悬浮的重要部件,因此定义该放大因子为悬浮准数 J,则:

$$J = \frac{D^2 N}{R} \tag{4.6}$$

悬浮准数包括叶轮直径和叶轮转速两个因素,可以反映叶轮对浮选槽中的流体动力学状态的影响。

由式 4.1、式 4.2 可以推出式 4.6 变为:

$$J = a_3 V^{b_3} \tag{4.7}$$

式中　a_3, b_3 ——槽体结构参数,可通过同一系列浮选机叶轮数据拟合确定。

C　动力学相似放大

浮选动力学的主要任务是研究浮选速率的规律并分析各种影响因素,从而为改善浮选工艺和流程、改进浮选机设计和比拟放大等提供依据。浮选速率可用单位时间内浮选矿浆中目的矿物的品位变化或回收率变化来衡量。影响浮选速率的因素繁多，主要包括矿石的性质、浮选环境和浮选机的特性等。其中浮选机的特性主要包括结构特性（槽体结构和叶轮结构等）、搅拌特性（包括叶轮转速和叶轮线速度等）、气泡特性（包括气泡大小、充气量和空气保有量等）、泡沫层性质（包括泡沫层厚度及稳定性和泡沫负载速率）等。气泡特性和泡沫层特性可由浮选槽内的流体特性来表征。一般地，人们习惯于用雷诺数来表征流体特性：

$$Re = \rho l v / \eta \tag{4.8}$$

式中　Re——雷诺数；

　　　ρ——矿浆密度；

　　　l——流场的特征长度；

　　　η——动力黏度。

一般地，在浮选机放大时，式 4.8 中的速度项 v 用与叶轮线速度 πND 成比例的量 ND 来表示，试图用 ND 恒定来评价搅拌悬浮条件，并以此作为槽体相似放大的转换依据[17,18]。实际上，同一类型的浮选机，在叶轮线速度相同的情况下，槽体中的流体动力状态有很大差别，采用这种方法势必导致设计失误[19]。因为 ND 不能代表 Re，因为它仅是 Re 中的速度项，而忽略了式中另一个线度项 l 的影响，即默认 $\dim l = 1$，使 $\dim Re \neq 1$，这就等于否定了 Re 的无量纲特性，人为地改变了 Re 的物理性质。

此外也有人用 N 来代替线度项 l，即 $Re = \dfrac{\rho ND^2}{\eta}$，也就是前面所说的雷诺数准则，而事实上通过计算，在同一型号不同规格的浮选机中并不是相等的，它并不能正确地评价浮选槽中的流体动力学状态。

要正确地评价浮选槽中的流体动力学状态，首先需建立一个无量纲准数，除了不能失去 Re 中表示流态的诸因素项，还必须体现出浮选槽中关键部件的相关性。前节分析槽体放大方法时得出 S/D 为槽体放大的放大因子，可以体现浮选槽中关键部件的相关性，因此令修正的雷诺数 Re' 为：

$$Re' = k \cdot (S/D) \cdot (\rho / \eta) \cdot ND \tag{4.9}$$

式中　S——槽体横截面面积；

　　　k——修正系数。

在米·千克·秒制中，以长度 L、质量 M、时间 T 为基本量纲，导出的量纲有：

$$\dim N = T - 1; \dim \rho = L - 3M; \dim \eta = L^{-1}T^{-1}M$$

其中 k 为无量纲数，结果有：

$$\dim Re' = \frac{T^{-1} \times L^2 \times L^{-3} \times M}{L^2 \times L^{-1} \times T^{-1} \times M} = 1$$

可见，修正的雷诺数 Re' 是与 Re 物理性质相同的相似准数，它不仅具备了 Re 的属性，而且式中的 S/D 还体现了槽体中两个关键部件尺寸的相关性。

对于确定的系统而言，ρ / η 不变，因此同一类型不同规格的浮选槽内的流体运动状态与

$k \cdot (S/D) \cdot ND$ 值相关，而其中 ND 与叶轮线速度 πND 成比例，因此可以说同一类型不同规格的浮选槽内的流体运动状态与 S/D 倍的叶轮线速度相关。图 4.8 所示为国内外主要同类浮选机的 S/D 倍的叶轮线速度与浮选机槽体容积的关系。

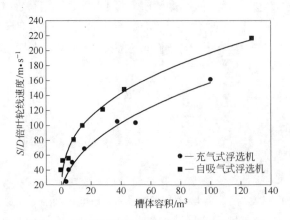

图 4.8　S/D 倍的叶轮线速度与槽体容积的关系

因此可以采用 S/D 倍的叶轮线速度为放大因子，其放大规则为：

$$\frac{S}{D} v = a_4 V^{b_4} \tag{4.10}$$

式中　a_4, b_4——与槽体结构相关的系数，可通过同系列浮选机数据拟合确定。

综上所述，从充气搅拌式浮选机的基本原理出发，对国内外主要同类浮选机的研究得出，在浮选机放大时，必须实现机械结构相似、浮选槽中的悬浮相似和浮选机流体动力学相似，其放大方法为：

（1）槽体放大，以槽体截面积与叶轮直径的比值 $\dfrac{S}{D}$ 为放大因子，其放大规则为 $\dfrac{S}{D} = a_1 V^{b_1}$。

（2）叶轮形状放大，以叶轮直径为放大因子，其放大规则为：$D = a_2 V^{b_2}$。

（3）悬浮相似放大，以悬浮准数为放大因子，其放大规则为：$J = a_3 V^{b_3}$。

（4）槽内流体动力学相似，以 S/D 倍的叶轮线速度为放大因子，其放大规则为：$\dfrac{S}{D} v = a_4 V^{b_4}$。

4.3.2.2　泡沫输送技术

泡沫输送技术是专门针对大型浮选机泡沫难以及时回收而开发的设计技术。其技术重点在于以泡沫表面低负载率及溢流堰小载荷技术为基础进行大型浮选机多泡沫槽（缩短泡沫的表面输送距离）和双推泡锥（提高泡沫迁移速度）的设计。

开发利用泡沫输送技术就是要研究不同矿石性质、泡沫产率、泡沫槽直径、宽度、数量及不同配置方式与泡沫表面负载率、泡沫迁移速度的关系，从而确定减少泡沫表面负载率和溢流堰负荷的方法，提高大型浮选机对于不同浮选工艺的适应性。

4.3.2.3 矿浆定向与选择性循环技术

矿浆定向与选择性循环技术是针对粗、细不同粒级矿物的浮选行为差异开发的单台大型浮选机物料循环技术，如图 4.9 所示。

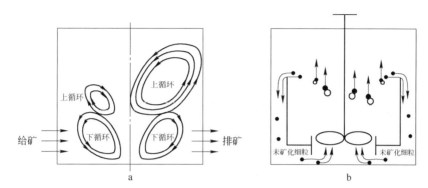

图 4.9　矿浆定向与选择性循环技术示意图

a—矿浆定向流动；b—矿浆选择性循环

研究叶轮结构形式与矿浆循环量、流动方向之间的关系可知，强化矿浆上部大循环是提高运输区高度的有效手段，从而保障了粗粒级矿物的回收并减少短路；在浮选槽内设置矿浆强制循环通道，使未矿化的细粒级矿物再次返回到叶轮区，则可以增加细颗粒矿物在气泡上附着的机会，从而提高细粒级矿物的分选效果，同时降低了短路概率。

4.3.2.4 矿浆驻留时间动态计算技术

矿浆驻留时间是浮选机选型过程的重要依据，一般认为矿浆驻留时间近似等于浮选时间。传统的矿浆驻留时间计算模型，将一个作业整体考虑计算，如图 4.10 所示。图 4.10 中 Q_f 为某一作业给入的矿浆体积流量，Q_c 为某一个作业泡沫体积量，Q_t 为某一作业的尾矿体积量，该作业的驻留时间为：

$$t_r = V_e \cdot n / Q_f \qquad (4.11)$$

式中　t_r——矿浆在单作业的驻留时间；

V_e——单台浮选机有效容积，m^3；

n——浮选作业的设备台数。

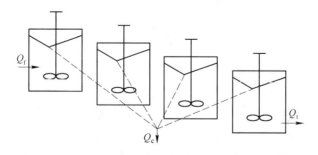

图 4.10　传统的矿浆驻留时间计算模型

对于大型浮选机而言，泡沫产率大，该方法未考虑每台浮选机均有泡沫产品排出的生产实际，导致实际浮选时间长于计算时间，存在循环负荷偏重、能耗偏高、设备偏多、流程冗长的弊端。

而在实际生产中，每台起到作用的浮选机都会有不同泡沫产率，矿浆驻留时间动态计算模型如图 4.11 所示。假设，某一台浮选机的给入矿浆量为：

$$Q_{f_i} = Q_{f_{i-1}} - Q_{c_{i-1}} \tag{4.12}$$

式中　　Q_{f_i}——某台浮选机的给料体积流量，m^3/min；

　　　　$Q_{f_{i-1}}$——前一台浮选机的给料体积流量，m^3/min；

　　　　$Q_{c_{i-1}}$——前一台浮选机的泡沫体积流量，m^3/min。

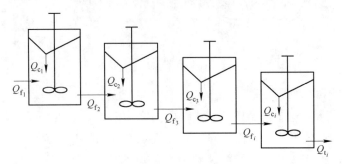

图 4.11　矿浆驻留时间动态计算模型

该浮选作业的矿浆实际驻留时间计算公式：

$$t_r = V_e / Q_{f_1} + V_e / Q_{f_2} + \cdots + V_e / Q_{f_i} \tag{4.13}$$

该模型充分考虑到大型浮选机泡沫产量大、每台浮选机均有泡沫排出的生产实际，应用系统论的方法，建立全新的浮选机矿浆驻留时间动态计算模型，能够改变传统的浮选时间计算方式，实现短回路浮选。

4.3.3　BGRIMM 大型浮选机关键结构设计

4.3.3.1　槽体设计

为避免矿砂堆积，有利于粗颗粒向槽中心移动以便返回叶轮区再循环，减少矿浆短路现象，保证矿浆分散均匀，将槽体设计为圆筒形。对于充气机械搅拌式浮选机，由于是靠鼓风机向槽内压入空气，因此槽体可以适当加深，这可以带来如下好处：

（1）空气消耗量随槽深增加而减少，气泡上升距离大，气泡在槽内的时间延长，气泡与矿粒碰撞机会就会增加，气泡得到充分利用。

（2）由于浮选机叶轮直径大小直接与浮选机槽体直径有关，直径加大则所需叶轮直径也加大，减小则所需的直径也小，所以容积一定的情况下槽深增加，则浮选机槽体直径可以减小，叶轮直径就相应减小，功耗就会降低。

（3）深槽在浮选过程中容易形成比较平稳的泡沫区和较长的分离区，有利于精矿质量的提高和回收率的提高。

（4）深槽设备占据厂房的面积小，可减少基建投资。

4.3.3.2 叶轮设计

大型浮选机叶轮的设计关键点在于尽量扩大运输区的高度，在把矿物颗粒带到槽内更高区域的同时，提高矿物颗粒和气泡的上升距离，以增加矿粒与气泡的碰撞机会，减小矿化气泡的上升距离。

作为浮选机核心部件的叶轮，其形式与形状的改变都可对浮选机内部流场产生明显影响，针对大型浮选机的工作特点，改变叶轮形状，拓展叶轮腔矿化区域，可以强化粗、细粒级矿物的回收。图 4.12 对比了两种叶轮所产生的矿浆循环形式的不同，后者较前者明显提升了矿物颗粒的输送高度。

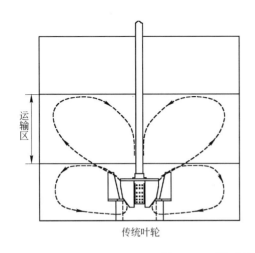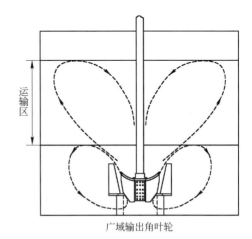

图 4.12　两种叶轮所产生的矿浆循环示意图

4.3.3.3　定子设计

浮选槽内三相混合区对浮选来说是非常重要的区域，需要较强的搅拌强度，使矿浆处于紊流状态，而分离区和泡沫区则需要相对稳定的状态，如果紊流强度过大，会加大颗粒从泡沫上脱落的概率，影响分选效果。矿浆经过叶轮的搅拌被切向甩出，会在槽内打转，影响分选环境。因此定子设计必须能够起到稳流和将叶轮产生的矿浆流转化为径向矿浆流的作用，防止矿浆在浮选机中打旋，促进稳定泡沫层的形成，并有助于矿浆在槽内进行再循环。在叶轮周围和定子叶片间产生强烈的剪切力环形区，大气泡在剪切力的作用下会被撕碎，促进小气泡形成。

大型浮选机采用了悬空式径向叶片开式定子，由 24 片叶片组成，安装在叶轮下方，由支脚固定在槽底。这样可使定子下部区域周围的矿浆流通面积增大，消除了下部零件对矿浆的阻碍作用，有利于矿浆向叶轮下部区域流动，降低了动力消耗，增强了槽体下部循环区的矿浆循环和固体颗粒的悬浮能力，空气得到了良好的分散，保证了分选环境。

4.3.3.4　空气分配器设计

现代浮选理论认为，加强预矿化作用可提高细粒矿物回收，空气分配器的作用在于将空气预先切割成小气流后分配到叶轮腔，加强预矿化作用，提高气泡表面积通量，解决大型浮选机空气分散度低的问题。

　　针对矿物浮选过程所需充气量的不同,可按矿物的类型—盐类矿物、氧化矿物及硫化矿物对空气分配器进行设计(图4.13),盐类矿物所需气量最小,氧化物次之,硫化矿物所需气量最大。

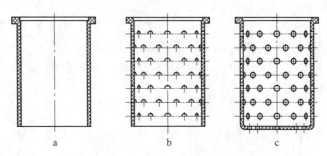

图4.13　不同类型的空气分配器
a—盐类矿物型;b—氧化矿型;c—硫化矿型

4.3.3.5　阻流栅板的设计

　　针对粗重颗粒矿物易从矿化气泡上脱落和沉槽的浮选特性,可在大型浮选机内设计悬浮阻流栅板,如图4.14所示。悬浮阻流栅板可以通过减小上升矿浆流的过流截面积来提高矿浆的上升速度,这个速度设计值大于矿浆中最粗重颗粒的沉降速度,因此,矿浆流过阻流栅板时就会在阻隔栅板上部形成粗重颗粒悬浮层,从而保障粗重颗粒矿物的良好悬浮和高效回收。

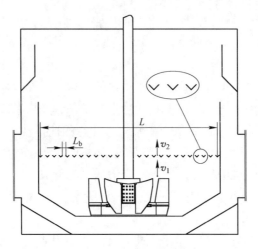

图4.14　阻流栅板示意图

4.3.3.6　泡沫槽设计

　　大型浮选机相对于中小型浮选机在泡沫槽设计上应考虑到泡沫的运动特性和槽体结构参数,在相同处理量情况下,泡沫层较厚,因此必须考虑快速刮泡。局部泡沫停滞也是设计过程中要考虑的一个问题,如果中部泡沫停滞,靠近泡沫槽边缘的泡沫就易流动,并且溢流出去的泡沫都是新生白色泡沫,没有经过二次富集,因此降低了矿物的选别指标。

　　输送距离是影响目的矿物工艺指标的一个重要因素,由于大型浮选机的体积较大,槽体半径较大，而中小型浮选机体积较小，泡沫输送距离相应较短。因此，泡沫在输送过程中距离过长，导致输送过程中黏附在泡沫上的颗粒脱落。在设计过程中可增加推泡锥，采用双泡沫槽配置，内泡沫槽兼有推泡锥功能。靠近槽体边缘的泡沫从外泡沫槽溢流出去，而靠近中间的泡沫通过内泡沫槽溢流出去，这样就把泡沫一分为二，缩短泡沫输送距离。

上述内容是对当前浮选机大型化理论和设计技术的总结。大型浮选机技术适用于大中型选矿厂对有色金属、黑色金属、非金属矿产资源采用浮选方法进行综合回收。我国矿产资源由于多年高强度消耗和粗放型开发利用，易处理、高品位资源逐步枯竭，贫、细、杂难处理矿产资源开采比例日渐增大，新建选矿项目的日处理能力频创新高，有的甚至高达100000t/d，对大型浮选设备的需求十分迫切，大型浮选设备的应用前景非常广阔。对于一个日处理量万吨的选矿厂而言，如果应用大型浮选机技术，每年可节电近 $0.1×10^8$ kW·h，目前我国共有类似规模的选矿厂约20家，粗略计算每年可节能 $2×10^8$ kW·h[20]。这不仅降低了功耗，而且还会减少设备维护量和占用厂房面积等。

展望21世纪，浮选设备面临着更加艰巨的重任，将进一步向大型化、高效节能、跨学科的技术创新、回收更难选和更加贫化的矿物、回收各种特殊材料、低操作成本、低环境污染和更安全的方向发展。

参 考 文 献

[1] P REESE. Innovation in mineral processing technology [J]. 2000 New Zealand Minerals & Mining Conference Proceedings, 2000, 10: 29~31.

[2] 沈政昌, 卢世杰. 大型浮选机评述[J]. 中国矿业, 2004, 2: 229~233.

[3] 阿尔比特尔 N. 大型浮选机的研制与按比例放大[J]. 国外金属矿选矿, 2001, 5: 20~23.

[4] 拉符涅科 A A, 等. 浮选设备的生产现状与主要发展方向[J]. 国外金属矿选矿, 2007, 12: 4~12.

[5] 乔奈蒂斯 A J. 奥托昆普公司 $100m^3$ TankCell 型浮选机的设计、开发、应用和操作优越性[J]. 国外金属矿选矿, 2001(5): 30~34.

[6] 奥拉瓦伊年 X. 芬兰奥托昆普公司浮选机的研究与开发[J]. 国外金属矿选矿, 2002, (4): 32~34.

[7] Outokumpu mintee. 奥托昆普的浮选理论研究与实践[J]. 有色矿山, 1994, (5): 31~35.

[8] BURGESS F L. OK100 tank cell operation at Pasminco—broken hill[J]. Minerals Engineering, 1997, 7: 723~741.

[9] ZHENG X, KNOPJES L. Modelling of froth transportation in industrial flotation cells Part II: Modelling of froth transportation in an Outokumpu tank flotation cell at the Anglo Platinum Bafokeng—Rasimone Platinum Mine (BRPM) concentrator [J]. Minerals Engineering 2001, (7): 743~751.

[10] 方志刚. 选矿设备的新进展[J]. 有色设备, 1998, (1): 15~20.

[11] 郭梦熊. 论浮选槽按比例放大的相似依据[C]//大型浮选机学术研讨论文集, 1988: 1~9.

[12] 王彩芬, 庄振东. 国内外几种常用搅拌式浮选机的发展与应用[J]. 现代矿业, 2009, 5: 33~35.

[13] 卡斯蒂尔 K. 浮选的进展[J]. 国外金属矿选矿, 2006, 4: 10~13.

[14] KAI FALLENIUS. 浮选槽放大的新方程组[J]. 国外金属矿选矿, 1980, 6: 31~38.

[15] 程宏志, 等. 论机械搅拌式浮选机的相似准数[J]. 选煤技术, 1998, 5: 1~13.

[16] 孙仲元. 选矿设备工艺设计原理[M]. 长沙: 中南大学出版社, 2001.

[17] 程宏志, 蔡昌凤, 张孝钧, 张景. 浮选微观动力学和数学模型[J]. 煤炭学报, 1998, 10: 545~549.

[18] 杨福新. 机械搅拌式浮选机能耗分析[J]. 有色金属（选矿部分）, 2004, 5: 31~36.

[19] 翟宏新. 煤炭工业搅拌槽类设备系列主参数模型研究[J]. 中国矿业大学学报, 2003, 3: 141~144.

[20] 田华伟, 沈政昌, 刘惠林. 浮选设备的发展与展望[J]. 选煤技术, 2008, 1: 65~70.

5 浮选机流场模拟与测量

═══

5.1 浮选机流场模拟的意义和研究目的

5.1.1 浮选设备 CFD 模拟的意义

近 20 年来，浮选设备的发展主要成果可以总结为设备的大型化。世界主要的浮选设备供应商都成功研制了大型浮选设备，工业应用最大有效容积已达 320m³。与浮选设备短时间内快速大型化形成鲜明对比，浮选设备的理论研究进展相对缓慢。目前，浮选设备大型化的技术手段仍是以工程经验和相似放大为主。这也造成了浮选设备核心部件转子-定子结构等优化和发展进展缓慢。浮选设备经过几十年的大型化发展之路后，研究并进一步阐释浮选设备动力学性能，更加科学合理地量化和优化浮选设备设计方法，通过关键结构的优化提升设备性能以及通过适应性研究拓展浮选设备的应用领域必将成为浮选设备发展的重要方向。这一点已得到国内外知名浮选设备供应商的印证。近几年，AUTOTEC 公司成功研发了基于计算流体力学技术的浮选设备全新搅拌机构 FloatForce™，并逐步替代原有的FreeFlow 搅拌机构和 MultiMix 搅拌机构，试图通过设备性能的提升更好地服务矿业生产。

从 20 世纪 60 年代起逐渐兴起和发展起来的计算流体力学仿真技术，使得通过计算流体力学方法研究浮选设备这种复杂的三相混合设备成为可能，这就为浮选设备的研究和发展提供了一种新方法和平台。

浮选设备本质上是一种流体机械，研究者努力通过特定的叶轮-定子、槽体设计来形成满足矿物选别要求的槽内流场状态。但是，目前浮选设备大都以工程经验和经验公式为基础开展设计，而人们最关心的槽内流场状态却很难阐释清楚。计算流体力学的兴起和发展，正好解决了这一关键问题。利用计算流体力学研究浮选设备，可以直观地显示浮选槽内的流场形态，将理论上相对抽象的概念如叶轮上、下循环，槽内流场分区等更加清晰地揭示出来，将循环量设计等传统设计方法、叶轮离底高度等经验设计方法进行量化，形成一套不全依赖于经验设计的浮选设备设计和优化方法。从另一方面来说，相比于以小型实验室探索试验、大型设备工业试验、流场显示测量技术为基础的设计方法，计算流体力学仿真是一种更加高效、成本更加低廉的设计方法和设计理念。以北京矿冶研究总院为例，其为研制世界上单台最大的 320m³ 浮选设备，仅工业试验直接费用就高达 2000 多万元。

纵观国内外知名浮选设备供应商和研究机构近几年对浮选设备的研发重点，考虑到浮选设备在理论研究和设备优化领域传统方法存在的种种不足，利用流体动力学 CFD 仿真进一步阐释浮选设备原理，优化设备结构，提升设备性能已成为浮选设备发展的必然选择之一。

5.1.2 浮选机 CFD 模拟的研究目的

如前所述，浮选设备的研究和优化工作离不开计算流体力学，因此明确计算流体力学仿真技术在浮选设备研究工作中的作用是十分必要的。从目前的研究现状来看，流体力学仿真分析在以下几个方面具有优势：

（1）浮选设备内部流场的阐释。浮选设备能实现矿物富集过程的关键在于槽内形成了稳定的分选区，即混合区、运输区、分离区和泡沫区。现有的浮选理论对于每个分区的作用和流场特点有明确描述，而浮选设备结构设计的目的就在于产生特定的流场结构。但是不得不承认，理论上描述的各区流场结构过于绝对化，真实的槽内流场状态不得而知，特别是流场的微观细节。以混合区为例，浮选理论要求在该区形成稳定的上循环和下循环，要求上循环不可太大以致影响运输区，要求下循环不能太小以防槽内沉积。可是真实设备是否仅形成两个泾渭分明的上、下循环，是否会在其中形成大大小小的扰动涡流。或者说何种叶轮结构设计能更好地形成符合浮选理论要求的上、下循环。这一系列的问题在原有浮选设备设计理论中在一定程度上是忽略的，甚至是无法阐释清楚的。

众所周知，计算流体力学仿真技术的优点就是能直观反映出研究对象的流场形态，特别地能反映出流场内的微观状态。浮选设备全流场仿真分析可以明确各个分选区详细的流场形态，诠释浮选理论对于槽内流场的要求，科学合理地解释生产实践中出现的问题和现象，为设备优化设计和性能提升提供依据，也就为浮选设备的发展指明了方向。

（2）浮选设备传统设计方法的阐释。浮选设备经过数十年的发展，特别在浮选设备大型化过程中形成了一套行之有效的设计方法和设计经验，以此为基础设计的浮选设备已在矿物分选实践中得到了充分的验证。诚然，浮选设备的原有设计方法已经通过实践的考验，并取得商业上的巨大成功。但是，基于经验公式和工程经验的浮选设备设计方法不足之处也是显而易见的。

经验公式为基础的结构设计方法在本质上是一种工程简化，不能直观地阐释设计细节对浮选设备的具体影响。以叶轮设计为例，为使叶轮旋转后能形成稳定的上、下循环，叶轮外沿常常设计为"倒锥形"，这样可以在叶轮边沿形成不同的速度场，低速区流体向高速区运动，进而形成循环流。传统的设计方法理论上分析了循环流的形成原因，并以此为基础总结了经验设计公式，以指导工程设计，但却并不能直观地展示或揭示循环流的具体细节，如循环流的大小、强弱等。工程经验为基础的设计方法是一笔宝贵的财富，人们有时很难清楚解释为何这样设计，但实际效果却充分验证了设计的正确性。以叶轮离底高度为例，针对不同的矿物性质和分选要求，往往需要确定一个合适的叶轮离底高度来达到最佳的分选效果。然而这一关键参数的确定却常常以设计者的个人经验来确定。由此可看出，这种缺乏精确计算的设计方法存在的主要问题，而对于新的设计者而言，这便是一个难以逾越的挑战，并不利于传承和发展。

传统设计方法在设计中缺乏直观分析和现象揭示的弱点，正好是计算流体力学仿真研究的优势。计算流体力学仿真通过模拟不同设计参数形成的具体流场状态，可以充分阐释传统设计方法的意图和合理性。如通过模拟叶轮旋转形成的流场，直观地展示了"倒锥形"叶片设计形成的循环流流场，也就验证了传统设计方法的科学性。通过比较不同叶轮离底高度形成的叶轮下部流场形态和大小，就阐释了经验设计的合理性。计算流体力学仿真通过阐释浮选设备传统设计方法的科学性和合理性，为量化传统设计方法和理论提供了可能性。

（3）浮选设备关键结构设计方法的量化。浮选设备的结构设计主要包括叶轮设计、定子设计和槽体设计等几个方面，其中叶轮-定子系统的设计最为关键，是形成槽内特定流场形态的核心。叶轮设计已经形成以循环量、搅拌雷诺数、功率等参数为基础的设计方法，通过经验公式设计出特定的叶轮形式和具体的叶轮结构参数，以满足工艺需求。该方法难以揭示叶轮旋转产生的流场细节特征，也就无法直观说明叶轮结构参数微小变化对浮选设备整体性能的影响。基于经验的定子设计方法，设计出的定子结构参数要实现稳流和导流作用，但却无法展示稳流、导流的实际效果，同样地也很难理清定子结构参数微小改变的影响。槽体设计中为防止死区产生设计了斜底等特征结构，为加速泡沫溢流设计了推泡板、推泡锥等，但这些结构具体参数的确定又往往缺乏科学的论证。

计算流体力学仿真技术可以细化浮选槽内流场细节，关键结构参数的改变对设备性能的影响就可以通过流场细节的变化或流场特征参数的变化来表征，即可以评价结构参数改变的优劣。计算流体力学仿真技术可以通过流场特征参数的变化来揭示设计参数改变带来的影响，从而总结出结构参数变化对浮选设备性能的影响，进而补充和完善经验公式，实现量化浮选设备关键结构设计方法的目的。

（4）浮选设备经验设计方法的量化。浮选是十分复杂的物理化学现象，从某种角度说浮选原理还未能完全阐明。同样地，在浮选设备设计过程中，许多关键的参数还没有找到合适的设计计算方法，而只能依靠长期生产实践中总结出来的经验。如前所述的叶轮离底高度就是主要依靠设计者的经验确定。虽然传统的设计方法没能总结出类似叶轮离底高度等一些浮选设备关键参数的计算方法，但是浮选理论解释了这些设计参数需要达到的效果，从而满足矿物浮选的要求。换句话说，只要能揭示具体设计参数所产生的流场形态，就可以从中总结出这些设计参数的设计规律，将以往只能依靠经验确定的设计参数给出工程上近似的计算方法，即将基于工程经验的浮选设备设计方法量化。

（5）浮选设备的结构优化。浮选设备的研发过程一般需要经过试验室小型样机的试验测试，通过改变小型样机关键结构参数，对比确定更加优化的结构设计。以小型样机试验的结构形式为基础，根据相似放大理论和工程实践经验设计出大型工业样机。大型工业样机再通过工业试验验证实际运行效果，最终定型设计。不难看出，上述方法定型的工业浮选设备的性能很难保证是最优的。基于成本因素，工业样机几乎不可能进行结构设计的对比试验，特别在大型浮选设备的研发过程中。而即使是小型试验样机的对比测试工作也是十分繁杂和费时的。也正因如此，浮选设备关键结构形式和设计参数一经定型就很难进行优化完善。

计算流体力学仿真技术的应用在时间和成本上都很好地解决了传统设计研发的难题，更重要的是其可以直接对大型工业样机进行优化研究。计算流体力学仿真通过建立不同的浮选设备仿真模型，或者不同的关键结构形式以及参数，模拟出浮选槽内的流场形态，以此评价结构设计和具体参数设计的优劣，从而更加科学地实现浮选设备的结构优化。

（6）浮选设备工艺参数的仿真及其优化。浮选是一个连续的工艺过程，其中涉及给矿量、驻留时间和矿浆短路等工艺相关参数，而这些参数对浮选设备的性能将产生重要影响。目前的浮选设备设计方法主要考虑单台设备的结构设计，对工艺参数的考虑不甚完善，且对于工艺相关参数的设计主要依靠工程经验或影响系数，诸多方面还未清晰阐释。

计算流体力学仿真可以通过模拟浮选设备的动态流动过程，直观地模拟出给矿量、矿浆驻留时间和矿浆短路等工艺参数对浮选设备的影响，并通过设备结构设计和运转参数设计等多方面优化动态条件下的浮选设备。

（7）浮选设备在新领域应用的适应性研究。浮选设备在矿物分选领域应用已十分广泛，但是并不是说浮选设备只能应用于矿物分选领域。在诸如污水处理、造纸脱墨和油水分离等其他领域也有其应用空间和应用前景。浮选设备应用于新的技术领域势必需要对设备本身进行适应性研究，以期在新的领域内产生满意的应用效果。故此，利用计算流体力学仿真技术优化设备设计以满足其在新领域的应用是很有价值的。

5.2　浮选机流场模拟的基础

浮选设备的进一步发展和完善离不开计算流体力学仿真，那么能否利用 CFD 研究浮选设备则成为问题的关键。得益于计算机技术和计算流体力学的飞速发展，特别是计算流体力学在叶轮机械和搅拌设备中的探索，浮选设备的计算流体力学仿真成为可能，并能科学地阐释浮选设备的流场细节，实现设备优化。

5.2.1　浮选机数值模拟的常用湍流模型

浮选设备通过叶轮的搅拌作用和定子的导流、稳流作用来形成特定流场，很明显是一个十分剧烈的湍流流动。流体流动需要满足质量守恒方程、动量守恒方程和能量守恒方程三大方程。三大方程是一系列复杂的偏微分方程组，仅通过三大方程又是无法等到解析解的。为了模拟湍流流动，人们引入了湍流模型。然而，湍流流动的核心特征是其在物理上近乎于无穷多的尺度和数学上强烈的非线性，这使得人们无论是通过理论分析、实验研究还是计算机模拟来彻底认识湍流都非常困难[1]。所以一定程度上说，模拟结果的好坏很大程度上取决于湍流模型。

自 20 世纪 70 年代以来，湍流模型的研究发展迅速，建立了一系列的零方程模型、一方程模型、两方程模型和二阶矩模型，已经能够十分成功地模拟湍流流动。为准确模拟浮选设备内的湍流流动，研究选择何种合适的湍流模型，确定相应参数的作用和赋值就成为了浮选设备仿真研究的主要内容之一和模拟是否正确的关键。目前常用的湍流模型有标准 k-ε 模型、RNG k-ε 模型、带旋流修正的 k-ε 模型、标准 k-ω 模型、剪切压力传输（SST）k-ω 模型、雷诺应力模型（RSM）等[2~4]。

5.2.1.1　标准 k-ε 模型

自 Launder 与 Spalding 提出的标准 k-ε 模型以来，该模型就以其简单，计算精度较高而广泛应用于各种湍流研究中。标准 k-ε 模型在推演过程中，采用了以下几项基本处理：用湍动能 k 反映特征速度；用湍动能耗散率 ε 反映特征长度尺度；引入了 $v = Ck^2/\varepsilon$ 的关系式；利用 Boussinesq 假定进行简化。正因为如此，可以认为标准 k-ε 模型有以下优点：

（1）通过求解偏微分方程考虑湍流物理量的输运过程，即通过求解偏微分方程来确定脉动特征速度与平均速度梯度的关系，而不是直接将两者联系起来；

（2）特征长度不是由经验确定，而是以耗散尺度作为特征长度，并通过求解相应的偏微分方程得到，因而标准 k-ε 模型在一定程度上考虑了流场中各点的湍动能传递和流动的历史作用。计算结果表明，它能较好地用于某些复杂流动，如循环流、渠道流、边壁射流和自由湍射流，甚至某些复杂的三维流。然而，标准 k-ε 模型也有一定的局限性，主要表现在：

（1）仍然采用了 Boussinesq 假定，即采用了梯度型和湍流黏性系数各向同性的概念，因而使标准 k-ε 模型难以准确模拟剪切层中平均场流动方向的改变对湍流场的影响；

（2）采用了一系列的经验常数，这些系数都是在一定实验条件下得出来的，因而也限制了模型的使用范围。近十年来人们不断对标准 $k\text{-}\varepsilon$ 模型进行了改进。

5.2.1.2　RNG $k\text{-}\varepsilon$ 模型

RNG $k\text{-}\varepsilon$ 模型是由 Yakhot 和 Orzag 提出的，RNG 的英文原文为 "renormalization group"，因此也称作重正化群 $k\text{-}\varepsilon$ 模型。在 RNG $k\text{-}\varepsilon$ 模型中，通过在大尺度运动和修正后的黏度项体现小尺度的影响，而使这些小尺度运动有系统地从控制方程中除去。相比标准 $k\text{-}\varepsilon$ 模型，RNG $k\text{-}\varepsilon$ 模型通过修正湍动黏度考虑了平均流动中的旋转及旋流流动情况；在 ε 方程中增加了一项，从而反映了主流的时均应变率，这样 RNG $k\text{-}\varepsilon$ 模型中产生项不仅与流动情况有关，而且在同一问题中也还是空间坐标的函数。从而，RNG $k\text{-}\varepsilon$ 模型可以更好地处理高应变率及流线弯曲程度较大的流动。RNG $k\text{-}\varepsilon$ 模型仍是针对充分发展的湍流，即是高雷诺数的湍流计算模型。

5.2.1.3　带旋流修正的 $k\text{-}\varepsilon$ 模型

带旋流修正的 $k\text{-}\varepsilon$ 模型和 RNG $k\text{-}\varepsilon$ 模型都显现出比标准 $k\text{-}\varepsilon$ 模型在强流线弯曲、旋涡和流体旋转中有更好的表现。最初的研究表明带旋流修正的 $k\text{-}\varepsilon$ 模型在所有 $k\text{-}\varepsilon$ 模型中对流动分离和复杂二次流有很好的作用，并已被有效地用于各种不同类型的流动模拟，包括旋转均匀剪切流、包含有射流和混合流的自由流动、管道内流动、边界层流动，以及带有分离的流动等。带旋流修正的 $k\text{-}\varepsilon$ 模型的一个不足主要是在计算旋转和静态流动区域时不能提供自然的湍流黏度。这是因为带旋流修正的 $k\text{-}\varepsilon$ 模型在定义湍流黏度时考虑了平均旋度的影响。这种额外的旋转影响已经在单一旋转参考系中得到证实，而且表现要好于标准 $k\text{-}\varepsilon$ 模型。由于这些修改，把它应用于多重参考系统中需要注意。

5.2.1.4　标准 $k\text{-}\omega$ 模型

标准 $k\text{-}\omega$ 模型在对逆压梯度有无分离流动、低雷诺数区域流动以及可压缩流动，特别是高速湍流流动等问题的精确数值模拟上较为理想。在 $k\text{-}\omega$ 模型的应用发展过程中，Wilcox 及 Menter 等做了卓有成效的工作。$k\text{-}\omega$ 模型在边壁附近的低雷诺数区不需要阻尼函数，壁面上 ω 方程有精确的边界条件，易于处理。特别是在高速内流计算中已初步表现出来良好的性能，所以实际中得到了广泛的应用。$k\text{-}\omega$ 模型主要由 $k\text{-}\varepsilon$ 模型演变而来，其中 $\omega = \varepsilon/k$ 称为比耗散率，主要是一个 k 方程，一个 ω 方程。David C. Wilcox 通过八种低雷诺数 $k\text{-}\varepsilon$ 和 $k\text{-}\omega$ 模型计算了具有适当逆压梯度的高雷诺数、不可压边界层，结果发现 $k\text{-}\varepsilon$ 模型预报此类流动具有不稳定性，甚至更为严重的是 $k\text{-}\varepsilon$ 模型被证明和已经建立起来的湍流边界层物理结构不一致，即使低雷诺数修正也不能克服这种不一致性。然而，$k\text{-}\omega$ 模型计算的结果却发现无论有无低雷诺数修正都能得到准确的结果。

5.2.1.5　剪切压力传输（SST）$k\text{-}\omega$ 模型

SST $k\text{-}\omega$ 模型和标准 $k\text{-}\omega$ 模型相似，但有以下改进：

（1）SST $k\text{-}\omega$ 模型和 $k\text{-}\varepsilon$ 模型的变形增长与混合功能和双模型加在一起，混合功能是为近壁区域设计的，这个区域对标准 $k\text{-}\omega$ 模型有效，还有自由表面，这对 $k\text{-}\varepsilon$ 模型的变形有效；

（2）SST $k\text{-}\omega$ 模型合并了来源于 ω 方程中的交叉扩散；

（3）湍流黏度考虑到了湍流剪应力的传播；

（4）模型常量不同。这些改进使得 SST k-ω 模型比标准 k-ω 模型在广泛的流动领域中有更高的精度和可信度。

5.2.1.6 雷诺应力模型（RSM）

无论是对于代数涡黏模型，还是对两方程模型，都不能很好地预测复杂流动。两方程模型中雷诺应力都是采取了各种假设而达到简化，之中许多湍流流动的细节被忽略，而雷诺应力模型（RSM）中增加的雷诺应力微分方程考虑了更多的湍流细节，所以雷诺应力模型能更真实地模拟实际的湍流流动，反映其内在本质。这一模型的优点在于可准确地考虑各向异性效应，虽然其通用性不像人们所期望地那么高，但在不少情况下其预报效果确实比其他模型好。但该模型过于复杂，一个完整的雷诺应力模型包括一个连续方程、3 个动量方程、雷诺应力的 6 个方程、k 方程和 ε 方程，总共 12 个未知量，12 个微分方程。由于 RSM 比单方程和双方程模型更加严格的考虑了流线型弯曲、旋涡、旋转和张力快速变化，它对于复杂流动有更高的精度预测的潜力。但是这种预测仅仅限于与雷诺压力有关的方程。压力张力和耗散速率被认为是使 RSM 模型预测精度降低的主要因素。RSM 模型并不总是因为比简单模型好而花费更多的计算机资源。但是要考虑雷诺压力的各向异性时，必须用 RSM 模型。例如飓风流动、燃烧室高速旋转流、管道中二次流。

5.2.2 浮选机关键结构模拟简化的基础理论

为实现浮选设备流场的数值模拟，需要研究合适的湍流模型及其参数。然而具有特殊叶轮–定子结构的浮选设备如何进行计算流体力学仿真一直是一大难题。就目前而言，浮选设备叶轮–定子特殊结构的数值模拟主要参考 CFD 技术在搅拌机械和叶轮机械中的应用经验和成果。

在较早的搅拌设备数值模拟中都是将搅拌桨区域排除在求解域之外，而代之以控制体积上的边界条件，即通过在整个控制体积上引入源项或者忽略搅拌桨的整个几何外形而用实验数据指定边界条件来说明搅拌桨的作用。这种方法就是"黑箱"模型。从文献报道来看，"黑箱"方法受到了可用实验数据的限制。这种方法不能用于多种可选择的搅拌器配置的流场模拟。而对于多相流，这种方法却因为几乎不可能获得准确的搅拌桨边界条件而变得不可行，更重要的是这种方法不能捕捉叶片之间的流动细节，而这种细节对于搅拌设备反应混合和多相流的数值模拟是必需的。为了克服这些限制，提出了五种不同的模型[5]，其中有两种为非稳态方法，即运动网格模型（MG）和滑移网格模型（SG）；其他三种为稳态方法，即多重参考坐标（MRF）、内外迭代（IO）和闪照法（SA）。

（1）运动网格法（MG）。Perng 和 Murthy 提出的运动网格法使用单一的网格和单参考坐标，与搅拌桨连接在一起的网格单元同桨一起旋转引起网格变形，为瞬时模拟，不需要输入边界的实验数据。原则上该法是模拟搅拌设备流动最为准确的一种方法，但到目前为止仍然没有预报能力的定量或定性的对照，而且计算耗时较多。

（2）滑移网格法（SG）。Luo 等提出了滑移网格法，将搅拌设备分成内外两个部分（内部包括搅拌桨，外部包括挡板，内外网格在交界面处产生滑移）。搅拌设备内求解全部时间变化流动的计算需求同稳态模拟相比要高一个数量级。在早期，这种方法由于计算需求过多，所以用于模拟计算的计算单元数目较少，使得预测的流动特性，如湍动动能耗散速率、剪切速率等精度比稳态法低。但随着计算机计算能力的日益增强，使得计算足够多的网格数目成为可能。研究表明这种方法在模拟流动细节（如尾涡等现象）上优于稳态法。

（3）多重参考坐标法（MRF）。MRF 方法是一种稳态方法，在包含搅拌桨在内的旋转流体区域和包含壁面、挡板和设备其他部分的静止流体区域同时进行求解。在旋转和静止流体区域之间的界面进行两种参考坐标解的匹配。通过包含 Coriolis 加速项和离心力项来说明旋转的影响。Luo 等对照了预测的轴向、径向速度以及 Yianneskis 等所测 LDA 数据，吻合很好，只是在测量的切向速度和预测值之间存在稍微的差距。

（4）内外迭代法（IO）。王卫京提出的内外迭代法为稳态模拟，将整个搅拌设备分成两个部分重叠的区域，并分别在每个区域进行迭代求解。不需要输入实验数据，一个区域的求解作为另一个区域的边界条件。快于运动和滑移网格法，但慢于 MRF 和 SA。平均速度预报较为准确，但低估了湍动动能。

（5）快照法（SA）。旋转叶片和静止挡板之间的作用生成了一个固有的非稳态流动，流动稳定后，流线图也开始变得循环。因此流动的一个快照可以描述在特殊时刻叶片之间的流动。Ranade 和 Van den Akker 发展了快照法。由于叶轮生成的流动主要由叶轮旋转生成的压力和离心力来控制。压力引起了叶片后流体的吸入，同样也引起了叶片前的排出。在快照法内，吸入和排出可以通过在叶片前后分别指定质量源项和汇项来实现。质量源项与质量汇项是反号的，向内的运动没有添加任何相应的源项到其他变量中。将快照法计算结果与实验数据对照表明该法对单相流模拟无论是在定性还是定量上都较为成功。

由于 MRF 和 SA 可以扩展到任意数目搅拌桨和多相流，不需要太多的计算机资源，而且它们也不像"黑箱"模拟法那样需要输入边界处实验数据。因此，这两种方法将成为一种很有发展前途的设计工具。从目前的研究现状看，国内外研究者主要采用多重参考坐标法（MRF）来模拟浮选设备的转子–定子结构特征和作用。

5.2.3 浮选机多相流的基础理论

随着计算流体力学的不断发展，流场体系已经由最初的单相体系逐步拓展到多相体系的流场分析计算。众所周知，浮选过程是一个非常复杂的物理化学变化，浮选设备本质上形成地是一种气–液–固三相混合流场，因此计算流体力学在多相体系下的发展和突破给浮选设备多相流 CFD 数值模拟带来了契机。就目前而言，计算流体力学在两相流领域日臻成熟，并在很大程度上得到了工程界的认可，这给浮选设备两相流模拟工作奠定了很好的基础。计算流体力学在三相流领域业也取得了诸多成果，在一定程度上也得到了技术人员的认可。但在计算结果的可靠性、稳定性等方面还有待于进一步的发展和完善。故考虑到计算流体力学现有的理论水平和技术水平，浮选设备三相流模拟仍处在一个探索阶段。

5.2.3.1 欧拉方法与拉格朗日方法

浮选设备两相流研究的重点是气–液两相体系，因此本书主要介绍计算流体力学在两相流方面的相关理论基础。目前计算流体力学处理气–液两相流的方法主要有两种：Euler-Lagrange 方法和 Euler-Euler 方法[3,4]。

Euler-Lagrange 方法把流体当成连续介质，而把气泡视为离散体系，通过 Lagrange 坐标系下的轨道模型来获得气泡的运动轨迹，进而研究气泡的运动规律，此类模型也被称为离散轨道模型，这种方法是假设流体相影响气泡的运动但反过来气泡不影响液相的运动，用 Lagrange 方法处理气泡相可以给出气泡运动的更为详细的信息，但它难以完整地考虑气泡的各种湍流输运，只适合于湍流运动中的稀疏气泡的运动。该方法的特点是模型物理概念直观，但是计算量很大，不适于工业反应器的模拟计算。目前文献中报道的 Euler-Lagrange 方法均采用单一球形气泡假设，对于气泡大小有一定分布且发生变形时的气泡受力的表征非常困难。

Euler Euler 方法将气相和流体相均处理为拟连续介质，认为气泡相是与流体相互渗透的拟流体，在 Euler 坐标系内采用与连续流体类似的质量、动量和能量守恒方程进行描述，气泡相与流体相之间的耦合是通过两个守恒方程里的相间转移项得到的，此类模型也被称为双流体模型。这类模型经历了无滑移模型、小滑移双流体模型、有滑移–扩散的双流体模型各阶段以及近年来发展起来的以颗粒碰撞为基础的颗粒动力学双流体模型等过程。双流体模型中颗粒相、气相和流体相的控制方程具有相同的形式，对计算能力的要求相对较低，是目前最有希望在工业反应器模拟方面有所突破的方法。Euler-Euler 方法既可以模拟单一气泡尺寸流动，又可以模拟有尺寸变化的气泡流动，CFX 中提及到的简化的 PBM（population balance model）方法——MUSIG 模型，就是基于 Euler-Euler 方法下的计算气泡直径不同分布的一种模型，它可以根据气泡的分组和定义气泡的最大及最小直径对气泡进行模拟计算，得到气泡大小分布、各组气泡的分率等，这种方法比单一气泡假设的方法对气相的模拟计算有一定的改进，是目前计算气泡大小分布的一种较理想的方法。

浮选槽内的流体流动是强烈的湍流运动，故在两相体系下就存在如何描述相的湍流模化问题。针对该问题，主要有混合湍流模型（mixture turbulent model）、各相湍流模型（turbulence model for each phase）和分散湍流模型（dispersed turbulence model）三种。而其中的分散湍流模型适用于第二相浓度较稀的情形，此时颗粒间的碰撞可忽略，对第二相随机运动起支配作用的是主相湍流的影响，所以第二相的波动量可以根据主相的平均特征和粒子弛豫时间以及粒子与旋涡相互作用的时间给出。故目前浮选机 CFD 数值模拟以采用分散湍流模型形式为主[6]。

5.2.3.2 基于欧拉方法的基本方程

目前而言，欧拉方法在浮选机等的模拟中应用最为广泛，故本小节简要介绍浮选机模拟中欧拉方法下的常用模型和方程的基本知识。在实际情况下，气、液之间存在着质量、动量和能量的传递。欧拉气液两流体模型可分别建立各相的质量、动量和能量守恒方程，并由相界面的作用（传递）使方程组耦合。但由于目前对于相间作用机理还存在许多未知的方面，且分相的湍流扩散模型大都带有较多经验成分，通用性较差，必须具体问题具体分析。为了简化问题，现作如下假设：

（1）连续项（液相）和分散相（气相）均为不可压缩牛顿流体；
（2）整个模拟过程为等温流动，无热量的传递；
（3）两相流体遵循各自的控制方程；
（4）两种流体均视为连续介质，互相渗透，在同一空间位置，有各自的速度和体积分数。

根据上述假设条件，流体控制方程为[3]：

质量守恒方程

$$\frac{\partial(r_\alpha \rho_\alpha)}{\partial t} + \nabla \cdot (r_\alpha \rho_\alpha U_\alpha) = S_{MS_\alpha} \tag{5.1}$$

动量守恒方程

$$\frac{\partial(r_\alpha \rho_\alpha U_\alpha)}{\partial t} + \nabla \cdot [r_\alpha (\rho_\alpha U_\alpha \otimes U_\alpha)] = -r_\alpha \nabla p_\alpha + \nabla \cdot \{r_\alpha \mu_\alpha [\nabla U_\alpha + (\nabla U_\alpha)^T]\} +$$

$$\sum_{\beta=1}^{2} (\Gamma_{\alpha\beta}^+ U_\beta - \Gamma_{\beta\alpha}^+ U_\alpha) + S_{M_\alpha} + M_\alpha r_\alpha \rho_\alpha g \tag{5.2}$$

式中　　α，β——表示不同的流体相，即分别为气相和液相；

　　　　r——相体积分数；

　　　　ρ——密度；

　　　　t——时间；

　　　　U——平均速度矢量；

　　　　S_{MS_α}——质量源项；

　　　　S_{M_α}——由外加体积力所产生的动量源项和其他动量源项；

　　　　M_α——作用在α相上的相间界面力；

$\Gamma_{\alpha\beta}^+ U_\beta - \Gamma_{\beta\alpha}^+ U_\alpha$——由质量传递而产生的相间动量传递。

应用涡流黏度假设理论，雷诺应力可以被线性关联到平均速度梯度，这类似于牛顿层流中应力与张力张量之间的关系，所以等效的湍流应力张量可以写作 $r_\alpha \mu_\alpha [\nabla U_\alpha + (\nabla U_\alpha)^T]$。

动量守恒式中的 μ_α 为湍流黏度，其可写作层流黏度 μ_L 与湍流黏度 μ_T 之和：

$$\mu_\alpha = \mu_L + \mu_T \tag{5.3}$$

各相中的湍流黏度使用最常用的标准 k-ε 模型进行计算。湍流黏度 μ_T 依据式 5.4 计算：

$$\mu_T = C_\mu \rho \frac{k^2}{\varepsilon} \tag{5.4}$$

这里的 C_μ 为常量，取值为 0.09。

在动量守恒方程的源项 S_{M_α} 中的外加体积力（以 B_α 表示）可以用 Coriolis 力和离心力之和来表示：

$$B_\alpha = S_{cor} + S_{cfg} \tag{5.5}$$

$$S_{cor} = -2\rho\omega \times U \tag{5.6}$$

$$S_{cfg} = -\rho\omega \times (\omega \times r) \tag{5.7}$$

式中　　r——位置向量；

　　　　U——相关的速度矢量。

相间界面力项可以写作几个力的和的形式：

$$M_\alpha = F_\alpha + A_\alpha + L_\alpha + T_\alpha \tag{5.8}$$

式中　F_α——曳力；

　　　A_α——虚拟质量力；

　　　L_α——升力；

　　　T_α——湍流耗散力。

在稳态条件下，曳力和浮力的平衡，导致气泡获得了相对于液相特有的滑移速度。滑移速度对所获得的持气量有很重要的影响，当气泡在液相循环影响下通过浮选槽时，气泡的滑移速度本质上决定了气体上升速率和再循环的比例。因此常将曳力同滑移速度进行关联。曳力可以表示为：

$$F_2 = -F_1 = -\frac{3}{4} r_2 \rho_1 \frac{C_D}{d} |U_2 - U_1| (U_2 - U_1) \tag{5.9}$$

式中　C_D——曳力系数，不同的学者给出了不同的曳力系数表达式，这里采用 Grace 模型来计算曳力系数：

$$C_D = \frac{4}{3} \frac{gd}{U_T^2} \frac{\Delta \rho}{\rho_c} \tag{5.10}$$

$$U_T = \frac{\mu_c}{\rho_c d_p} M^{-0.149} (J - 0.857) \tag{5.11}$$

$$M = \frac{\mu_c^4 g \Delta \rho}{\rho^2 \sigma^3} \tag{5.12}$$

$$J = \begin{cases} 0.94 H^{0.751} & 2 < H \leqslant 59.3 \\ 3.42 H^{0.441} & H > 59.3 \end{cases} \tag{5.13}$$

$$H = \frac{4}{3} E_o M^{-0.149} \left(\frac{\mu_c}{\mu_{ref}} \right)^{-0.14} \tag{5.14}$$

$$E_o = \frac{g \Delta \rho d_p^2}{\sigma} \tag{5.15}$$

式中　U_T——端点速度；

　　　M——Morton 数；

　　μ_{ref}——$\mu_{ref} = 0.0009 kg/(m/s)$，在某些温度和压力下的水的分子黏度；

　　　E_o——Eotvos 数，代表重力于表面张力的比率；

　　　$\Delta \rho$——相间密度差；

　　　σ——表面张力系数。

当气泡相对于连续相流体做加速运动时，不但气泡加速，而且在气泡周围的流体流场也会随之变化。推动气泡运动的力使气泡本身和流体的动能均增加，也用于克服气泡周围液体绕流的能量耗散，这个力大于使气泡加速的力，效应等价于气泡的质量增加。增加的力被称为虚拟质量力（或表观质量力、附加质量力）。虚拟质量力和升力分别表示为：

$$A_2 = -A_1 = r_2 \rho_1 C_A \left(\frac{dU_2}{dt} - \frac{dU_1}{dt} \right) \tag{5.16}$$

$$L_2 = -L_1 = r_2\rho_1 C_L(\boldsymbol{U}_2 - \boldsymbol{U}_1) \times (\nabla \times \boldsymbol{U}_1) \tag{5.17}$$

式中 C_A——附加质量力系数；

C_L——升力系数。

湍流耗散力由式 5.18 给出：

$$T_2 = -T_1 = -C_{td}\rho_1 k_1 \nabla \rho_2 \tag{5.18}$$

这里的湍流耗散力系数 C_{td} 取值为 0.1，因为 C_{td} 是一个依据湍流中颗粒含量和湍流程度而变化的量，而且不同的湍流耗散系数的值也在不同的文献中被应用，应用效果如何还没有定论，所以这里仅将它设为常量并赋值 0.1。

总之，随着计算流体力学在理论和数值算法方面的快速发展，科学系统地研究浮选设备的流场细节已具备条件，而且国内外研究者也已经在浮选设备的计算流体力学仿真方面开展了诸多卓有成效的研究，奥图泰（AUTOTEC）、CSIRO（澳大利亚科学研究组织）和 BGRIMM（北京矿冶研究总院）等知名设备供应商和研究机构均已将计算流体力学仿真技术用于设备的开发和优化领域。

5.3 浮选机流场模拟的现状

利用计算流体力学仿真技术研究浮选设备已经成为共识，国外研究机构和供应商已开展了二十余年的艰苦探索，AUTOTEC 公司已开始全面推广基于计算流体力学设计的全新搅拌机构 FloatForce™，并逐步取代原有的 FreeFlow 搅拌机构和 MultiMix 搅拌机构。在国内，基于计算流体力学仿真研发浮选设备还处于起步阶段，研究重点还在于如何合理地利用 CFD 技术实现浮选设备的模拟。目前，以 BGRIMM 为代表的国内研究机构和供应商已开始将计算流体力学仿真应用到设备的研发和优化过程中，在网格技术、基于 CFD 的浮选设备工艺参数研究等领域做出了许多开创性的探索和研究。本小节将主要介绍国内外利用计算流体力学方法研究浮选设备的现状。

5.3.1 浮选机 CFD 模拟前处理

数值模拟方法一般分为前处理、数值求解和后处理三个阶段，其中前处理过程是人工可控性最强的部分，从一定程度上说科学合理的前处理设置对数值模拟结果具有决定性影响。广义上说，前处理包括物理结构的简化、物理模型的网格化和边界条件等几个部分，而其中物理模型的网格化最耗时、难度也较大。对于复杂物理模型的网格化，高质量的网格划分往往可以得到较好的仿真结果，而质量较差的网格划分极可能导致计算无法收敛。

5.3.1.1 网格划分技术

网格划分主要有四面体网格技术、六面体网格技术和混合网格技术。

（1）四面体网格技术。四面体网格技术对复杂物理结构的适应能力很强，基本上任何物理结构都可以通过四面体网格进行划分。而且，主流的商业网格划分软件均提供自动四面体网格划分功能，大大节省了网格划分的时间。

（2）六面体网格技术。六面体网格十分规则，在计算所需时间、所需资源等方面有诸多优势，在一些领域由于四面体网格质量差而无法计算，故只能使用六面体网格。更重要的是学术界更认可基于六面体网格技术的模拟结果。但六面体网格的生成难度很大，使用者的个人经验和技巧十分重要，而且一些复杂结构几乎无法生成六面体网格。

（3）混合网格技术。混合网格技术是在可以生成六面体网格的区域使用六面体网格，在六面体网格生成困难的区域，甚至是无法生成六面体网格的区域则采用四面体网格，以获得尽可能高的计算效率和低的计算资源。

浮选设备特殊的叶轮–定子结构给网格划分带来非常大的难度。从目前的情况看，国内外的研究者大多采用混合网格进行处理。在叶轮–定子区由于结构复杂而采用四面体网格自适应划分，而在槽体区域则采用六面体网格。混合网格结合分体网格的应用使得浮选设备的网格划分问题得到了一定解决，基本满足了数值模拟对网格质量的要求。图 5.1 所示为利用混合网格技术生成的 OUTOTEC Tanker Cell 浮选机叶轮–定子区网格结构。图 5.2 所示为利用四面体网格方法生成的 BGRIMM KYF 320m³ 浮选机网格情况。图 5.3 所示为利用六面体网格方法生成的 BGRIMM KYF 320m³ 浮选机网格情况。图 5.4 所示为对 BGRIMM KYF 0.2m³ 浮选机分别进行四面体、六面体网格划分的情况。

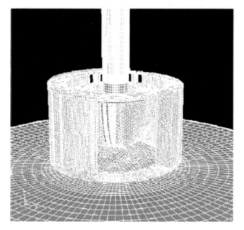
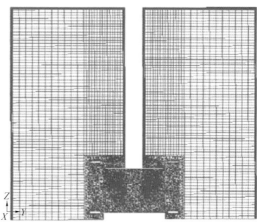

图 5.1　OK 浮选机叶轮–定子区混合网格划分

图 5.2　KYF 320m³ 浮选机四面体网格划分　　　图 5.3　KYF 320m³ 浮选机六面体网格划分

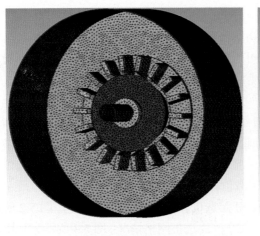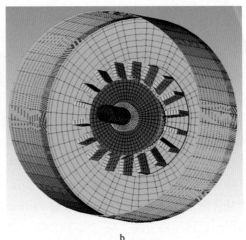

图 5.4　KYF 0.2m³ 浮选机四面体（a）、六面体（b）网格划分对比

　　四面体和六面体网格划分的优劣一直是学术界争论的焦点。一般认为，在对三维不可压流模拟时，采用六面体网格所得到的计算结果比四面体网格或者混合网格的计算结果好。但是，鉴于许多复杂结构生成六面体网格难度过大，四面体网格成为不二之选。许多学者进行了对比研究，科学合理地设置四面体网格参数和网格光顺等，能够使四面体网格达到同六面体网格同样的计算精度。TIITINEN[7] 在 OUTOTEC 工业级的 OK 浮选机上开展了对比研究，结果证明结构和非结构化网格在浮选机同一截面相同位置处的速度预测值基本一致。但不得不指出，该对比结果结论是在单相体系下模拟浮选设备时获得的。有研究表明，四面体网格在多相流分析中容易产生数值耗散问题而影响数值模拟的正常进行。

　　对于浮选设备而言，四面体网格和六面体网格各有优劣，可简单总结如下[8]：

　　（1）设置时间。浮选槽内转子和定子属于较为复杂的几何结构。一般来说，对于这样的问题，建立结构或混合网格是极其耗时的。所以对于复杂几何形状的问题，设置网格的时间短是使用非结构网格（三角形或四面体单元）的主要原因。然而，如果几何相对比较简单，那么使用哪种网格在设置时间方面可能不会有明显的节省。

　　（2）计算成本。一些情形下使用四边形/六面体元素是比较经济的，因为四边形/六面体元素比三角形/四面体单元允许更大纵横比。在三角形/四面体单元中的大的纵横比总是会影响单元的偏斜（skewness）而影响计算的精确与收敛。所以，假如模拟设备的几何相对简单，且其中的流动与几何形状吻合较好，例如一个瘦长管道，就可以运用一个高纵横比的四边形/六面体单元的网格。这个网格拥有的单元可能比三角形/四面体少得多，计算成本更小。

5.3.1.2　边界条件设置

　　对于数值模拟工作者而言，正确设置边界条件的重要性和意义毋庸置疑。边界条件设置本质上是对物理现象的正确理解和解释，是将物理现象从现实世界引入虚拟环境的科学合理简化。浮选设备，更确切地说浮选工艺的要求，使得边界条件设置具有相当的难度。往往造成最接近现实的边界约束计算很难收敛，而适当简化后的边界条件虽然更容易收敛，又与现实情况存在一定冲突。鉴于科学合理的边界条件对于数值模拟的关键作用，研究、分析边界条件合理简化及其对计算结果的影响也是一项十分重要的工作。

浮选槽内是一个三相体系，进气管处为空气入口，泡沫自由表面为出口，转子的旋转带动流体运动，形成特定流场。对于浮选设备的出口边界条件，气-液两相体系模拟时，只有气体溢出而液体不溢出的边界条件是十分苛刻的。而三相体系下，如何界定泡沫表面的溢出问题则更为棘手。对于浮选设备进口边界，特别是对于自吸气浮选设备，如何体现浮选设备的自吸气，相关研究比较缺乏。对于浮选设备特殊叶轮-定子结构，其叶轮、定子间间隙十分微小，MRF（多重参考坐标系）的适用性问题也是值得探讨的。特别是具有空气分配器结构的浮选设备如何界定空气分配器流通孔的动静交界面问题、自吸气浮选设备如何界定空气进入旋转域的交界面问题等都给边界条件设置、合理简化带来了诸多挑战。

在商用 CFD 软件领域，FLUENT 和 CFX 两款软件应用最为广泛，两者在功能上相似，各有优劣，各有特色。目前，在浮选设备 CFD 模拟领域，CFX 软件的使用相对较多，故本节就以 CFX 为基础介绍浮选设备模拟中边界条件的设置情况。

（1）进口边界条件。对于充气式浮选设备，进口边界条件一般设置为速度入口，通过指定法向时均速度值，使整个入口进气的过程默认为气体湍流充分延展。而对于自吸气式浮选设备，进口边界条件一般设置为 Static Pressure 压力进口，压力值设为大气压。

（2）出口边界条件。根据浮选设备的实际情况和模拟相体系的不同，一般选用压力出口、Degassion Condition 出口和 Opening Condition 出口。Degassion Condition 出口只允许气相流出，不允许液相流出，约束较严，更符合实际情况，计算收敛相对较难；Opening Condition 出口允许气体和液体均自由出入，是一种限制较小的边界条件，但在一定程度上与现实情况有差距，模拟时相对较易收敛。

（3）气相进入液相旋转域的边界条件。在配备空气分配器的浮选设备模拟中，气相需要通过空气分配器的流通孔进入旋转的液相区，从而形成气-液两相流或三相流。为使数值模拟切实贴近这个过程，必须选取合适的出口边界条件。常用的有：Average Pressure Condition 和 Opening Condition。Average Pressure Condition 为普通压力出口，出口处为标准大气压。Opening Condition 则为一个气体、液体均可双方向自由进出的界面。

在自吸气浮选设备中，气相同样需要通过合理的设置来模拟气相被吸入液相的过程。一般使用 General Interface 边界条件来模拟气相进入液相的过程。

（4）壁面边界条件。壁面条件是数值模拟中最常用的边界条件之一。一般对于液相流体采用 No Slip 无滑移边界条件。这时壁面处液相速度将与壁面速度一致，当壁面静止时，液相速度为零。由于浮选设备模拟中常遇到多相流的情况，针对其中的气相组分一般选用 Free Slip 自由滑移边界条件。此时，剪切应力在壁面处为零（$\tau = 0$），并且与壁面贴近的气相流体，无明显的摩擦作用[9]。此外，在多相流情况下，如果一个流体使用一个自由滑动边界，其他边界设置可以显著影响流体状态 [10]。

（5）区域交界面。为模拟浮选设备的叶轮-定子系统，一般采用 MRF 多重参考系方法。CFX 提供三种不同的多重参考系算法以处理转、静问题。其中凝固转子模型适用于解决计算转、静间距很小的紧凑机械，在搅拌机械中使用较广，符合浮选设备的模拟要求。冻结转子属于柯西-稳态算法，动静之间有相对固定的位置。旋转区域全部设置为旋转，即瞬态效应被忽略[11]。

流场区域被分为叶轮旋转区和槽体、定子的静止区后，两者间就存在动-静交界面。为解决交界面上的流场信息传递，CFX 提供了通用网格界面（GGI）功能，允许不同类型的网格块粘接，大大降低了复杂模型的网格划分难度。该算法对于所有的流动方程在交界面上都可以保证严格的守恒，交界面处理为全隐式格式，不会影响解的收敛性。当流体通过交界面时被自动地放大或缩小以适应网格的大小差异。多重参考坐标系法即是基于通用网格界面算法（GGI）的。目前，浮选设备的模拟中，为解决叶轮–定子的动静问题，一般选用凝固转子模型。

5.3.2　各相体系下浮选机 CFD 模拟

浮选设备是一个复杂的三相体系，目前三相流场的模拟研究在理论上和技术上均不甚成熟。浮选设备的计算流体模拟研究首先是从单相体系的模拟研究开始的，逐步深入到气–液两相体系，不少研究者也探索了三相体系的流场情况，为浮选设备的设计、优化奠定了基础。

5.3.2.1　单相体系下浮选机的流场

浮选设备计算流体力学仿真研究首先是从单相流场模拟开始的，这方面国外研究者做了许多开创性的工作。TIININEN[7]等基于 OK 浮选机的试验样机研究了清水条件下浮选机的内部流场，研究认为结构和非结构网格对于浮选设备的模拟结果影响不大。预测结果与 laser doppler velocimetry（LDV）测量结果比较表明：预测结果同测量结果保持了很好的一致性，如图 5.5 所示。预测的功率消耗同实测值也能非常好地吻合，如图 5.6 所示。

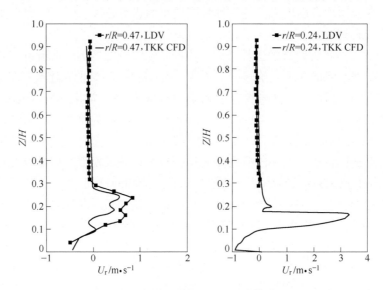

图 5.5　LDV 测量值同 CFD 预测值的对比

Z—测试点所在高度；H—槽体高度；U_r—径向速度；r—测试点所在半径；R—槽体半径

OUTOTEC Research 的 Jiliang Xia[12]对工业级的 OK 浮选机进行了 CFD 数值模拟，更加深入地研究了单相水介质下浮选设备的流场细节，通过科学严谨的 CFD 数值分析，进一步验证了计算流体力学研究浮选设备的可行性和重要性。图 5.7 所示为浮选设备槽内整体速度矢量图，具有非常明显的上、下循环流场，符合浮选理论。图 5.8 所示为叶轮叶片根部所在横截面的速度矢量图，每个叶轮叶片背桨面有很强的涡流，定子叶片具有较明显的导流作用。图 5.9 所示为浮选设备的压力分布情况, 叶轮叶片上存在明显的负压, 对于浮选设备内部上、下循环的产生, 吸气、吸浆作用等都是有益的。

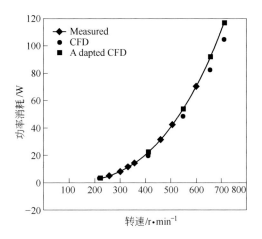

图 5.6　实测的功率消耗同 CFD 预测结果的比较

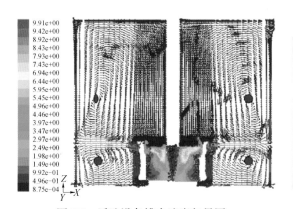

图 5.7　浮选设备槽内速度矢量图

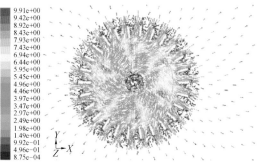

图 5.8　叶轮叶片根部所在横截面的速度矢量图

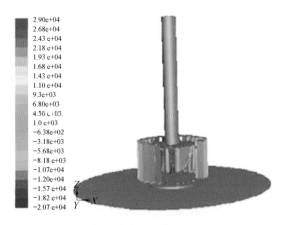

图 5.9　浮选设备的压力分布情况

总体而言，单相体系下浮选设备计算流体力学模拟的预测结果同浮选理论以及现有测试技术的测量结果都能很好地吻合，而流场相关预测结果反过来也很好地阐释了现有理论。所以，利用计算流体力学仿真开发、优化浮选设备是可行的。

5.3.2.2   两相体系下浮选机的流场

随着浮选设备计算流体力学研究地深入，逐渐从单相体系进入到气、液两相体系。气、液两相的流场模拟更佳贴近浮选设备的真实状态，对指导研发、设计工作更具价值。但气、液两相体系的 CFD 仿真又面临许多新的挑战，诸如如何正确模拟气相进入液相过程，用欧拉方法还是拉格朗日方法研究气体等。所以，气、液两相流的模拟研究不仅浮选设备模型简化本身，包括气、液两相流模拟的计算流体力学理论基础等都有待进一步完善和验证。

国外同行最先开展了气、液两相体系下的模拟研究，OUTOTEC 同 CSIRO 联合开展了长期研究，但基于技术保密等方面的原因，大多数研究成果并未公开发表。最近几年，国内同行也进行了大量的相关研究，取得了不少成果。BGRIMM 宋涛[13]等人研究了 320m³ 充气机械搅拌式浮选机内气、液两相流的情况，广西大学廖幸锦[14]等人进一步研究了气、液两相体系下充气机械搅拌式浮选机的流场状态。本小节以宋涛[13]对单台(套)容积最大的 BGRIMM KYF-320m³ 浮选设备模拟为基础介绍气、液两相流的数值模拟研究。

气、液两相体系下的浮选设备槽内流场分布对于评价设备性能是十分重要的。图 5.10 所示为 KYF-320m³ 浮选设备的液相速度云图，图 5.11 所示为叶轮、定子区的液相速度矢量图。作为浮选机槽内流体流动的主体，混合区内较强的液相速度有利于矿浆和气泡的混合，而运输区内液相速度较弱可使矿化气泡稳定上升而不致因扰动过大而脱落。液相离开定子叶片后成为径向射流，发展直到槽壁，在浮选机槽体壁面附近分裂成两股，一股向下运动，一股向上运动。向下的流动形成了混合区的下循环，下部的循环较小，适当的流速可防止矿物沉槽，并重新参与矿浆循环。向上的射流形成了混合区的上循环，上部的循环较大，流速较缓，为气泡运输矿粒提供合理的动力，又不会使气泡与矿粒的黏附受到影响。

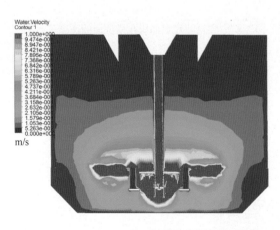

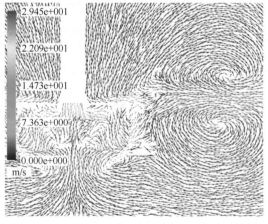

图 5.10　KYF-320 浮选机槽内液相流速云图　　　　图 5.11　叶轮、定子区液相速度矢量图

浮选槽内气体的相关流动状态用传统测量技术难以准确获取，甚至无法获取。因而，对于浮选设备两相流的模拟，能否准确预测槽内气体的相关流场信息就显得格外重要。图 5.12

所示为浮选槽内气相流速云图，叶轮、定子区域内较高的气相流速有利于矿浆与气泡的充分混合，加大矿粒与气泡碰撞、黏附的几率。槽体上部较小的速度又保证了上升区和泡沫层的稳定，有利于浮选过程。气体保有量是评价浮选设备性能的重要标准，图 5.13 所示为槽内预测的空气保有量。浮选槽内的空气分布主要集中在叶轮定子区域，随着高度的增加，空气保有量逐渐下降。气体保有量预测结果同实际浮选设备能够较好地吻合。

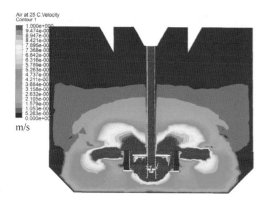

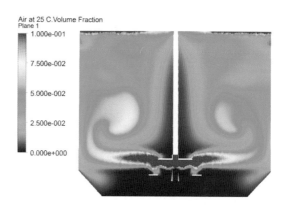

图 5.12　KYF-320 浮选机槽内气相流速云图　　　　图 5.13　KYF-320 浮选机槽内预测空气保有量

　　目前气、液两相流中一般采用欧拉双流体模型，气相一般被视为低浓度条件下的离散相，颗粒间的碰撞被忽略，认为气相流动是受主相湍流的影响。气、液两相分别遵循各自的控制方程，液相一般选用常用的湍流模型如标准 $k-\varepsilon$ 湍流模型及其修正模型等，而气相则主要采用离散相的 Dispersed Phase Zero Equation 模型。总体而言，浮选设备气、液两相流的模拟研究逐渐成熟，许多研究成果已得到工程界的认可，并应用到设备研发和优化工作中。

5.3.2.3　三相体系下浮选机的流场

　　浮选设备是气、液、固三相体系的复杂流场，生产实际中要求浮选槽内产生特定的流场结构以满足矿物选别的要求。目前传统的设计方法和测试手段都还不能准确地描述浮选设备的槽内真实状态，因此，研究三相体系下浮选设备的流场信息，其重要性是不言而喻的。但是，三相流数值模拟技术在理论上并不成熟，工程界对于三相体系模拟预测结果的认可还比较低，加之三相体系模拟的难度较大等等因素，故三相流的模拟研究工作主要还处于探索、起步阶段。

　　国内在浮选设备三相流模拟仿真方面开展了许多有意义地探索。兰州理工大学韩伟[15]研究了浮选机槽内气、液、固三相流场情况，获得了叶轮转速和充气压力对浮选机内流特性的影响规律。研究表明，随着叶轮转速的增加，混合区的各相速度值和搅拌强度越来越大，三相混合范围逐渐向浮选机槽体壁面延伸。空气对于浮选过程的意义不言而喻，图 5.14 和图 5.15 反映了充气压力大小对浮选流场内速度的影响。随着浮选机充气压力的增加，在混合区和运输区气、固、液混合相的轴向时均速度沿径向由大变小，再变为零，再由零变为正。随着充气压力的增加，气相对矿浆的轴向速度影响较大，使混合区上循环的范围有扩大的趋势，一直影响到输运区内矿浆和气体的流动。

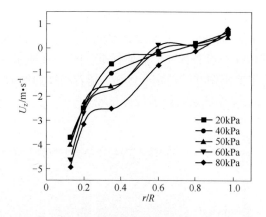

图 5.14　充气压力对混合区混合相径向速度的影响
U_z—轴向速度；r—测试点所在半径；R—槽体半径

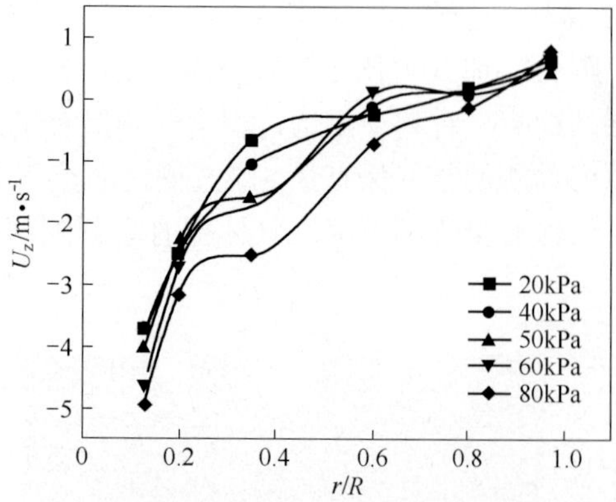

图 5.15　充气压力对输运区混合相轴向速度的影响
U_z—轴向速度；r—测试点所在半径；R—槽体半径

　　浮选设备叶轮–定子结构将使槽内产生强烈的湍流运动，槽内合理的湍流强度分布将有利于浮选过程顺利进行。图 5.16 所示为浮选槽内湍流强度分布。研究表明，在混合区沿径向从轴心向外，浮选槽内混合相的湍流强度逐渐减小，湍流强度最大的区域分别出现在叶轮出口和定子导叶内的流道区域，这为大气泡的破碎以及矿浆与气泡的充分混合奠定了基础。图 5.17 所示为叶轮转速对浮选机湍流强度分布的影响。随着叶轮转速的增加，混合区的平均湍流强度逐渐增加。运输区的平均湍流强度出现了先增加后减小再增加的现象。分离区的平均湍流强度出现了先减小后增加的现象。这主要是不同的叶轮转速产生的离心力不同，在充气压力的共同作用下，从空气分配器进入叶轮内的气体速度和流量就不同。叶轮流道内含气量不同会使叶轮对于矿浆的抽吸能力发生变化，从而使槽内的进气量和气体在槽内的分散均匀程度发生变化。图 5.18 所示为叶轮转速对浮选机叶轮矿浆雷诺数 Re 的影响。叶轮流道内矿浆雷诺数先增加后减小，出现降低的原因也和叶轮流道内的气相体积分数有关，当叶轮流道内气相体积分数达到一定程度时，叶轮矿浆的抽吸能力下降，使叶轮矿浆雷诺数随着下降。

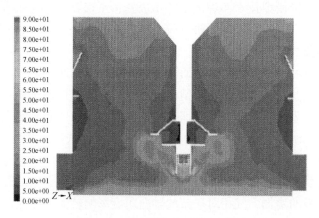

图 5.16　浮选槽内湍流强度分布

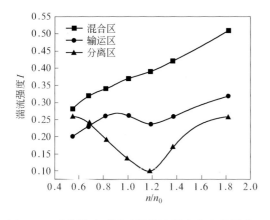

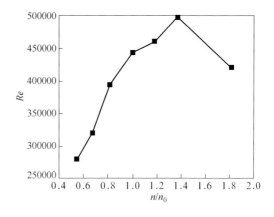

图 5.17 叶轮转速对浮选机湍流强度分布的影响
n —叶轮转速；$n_0 = 110r/min$

图 5.18 叶轮转速对浮选机叶轮矿浆雷诺数的影响
n —叶轮转速；$n_0 = 110r/min$

　　浮选槽内气、固两相的分布情况对矿物浮选是十分重要的，是评价设备性能和浮选操作优劣的重要指标。图 5.19 和图 5.20 分别为浮选槽内固相和气相的相分布情况。研究表明，随着叶轮转速的增加，浮选机的搅拌混合能力也逐渐增强，使槽内混合区底部固相的体积分数逐渐减小，从而降低了沉槽的可能。同时气相在混合区下循环，运输区的体积分数逐渐增加，说明矿浆与气泡混合越来越充分，有助于矿粒与气泡的接触、碰撞和黏附，有利于气泡的矿化。

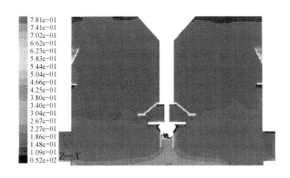

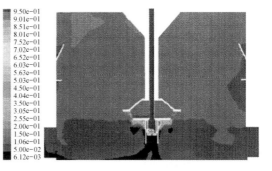

图 5.19 浮选槽内固相分布

图 5.20 浮选槽内气相分布

　　BGRIMM 联合广西大学基于 KYF 0.2m³ 试验型设备样机研究了槽内三相流场，并主要探讨了固体密度和黏度对三相流场的影响等[8]。图 5.21~图 5.23 所示分别为槽内三相流场的分布情况。三相流体的流速矢量图中，混合区产生了明显的上、下循环，说明设备的设计可以很好地满足矿物浮选所需的流场环境。而固相流场的速度与液相流场的速度极为相似，可能是由于模拟过程是基于固、液相被视为混合的均相流体，导致固、液两相无法实现实际中浮选槽内固相分离扩散的过程，这在一定程度上是 CFD 计算模拟的一个瓶颈。图 5.24 所示为叶轮-定子区内横截面速度矢量图，叶轮叶片的旋转带动流体运动，故叶片迎风面均产生了很高的流体速度，定子叶片处流速有所降低，涡流强度也随之减弱，说明定子的稳流和导流设计有效。整体流场分布有很好的对称性，从侧面说明数值模拟在网格划分等计算设置上有较好的控制。

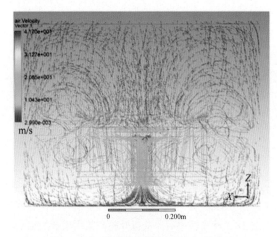

图 5.21　浮选槽内气相流速矢量分布

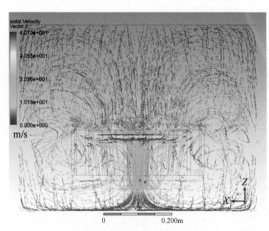

图 5.22　浮选槽内固相流速矢量分布

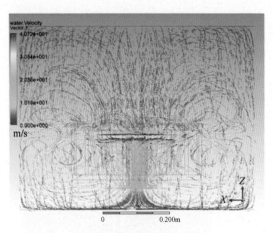

图 5.23　浮选槽内液相流速矢量分布

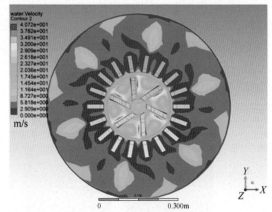

图 5.24　叶轮-定子区内横截面液相速度矢量分布

　　三相体系的研究，主要是在原有的气、液两相分析中引入了固相介质，而固相介质的密度属性和黏度属性对流场的影响自然成为人们关心的焦点之一。图 5.25 和图 5.26 分别为

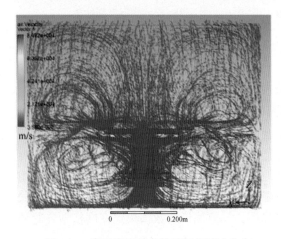

图 5.25　高黏度固相条件下气相流速分布

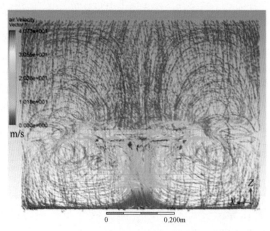

图 5.26　低黏度固相条件下气相流速分布

不同固相黏度条件下气相流场的情况。不同的黏度对气相的扩散影响非常大，虽然整个循环流场改变不大，但气泡在高黏度的流体中难以逸散，速度非常小，其原因在于气泡完全黏附于流场的混合流体。低黏度条件下，旋转区气泡逸散更加迅速。事实上，高黏度的气泡现象比较符合实际流场特性。而对于固相密度属性的影响，研究表明在现有的 CFD 技术条件下，固相密度对三相体系流场的影响相对较小。

三相体系的浮选设备模拟，因为引入了固相介质，可以模拟研究气、固两相体系的相分布情况，固相属性对于原有流场的影响，固相颗粒对于叶轮–定子的磨损等等许多极富现实意义的研究工作，所以三相体系下浮选设备流场的研究对于指导实践意义非凡。但是从预测结果看，固、液相的连续均相假设使得固相和液相流场的预测结果相似，变化规律趋同，而很难体现浮选槽内固相分离扩散等实际现象，故三相体系的模拟研究仍有待于计算流体力学基础理论和具体模型设置方面的改进。

5.3.3 湍流模型对浮选机流场的影响

浮选设备由于叶轮旋转作用而在槽内产生很强的湍流流动，而湍流运动的高度非线性特性给计算流体力学的发展带来了诸多挑战。因此，计算流体力学近几十年发展的主要成就之一就是提出了许多针对不同湍流流动的湍流模型。浮选设备的 CFD 模拟研究相比其他设备起步稍晚，业界还未能提出针对浮选设备专门的湍流模型，因此探索目前较通用的湍流模型（如标准 k-ε 模型等）对于浮选设备的适用性是一项基础的研究工作。而在这方面，国内外研究者都开展了许多积极地探索。

5.3.3.1 单相体系下湍流模型对浮选机流场的影响

目前，对于浮选设备的模拟研究中湍流模型主要采用标准 k-ε 模型，而对比诸如 RNG k-ε 模型，k-ω 模型、RSM 模型等在浮选设备模拟中的适应性，相关研究较少。本小节就以 OUTOTEC 的 Jiliang Xia、Antti Rinne 等人[12]的研究介绍单相体系下湍流模型对浮选设备流场的影响。

图 5.27、图 5.28 和图 5.29 反映了标准 k-ε 模型、可实现 k-ε 模型和 RSM 模型对预测的湍动能、耗散率和涡流强度方面的影响。从图 5.27 和图 5.28 可以看出，三种湍流模型在湍动能 k、耗散率 ε 等的预测上存在一定差异。标准 k-ε 模型和可实现 k-ε 模型预测的湍动能高于 RSM 模型，在叶轮–定子区形成了喷射流。类似地，RSM 模型预测的最大耗散率也低于标准 k-ε 模型和可实现 k-ε 模型的对应预测值。图 5.29 给出了三个模型对于涡流强度的预

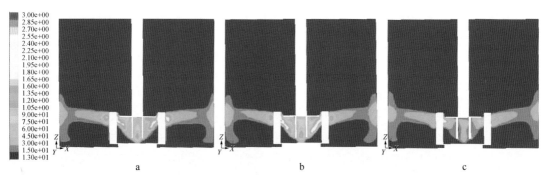

图 5.27 三种模型对于湍动能的影响

a — k-ε；b — 可实现 k-ε；c — RSM

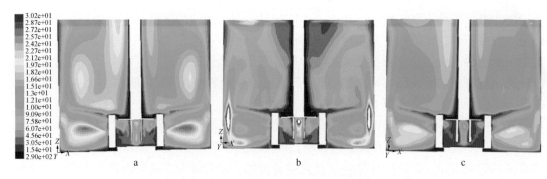

图 5.28　三种模型对于耗散性的影响

a — k-ε；b — 可实现 k-ε；c — RSM

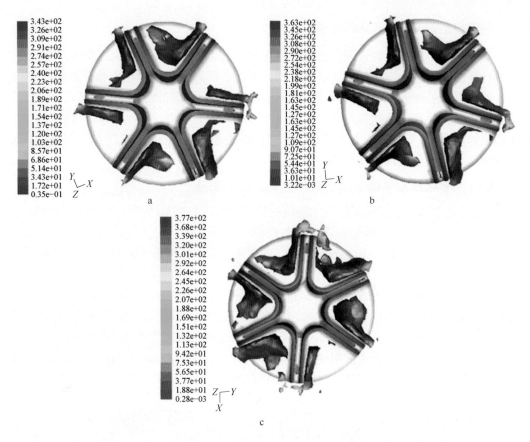

图 5.29　三种模型对于涡流强度的影响

a — k-ε；b — 可实现 k-ε；c — RSM

测对比。三个模型都预测了每个叶轮叶片背风面产生了一个涡流，这一点与 Grua 实验观察到的现象一致。RSM 模型预测的涡流循环区范围更大。表 5.1 给出了三种模型对于浮选设备功耗的预测，RSM 模型预测了相对更高的设备功耗。相对另两个模型，与实际测量值比较，RSM 模型预测得更为准确。因此，可以认为 RSM 模型预测值更加准确，而黏度模型如标准 k-ε 模型和可实现 k-ε 模型在以工程设计、优化为目的的模拟中更为合适。

表 5.1 三种湍流模型对设备功耗的预测

湍流模型	P/P_1	N_P/N_{P_1}
$k\text{-}\varepsilon$	1.02	1.02
可实现 $k\text{-}\varepsilon$	1.0	1.0
RSM	1.12	1.12

注：P—功率；N_P—功率准数。

5.3.3.2 两相体系下湍流模型对浮选机流场的影响

BGRIMM 联合广西大学在两相流体系下更加深入地研究了标准 $k\text{-}\varepsilon$ 模型、RNG $k\text{-}\varepsilon$ 模型和 $k\text{-}\omega$ 模型对流场的影响，主要探讨了曳力模型、提升力系数以及表面张力系数等参数对流场形态的影响[8]，并试图总结出一套通用的模型参数以研究不同类型的浮选设备或是同一类型浮选设备的不同规格。

A 标准 $k\text{-}\varepsilon$ 模型下模型参数的影响

气、液两相模拟中，如何考虑相间作用力以及作用力的大小是 CFD 模拟中十分重要的内容。气、液两相的相间作用力中，曳力 Drag Force 的设置对流场影响较大，因而学者提出了多个曳力模型以模拟多相体系间的曳力作用，其中较常用的为 Drag 模型和 Grace 模型。图 5.30 所示为无曳力模型、Drag 曳力模型和 Grace 曳力模型下浮选槽内流场分布情况。三种条件下，流场具有各自不同特征。其中忽略曳力影响的流场，流速矢量明显稀少，且旋转只具备单一循环流场，转子上部上升矢量速度较小，没有形成上部循环。Grace 曳力模型的流场较 Drag 模型的流场矢量更清晰，更有规律性，上部循环流场的分布也更切合实际观察的流场特征。进一步研究表明，随着 Grace 曳力系数的增加，下部循环流场范围有明显减小，转子叶片附近的径向射流的流速也有增大的趋势，由于实际浮选流场环境中需要较大的下部流场以避免沉槽，因此 Grace 曳力系数不应选择过大，选取 Grace 曳力系数为 4 左右较为合适。标准 $k\text{-}\varepsilon$ 模型条件下，Grace 曳力模型的流场更加清晰。

B RNG $k\text{-}\varepsilon$ 模型下模型参数的影响

RNG $k\text{-}\varepsilon$ 模型是对标准 $k\text{-}\varepsilon$ 模型进行修正后的湍流模型，在 CFD 数值模拟中也是十分常用的湍流模型。曳力模型中 Grace 模型和 Drag 模型的比较结果表明 Grace 模型更加符合浮选设备流场的试验情况。所以，在 RNG $k\text{-}\varepsilon$ 模型中主要探讨另一相间作用力 Lift force 的影响。图 5.31 所示为 RNG $k\text{-}\varepsilon$ 模型下不添加相间作用力模型在槽面处气相速度云图。而图 5.32 和图 5.33 所示分别为仅考虑 Grace 曳力模型和仅考虑提升力 Lift force 时的槽面处气相速度云图。可以发现，RNG $k\text{-}\varepsilon$ 模型下不添加相间作用力模型和仅考虑提升力系数时，槽面气相扩散均匀，呈波状向外延伸，气相逸散稳定。而曳力系数的添加在 RNG $k\text{-}\varepsilon$ 模型中对气相影响非常大，呈不规则曲线扩散，接近槽壁的区域有较多的速度峰值区域，与实际情况不符。

研究表明，RNG $k\text{-}\varepsilon$ 模型条件下，流场中气相模拟对参数更加敏感，在曳力系数增加的情况下，气相流速显著增大，涡流强度云图中定子中轴线的位置附近的涡流强度也随之增高。

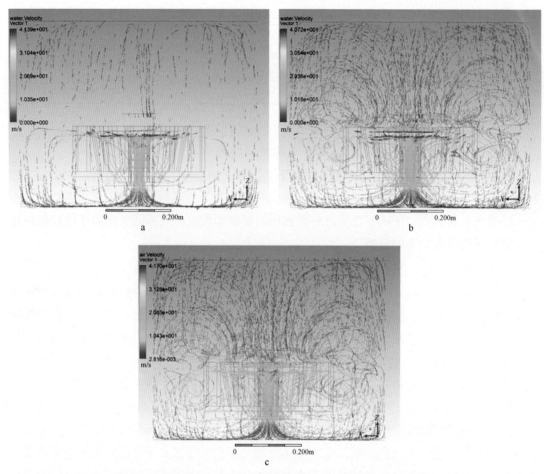

图 5.30　标准 $k\text{-}\varepsilon$ 模型下不同曳力模型对浮选槽流场分布的影响

a—无曳力模型；b—Grace 曳力模型；c—Drag 曳力模型

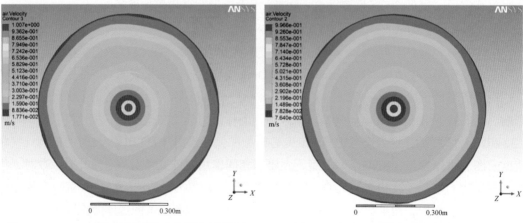

图 5.31　RNG $k\text{-}\varepsilon$ 模型下不添加相间作用力模型　　图 5.32　RNG $k\text{-}\varepsilon$ 模型下仅考虑 Grace = 4 时

　　　　在槽面处气相速度云图　　　　　　　　　　　槽面处气相速度云图

C　标准 $k\text{-}\omega$ 模型下模型参数的影响

标准 $k\text{-}\omega$ 模型在 CFD 数值模拟中同样是十分常用的。浮选设备内部流场的湍流强度分布是设计人员较为关心的流场特征参数。故在标准 k-ω 模型下主要探讨不同 Grace 模型系数和 Lift Force 系数对设备涡流强度的影响，如图 5.34 所示。从截面内气相涡流强度分布

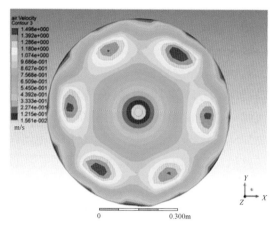

图 5.33 RNG k-ε 模型下仅考虑提升力 Lift force = 0.005 的槽面处气相速度云图

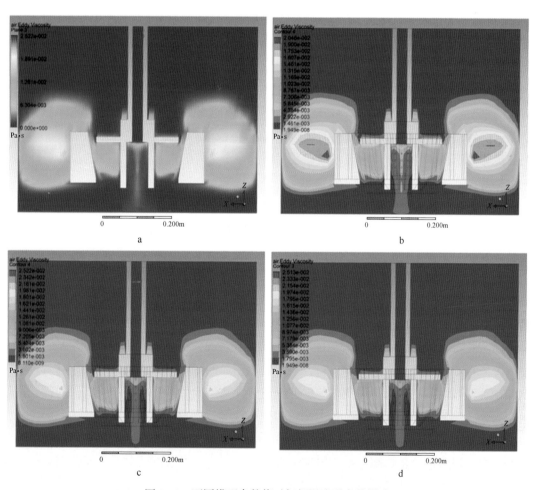

图 5.34 不同模型参数值对气相涡流强度的影响

a—Grace: 2；b—Grace: 6；c—Lift: 0.001；d—Lift: 0.005

可以看出，非曳力参数对涡流强度影响较小，在旋转区域整个涡流强度小，涡流强度分布较为均匀，定子处峰值区域小于曳力模型。而曳力系数对涡流强度影响较大，其涡流强度分布明显更加分明。

研究表明，标准 k-ω 模型下，不同模型参数对气、液两相流场的常规速度场和压力场影响较小，而截面气相涡流强度分布对曳力系数较为敏感，较高的 Grace 曳力系数使气体涡流强度更强，分散性更高，逸散速度更快。

通过以上分析，不难发现不同湍流模型以及同一模型下不同相间作用力模型对浮选设备流场均有相当影响。因此，研究不同湍流模型对于浮选设备的适应性以及相间作用力模型的影响是一项非常重要却又基础的工作。理清湍流模型和相间作用力模型的影响，确定一系列对于浮选设备流场模拟具有普遍意义的模型参数将是令人期待的。

5.3.4　浮选机内短路及矿浆停留时间的 CFD 模拟

5.3.4.1　浮选机内短路现象的 CFD 模拟

矿浆短路是指矿浆在浮选槽内未经过充分扩散以及未与气泡充分地混合便从矿浆出口流出的现象。短路现象的发生对浮选工艺无疑是十分不利的，因此为降低矿浆短路的概率，浮选槽配置上往往同一个作业采用 3、4 槽。然而，单纯因为避免矿浆短路而增加设备数量显然是不合理的，尤其是在大型浮选设备的应用上。所以，对于浮选设备设计人员，通过合理的叶轮、定子及槽体设计来减少矿浆短路是一项非常重要的工作，也是评价浮选设备优劣的重要指标。而按照传统试验方法检测和评价矿浆短路是十分困难的，在工业级的大型浮选设备上基本上无法进行相关的试验研究。因此，CFD 数值模拟技术在成本上、时间上的优势对于表征和评价浮选设备的矿浆短路是一个绝好的选择，对设备的设计、性能优化意义重大。

许多学者在这方面开展过探索研究，可以说在一定程度上能够表征甚至评价设备的矿浆短路问题，进而指导改进设备设计。本节以 BGRIMM 联合广西大学的相关研究为基础[8,14]，介绍这方面的研究工作。

图 5.35 所示为引入矿浆进、出动态流动后基于 BGRIMM KYF320m³ 浮选设备的流场分布情况。矿浆动态流动条件下的设备流场明显紊乱了许多，但是流场内的上、下循环清晰可见，矿浆进、出现象十分明显。正因出口的出现，导致靠出口侧槽内有了向出口的流体流动。图 5.36 所示为矿浆进口速度增加后的流场情况，可以看出流场十分紊乱，矿浆在槽内并未形成循环就直接流向了出口，表现出了明显的短路行为。研究表明，随着进口速度的增加浮选液面的平稳会受到影响，速度越大浮选液面的紊乱程度越大；同时循环区域也会因为速度增加而遭到破坏，过大的进口速度会导致严重的矿浆短路。

图 5.37 所示为不同转速条件下基于 BGRIMM KYF0.2m³ 浮选设备流场的变化情况。从流场分布可以看出，进口附近随着转速的增大，流场的分布逐渐均匀。但是出口处流体存在冲出现象，因此转速的增加能够稳定槽内流场。研究表明，进口速度的不断增加会促使短路现象的发生。而转速的增加可以稳定循环流场，但不会消除短路现象。

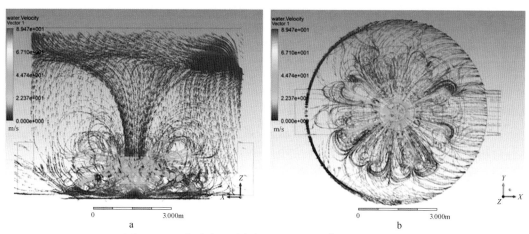

图 5.35　矿浆动态流动条件下 KYF320m³ 浮选设备流场

a—进口速度 0.33m/s 条件下竖直面液相速度矢量图；b—进口速度 0.33m/s 条件下横截面液相速度矢量图

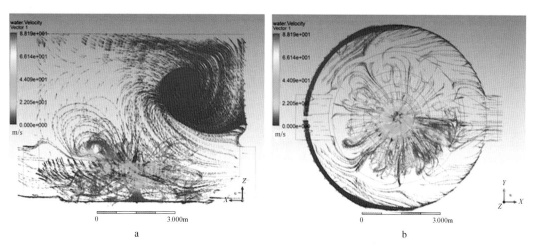

图 5.36　矿浆进口速度增大后 KYF320m³ 浮选设备流场的变化

a—进口速度 0.33m/s 条件下竖直面液相速度；b—进口速度 2m/s 条件下横截面液相速度

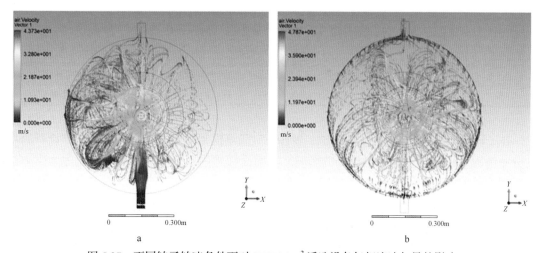

图 5.37　不同转子转速条件下对 KYF0.2m³ 浮选设备气相流速矢量的影响

a—转子转速 315r/min；b—转子转速 345r/min

5.3.4.2　浮选机矿浆停留时间的 CFD 模拟

浮选是一个动力学过程，其浮选效率直接与矿浆物料在浮选机中的停留时间有关，为满足矿物浮选的要求，矿浆在浮选槽内必须有充分的浮选时间。停留时间分布（resident time distribution，RTD）是机械搅拌式浮选机最重要的浮选动力学参数和矿浆物料在浮选机中宏观混合的最佳表示方法。因此，在传统设计方法还难以高效直观地反映矿浆停留时间的情况下，利用 CFD 数值模拟技术研究浮选设备矿浆停留时间其意义不言而喻。目前在浮选设备领域相关的研究还很少，是一项具有开创性和探索意义的研究工作。

兰州理工大学韩伟[14]的研究为基础介绍基于 CFD 技术的矿浆停留时间研究。在完成浮选机内单相介质稳态流场数值模拟的基础上，在矿浆入口处加入一个脉冲浓度：在 0~1s 时间段从入口处向浮选机加入浓度为 1 的监测物料，其他时间入口处没有监测物料加入，其中检测物料物性参数与矿浆相同类似。继续进行非定常计算，每个时间步为 0.25，对每一个时间步监测物料浓度的扩散进行了数值模拟，通过到 6000 个时间步计算，得到 1200s 的示踪结果。不同转速条件下的矿浆停留时间分布模拟如图 5.38 所示。结合平均停留时间和预期停留时间（理论停留时间）可以总结为表 5.2。可以得出，随着叶轮转速的增加，矿浆在浮选机内平均停留时间逐渐增加。而平均停留时间均小于预期停留时间，这可能是由于浮选槽内存在的死区和短路现象的发生使矿浆循环变差，未能充分分散到整个浮选机中所致。

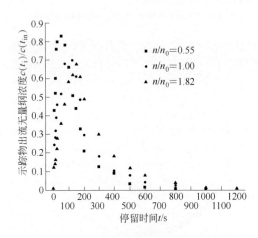

图 5.38　不同转速条件下的矿浆停留时间分布

表 5.2　矿浆停留时间数值模拟结果

无量纲转速	出口浓度峰值		最短停留时间/s	平均停留时间/s	预期停留时间/s
	时间 t/s	无量纲浓度 $c(t_i)/c(t_{in})$			
0.55	50	0.83	5	93	319
1.00	110	0.76	12	156	319
1.82	155	0.68	16	269	319

从 CFD 模拟的网格划分、前处理、多相流、湍流模型等多个角度介绍了浮选设备流场的分布情况，以及上述因素对流场的影响，相对全面地展示了目前利用计算流体力学方法研究浮选设备的现状。不难发现，目前浮选设备的 CFD 模拟工作已经取得了诸多可喜的成果，特别是在气、液两相流领域已经有了较深入的研究，而在三相体系，矿浆停留时间以及短路现象等对浮选设备技术革新起到至关重要作用的方面也已开展了开创性的探索工作。总体来说，国外主要研究机构和设备供应商在浮选设备的 CFD 研究、应用领域相对较成熟，已经开始了商业化的基于 CFD 技术的浮选设备设计工作。而最近几年，国内在浮选

设备 CFD 模拟研究领域进展迅速，在结构网格划分、矿浆停留时间等领域都进行了大胆地探索，相关研究成果在一定程度上已得到了技术人员的认可。

5.4 浮选机流场仿真存在的问题及展望

5.4.1 浮选机 CFD 模拟存在的问题

近几十年来，世界范围内的浮选设备研究机构和供应商都将设备的研发重点放到设备的大型化上，并在较短时间内研制并投入使用了 $300m^3$ 规模的大型浮选设备。未来浮选设备的研发和优化重点必将集中在设备性能的提升和高效稳定工作方面。为此，计算流体力学得到了广大研究人员的青睐，以期解决或突破传统浮选设备设计方法存在的瓶颈。虽然知名的研究机构和供应商已经在浮选设备 CFD 数值模拟方面开展了近 20 年的研究工作，诸多研究成果已经融入到设备研发中，但是目前仍然存在许多问题亟需解决。

5.4.1.1 模拟结果的可靠性

浮选过程是非常复杂的气、液、固三相体系，不管是两相流还是三相流，其结果的可靠性一直饱受争议。一般认为，数值模拟的收敛残差在 10^{-5} 时完全满足工程使用的要求。而目前浮选设备的模拟残差不管是两相流还是三相流一般仅能达到 10^{-3} 的水平，所以如何提高数值模拟的收敛性，使数值模拟结果进一步得到工程界的认可是非常重要的。

5.4.1.2 多重参考坐标系（MRF）的适应性

目前为简化浮选设备模拟难度和计算时间，选用稳态的多重参考坐标系（MRF）方法较为普遍。多重参考坐标系（MRF）在搅拌机构转子、定子相距较远的设备中得到很好的应用和验证，而在浮选设备叶轮、定子间距很小的情况下其适用性仍有待验证。另外，叶轮、定子的作用本质上是一个瞬态过程，简化为稳态过程也值得商榷。因此，探讨动态网格技术、滑移网格技术在浮选设备 CFD 模拟中的应用是值得进一步关注的。

5.4.1.3 模型的简化和网格化

数值模拟的第一步就是模型的简化问题，浮选设备结构本身相对较为复杂，在不影响模拟结果的条件下，科学合理地简化设备结构是非常重要的。浮选设备需要开展多相流研究工作，传统上认为六面体网格在多相流领域具有较大优势，而复杂结构的六面体网格化又是非常困难的。因此，通过合理的模型简化，更加技巧地划分网格将大为降低后续模拟的难度，提高模拟结果的可靠性。

5.4.1.4 计算流体力学模型及其参数的选取

计算流体力学是通过各种数学模型来描述流动现象的，每个模型均具有一定的适用性和局限性。因此，选取合适的数学模型和相关参数来描述浮选槽内流场对模拟至关重要。更为重要的是，浮选设备已成系列化，若能找到一种类型或一个系列设备的一组模型参数将大为提高数值模拟的效率。

5.4.1.5 CFD 模拟方法融入设备设计、优化领域

浮选设备的 CFD 模拟首先是要理清槽内流场细节，从流场分布的角度阐释设备内的浮选过程，并评价设备性能。CFD 数值模拟成果应用到设备开发和优化过程将是数值研究的

最终目的，因此，联合应用传统设计手段和 CFD 数值模拟方法进行设备的技术革新是一个新的挑战。

5.4.2　浮选机 CFD 模拟展望

与传统的设计手段相比，利用 CFD 模拟方法研究浮选设备并对其进行优化还处于起步阶段，特别对于国内研究机构而言。鉴于目前浮选设备在 CFD 数值模拟研究方面的现状，在以下几个方面需要进一步开展研究：

（1）向三相体系的发展。浮选过程是三相复杂体系，而 CFD 数值模拟首先由单相体系开始，逐步深入到气、液两相流，并有学者探索了三相体系下的流场状态。多相体系的模拟研究更加接近浮选设备的真实工作状态，因此进一步开展多相体系下的 CFD 数值模拟工作是浮选设备 CFD 仿真的重要方向之一。

（2）设备动态参数、性能的模拟。矿浆的流入流出，短路现象以及驻留时间等动态性能或参数对设备影响是非常重要的，但又很难进行测量和直观的体现。原有设计方法又主要以经验参数和工程经验进行设计，所以利用 CFD 技术进行设备动态参数、性能的模拟是设备研发、优化的重要方向之一。

（3）各类型浮选设备的模拟。浮选设备已经实现了系列化发展，以 BGRIMM 为例就有了 KYF、XCF、GF、CLF 和 BF 等 11 种类型，同一类型以容积大小又划分了不同型号，可以说浮选设备已经发展为一个大家族。所以，开展不同类型浮选设备的模拟研究，研究同一类型不同规格设备的流场情况，对设备结构进行有针对性的优化，将有助于整体提升浮选设备性能。

（4）CFD 模拟方法和最新的测试技术结合。CFD 模拟具有成本低、效率高等诸多优势，但是工程界对模拟结果的可靠性仍存争议，因此验证 CFD 模拟结果的正确性是非常重要的。而传统的测试手段有时又很难检测出相关数据。所以，利用诸如 PIV、LDV 等最新的测试手段、技术研究设备的流场状态，并将两者结合起来将是浮选设备研究的新方向之一。

5.5　浮选机内常见流场测量方法及原理

从矿粒与气泡的碰撞、黏附和脱附过程分析可知，浮选槽内矿浆运动状态对浮选有很大的影响，特别是湍流强度对浮选的影响，过去对浮选槽内流体力学的研究多是研究矿浆的循环方式（如上循环、下循环、垂直循环、V 循环及 X 循环等），或是定性地对浮选槽的不同区域流场提出不同要求，如强烈的搅拌混合区、平静的分离运输区和泡沫区等。浮选过程不仅与槽内矿浆的宏观流态有关，还与浮选槽内微观湍流结构有着密切的联系。1962 年，美国 N. 阿尔比最先探讨了槽内流体压力检测。1976 年，日本学者野中道郎等人在槽内设置电极，由扩散电流的脉动记录换算成流体的脉动值，发表了槽内湍流强度数值，把槽内宏观流态研究引入微观研究，理论上深入了一步。

在选矿领域中，由于浮选机内矿浆和气泡混合物是一种极其复杂的自然工业流动现象，在对浮选机内气固液三相流动机理的认识、矿浆流各种流体动力学参数的计算、流体动力学与浮选动力学参数之间的联系以及浮选机转子（叶轮）水力设计方法等方面，仍然存在许多难以解决的问题。为此，一方面需要总结现有的设计经验和观测资料，完善机械搅拌式浮选机的按比例放大设计方法;另一方面也需要应用现有的测试方法和手段,结合先进的计算机数值模拟方法加强浮选机内部流场的科学研究,通过内流机理的研究来优化浮选机的设计,并将两者很好地结合起来。

5.5.1 接触式测试技术

传统的内流测量方法,如三孔或五孔探针等,都是基于流体对物体绕流时物体表面的压力分布与气流的方向和大小存在确定的函数关系,采用对向测量(零值法)和不对向测量(安置法)两种方法。通常三孔探针被用来测量平面流动的气流速度大小和方向,而五孔探针通常用来测量空间流动中的气流速度。由于气动探针和热线风速仪都属于接触式测量方法,一般只能用于叶栅内部流场的测量或叶轮机械转子进出口的流场测量。为了实现对叶轮机械旋转部件内部通流部分的流动测量,必须采用旋转探针技术。这项测量技术的难点在于如何将在旋转坐标下的电信号或者气动探针的数据传递到静止参考系,同时还需要一个能使探针在转子流道内部相对转子移动的步进装置,这使得整个测量装置相当复杂和昂贵。

皮托管作为一种接触式的测量工具,用于对叶轮定子系统进行清水条件下流场流速的测定。S 形皮托管测头上只有两个方向相反的开口,截面互相平行,测量时正对来流的开口称为总压测口,背向来流的开口称为静压测口,图 5.39 为 S 形皮托管的结构示意图[16,17]。

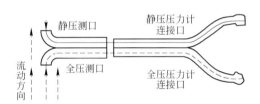

图 5.39   S 形皮托管结构示意图

只要测出流体的压差就可以计算出流速 v:

$$v = \sqrt{\frac{2(p_\lambda - p)\xi}{\rho}} \tag{5.19}$$

式中 p_λ——流体的总压;

   p——流体的静压;

   v——流体的速度;

   ξ——皮托管的校正系数;

   ρ——流体的密度。

受试验条件所限,S 形皮托管对浮选槽内流速的测量会产生一定程度的误差,但在相同的试验条件下,系统误差相同,可采用此测试方法对浮选槽内的流场流速进行定量对比分析。

5.5.2 非接触式测试技术

在叶轮内部流场非接触式测量方法中,目前先进的流速测量技术主要有激光多普勒测速技术（LDV, laser doppler velocimetry）、粒子动态分析仪（PDA, particle dynamics analyzer system）和粒子成像测速技术（PIV, particle image velocimetry）等[18]。这些测量方法具有不干扰流场、测量精度高、动态响应快、分辨率高等优点，实现了实时采集分析、显示粒子图像、速度矢量图等，是流速测量的首选。激光多普勒测速技术基本原理就是利用运动粒子发出散射光的多普勒效应，也就是两束相干入射光在光腰处相交，产生干涉条纹，当粒子通过两光束交会点时，产生和粒子速度呈线性关系的多普勒信号[19]。但 LDV 法一般多用于气体、水等透明度高的流场，每次只能测量流场内一点或几点的瞬时速度值，提供整个流场的结构信息需要进行大量的实验，而在搅拌槽内流场测量上受到一定的限制。

PIV 技术实现了对一个平面流场的测量，在同一时间间隔内测量流场中某一平面上很多点处示踪粒子的运动速度，保留了流动场空间相关信息，从而揭示出非定态流动场湍流流动的空间结构。PIV 技术作为一种先进的测量手段，由于设备精密，目前逐步应用在石油化工行业，曾经做过很多关于 PIV 技术对搅拌槽内流场的测量，取得了很好的效果，得到了很多可靠的数据，为浮选机内流场的进一步研究提供了依据。

5.5.2.1　LDV 测试技术及原理

20 世纪 60 年代以来，带频移的差动式激光多普勒测速技术成为 LDV 光学系统布置标准。LDV 是一种非接触式测量方法，量程广、空间分辨率高、不同于热线风速仪那样在流场中放入敏感元件以致对流场产生一定的扰动。进入 90 年代，随着 LDV 的集成化、光纤化、智能化和现代数字信号处理技术的发展，使得 LDV 在流体力学各分支中广泛应用，特别是非牛顿流场和旋转流动。

LDV 测量是在某一测点处一段时间内进行的，因此所测速度是时均定量值，通过对搅拌槽中每一点的测量可以得到整个速度场。由于这些测量不能同时进行，因此 LDV 不能用于研究非稳态流动。

激光多普勒测速的原理是利用运动粒子散射光的多普勒效应测量粒子速度。美国 TSI 公司的五光束单透镜后散射模式的三维 LDV 测速系统主要组成如下（图 5.40）：

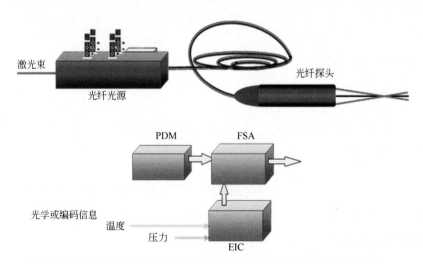

图 5.40　TSI 公司的五光束单透镜后散射模式的三维 LDV 测速系统

（1）激光器，COHERENT 公司生产的 INNOVA70C 系列 2W 氢离子激光器。

（2）多色分束器，含六个光纤祸合器，将激光束分成三对平行的发射光，它们波长分别是 514.5nm（绿色），488nm（蓝色）和 476.5nm（紫色）。每一对光束中，有一束加有 40MHz 的频移信号。

（3）PDM 100 光电接收器，接收散射光、分离并将其转换成电信号，提出频移信号，经 TSI 公司的 Flowsizer 软件进行分析处理。

（4）FSA3500 信号处理器，按信噪比区分信号脉冲和噪声，并从信号中提出速度信息。

（5）五光束三维光纤探头，五光束平行通过转换透镜聚焦到测量点上，接收散射光，由接收光纤传入多色分束器分离出三个速度分量的光信号。

（6）三维移动坐标架，光纤探头放置在坐标架上，可以在三个方向上移动，最小移动距离可达 0.001mm。

LDV 测量的信号源来自粒子散射，合理地选择粒子，可以提高多普勒信号的信噪比。利用三维移动坐标架，激光可以对搅拌槽内的任意一点的流体流动进行测量。

5.5.2.2 PDA 测试技术及原理

粒子动态分析仪（particle dynamics analyzer system，PDA），是在激光测速仪的基础上发展而成的，测速原理是根据多普勒频移来获得流速参数，测试系统[20]如图 5.41 所示。具有相同波长的两束单色光以 2θ 角相交形成测量体，测量体处形成平行的干涉条纹，条纹间距为：

$$d_{\mathrm{f}} = \frac{\lambda}{2\sin\theta} \tag{5.20}$$

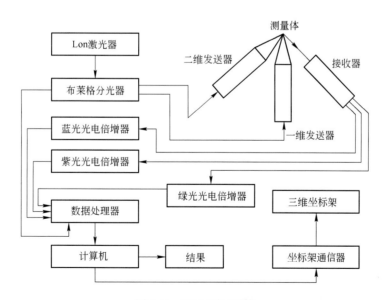

图 5.41　PDA 测试系统

当粒子以垂直于条纹平面穿过条纹时，粒子的散射光随干涉条纹模式的光强发生变化，其散射光的光强变化频率 f_{d} 为：

$$f_d = \frac{2u\sin\theta}{\lambda} \qquad\qquad (5.21)$$

式中　　θ——激光夹角的 1/2；

　　　　λ——激光波长。

若测得 f_d，即可确定粒子的速度 u。

测试可采取前向接收或后向接收，设定合适的接收角和入射角后，由计算机控制三维自动坐标架的移动，并显示测试结果，最后由计算机输出。由于 PDA 只能测量两相流体系，测试需采取如下处理方法：

（1）不加起泡剂，气泡粒径基本大于 1mm，固体颗粒为小于 88μm 的粒子。

（2）将 PDA 的测试粒径设置成 300μm，这样基本上避免了气泡对固体颗粒流速测试的影响。

（3）固体颗粒采用石英玻璃珠作示踪粒子，以避免采用实际矿粒表面棱角所产生折射造成的干扰。

5.5.2.3　PIV 测试技术及原理

粒子成像测速法简称 PIV 技术[21]，它适于测量瞬态流场、燃烧火焰场、直升机水平翼运动表面附近流动状况以及搅拌槽内流动场等典型的瞬态流场，而这些瞬态流场靠单点测量不可能得到瞬态速度场[22]。只有在同一时刻记录整个平面场上的信息才能得到流场空间结构。对高湍流流动，采用整体平均的数据不能够反映流动中不断改变的空间结构。平均数据的过程很容易"抹平"流场空间脉动现象。PIV 技术既可测量包含相干结构的足够大区域的速度场，同时具有足够高的空间分辨率，能够获得流动中的小尺度结构的逼真图像。

随着计算机、光学、信息图像等相关领域技术的发展，PIV 技术目前已在湍流、分离涡和射流等实验研究取得重要成果[23~27]。测量的主要湍流数据如速度场，湍流强度，波数谱、雷诺应力，均方根速度值，总剪切应力等结构均与热线风速仪、LDV 和直接数值模拟（DNS, direct numerieal simulation）结果相当一致。目前美国 TSI 公司的 PIV 技术已经能在 10cm×13cm 面积的流场内测得瞬时 12000 个速度向量，其精度约为 1%~0.1%，与 LDV 相当。PIV 技术本质是图像分析技术的一种。在极低粒子浓度时，粒子跟随流动的情形与单个粒子类似，称为粒子跟踪速度场仪，PTV（particle tracking velocimetry）。当粒子密度高到使映像图在测量域重叠时，映像变成了图案，这就是高成像密度的 PIV 模式，称为莱塞散斑方式，简称 LSV（laser speckle velocimetry）。商业化 PIV 技术，一般是粒子浓度被选择成高成像密度方式，但又没有到达映像图在测量域重叠的情形[28~30]。

在利用 PIV 技术测量流速时，需要在流场中均匀散布跟随性、反光性良好且密度与流体相当的示踪粒子。将激光器产生的光束经透镜散射后形成的片光源入射到流场待测区域，CCD 摄像机以垂直片光源的方向对准该区域。利用示踪粒子对光的散射作用，记录下两次脉冲激光曝光时粒子的图像，形成两幅 PIV 底片（即一对相同测量区域、不同时刻的图片），底片上记录的是整个待测区域的粒子图像。图 5.42 所示为 PIV 系统示意图。

由于整个待测区域包含了大量的示踪粒子，很难从两幅图像中分辨出同一粒子，从而无法获得所需的位移矢量。采用图像处理技术将所得图像分成许多很小查询区，使用自相关或互相关分析法求取查询区内粒子位移的大小和方向，因为脉冲间隔时间已设定，所以粒子的速度矢量即可求出（图 5.43）。对查询区中所有粒子的数据进行计算，就可得到该查询区内的速度矢量,对所有查询区进行统计和计算可得出整个速度矢量场。在实测时,对同一位置可拍摄多对曝光图片,这样能够更全面、更精确地反映出整个流场内部的流动状态。

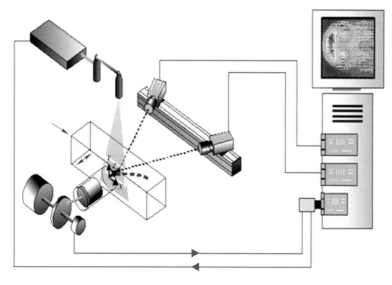

图 5.42　PIV 系统示意图

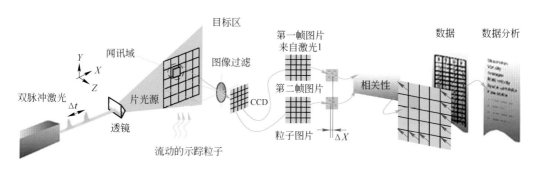

图 5.43　PIV 基本测试原理

　　不同于 LDV 的点测量,PIV 是面测量技术,对于研究流动的非定常特性具有一定的优势,PIV 在本质上是流场显示技术的发展。流动显示是实验流体力学的一个重要组成部分,传统的流场显示技术一般只能对被测流场进行定性的分析,而很难获得定量的结果。PIV 技术是在流动显示基础上,利用图像处理技术发展起来的一种测量手段,采用 PIV 技术可以获得流场的整体结构,特别是对瞬态流动情况的详细认识[31]。

　　BGRIMM 在利用 PIV 技术测量浮选槽内流场方面开展了许多有意义的探索工作。图 5.44 所示为浮选机的 PIV 测试系统。图 5.45 所示为 PIV 测试的槽内上部循环,可以看出,流体从定子叶片流出后有明显的上升,速度较高,受壁面影响发生一定偏转,受顶部自由液面的影响流体转而向下,形成了整个上部区的上循环。图 5.46 所示为 PIV 测试的槽内下部循环,可以看出,流体从定子叶片流出后有明显的向上、向下两个方向的流动,其速度均较大。受壁面影响向下流体的流动发生偏转,转向叶轮方向,在叶轮底部进入(吸入)叶轮腔中,形成下部循环。图 5.47 所示为 PIV 测量的槽内整体流场,可以看出,定子稳流、

图 5.44　BGRIMM 的浮选机 PIV 测量系统

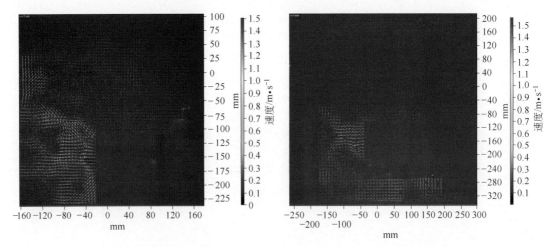

图 5.45　PIV 测量的槽内上部循环　　　　图 5.46　PIV 测量的槽内下部循环

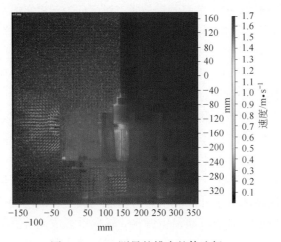

图 5.47　PIV 测量的槽内整体流场

导流后的流体分为向上、向下的流动，由于叶轮、定子的特殊设计和壁面的作用，流体在上、下部区域内形成了循环，整体流场符合浮选理论。图 5.48 所示为槽内流场随着叶轮转速增加的变化情况，可以看出，随着转速的提高，定子叶片的出口速度随之增加，流场中的上、下循环结构均清晰、显著，说明设备结构设计较为合理。

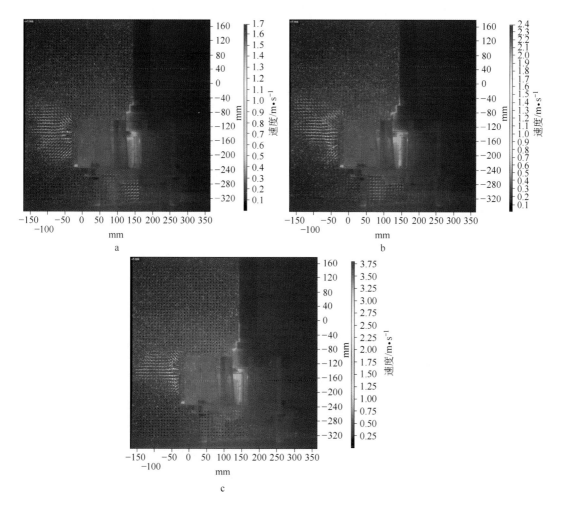

图 5.48　槽内流场随叶轮转速增加的变化情况
a—转速 195 r/min；b—转速 256 r/min；c—转速 318r/min

就目前而言，PIV 技术在测量浮选设备流场方面有诸多优势，能够很好地测量槽内整体流场结构。但是在测量叶轮区流场结构、气-液两相乃至多相流场方面仍有许多问题值得深入研究。

5.5.2.4　示踪粒子与三相测量

激光测速技术具有非接触、没有扰动、响应快、空间分辨率高及测量范围广等特点，但由于必须添加示踪粒子，且必须为激光传输开设专门的测量窗口，加之旋转的影响，使得在叶轮机械中的使用存在实际困难。

无论是 LDV 还是 PIV 这些非接触式光学测量系统，都不是通过直接测量得到流场的速度，而是测量随流体一起运动的示踪粒子速度。如何选择和添加合适的示踪粒子是激光测速的一个十分重要的课题，一般示踪粒子需要满足以下要求：

（1）跟随性强，能够很好地跟随流体的运动，粒子和流体流动之间的相对运动尽可能小，尽量保证示踪粒子的运动速度和方向能够代表流体的速度和方向。示踪粒子对流体的跟随性，主要取决于粒子的直径、密度和流体的黏度、密度等参数。

（2）好的光散射性，具有高的散射效率，有利于得到低噪声的散射光，方便信号处理，提高测量精度。当光路系统确定后，示踪粒子的散射特性与入射光波长、粒子直径以及粒子物性（如折射率等）等密切相关。

（3）良好的物理化学性质，人为添加的散射微粒应该无毒、无刺激性，对流动管道无腐蚀或磨蚀，化学性质稳定等。

（4）示踪粒子最好要易于生成，清洁卫生，不污染环境。对于开放式实验，示踪粒子的价格最好便宜，浓度可调节范围较大。

图 5.49 和图 5.50 所示分别为示踪粒子性能好和差时 PIV 拍摄的情况。可以看出，示踪粒子性能好时，整个流场内粒子均匀分散，示踪粒子的亮度明显高于背景色。示踪粒子选取原则中，良好的光散射性和跟随性是选取示踪粒子最重要的要求。但这两个要求有时互相矛盾，通常示踪粒子的散射性随它的尺寸的增加而增加，而尺寸越大的示踪粒子对流动的跟随性越差。因此，在实际实验中必须权衡两者的影响。

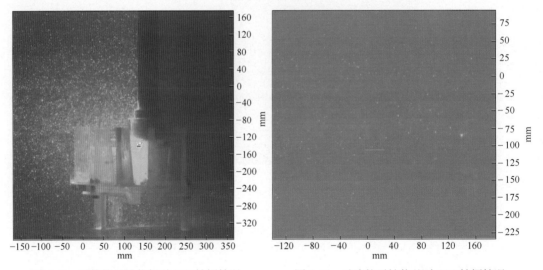

图 5.49　示踪粒子性能好时 PIV 拍摄情况　　　　图 5.50　示踪粒子性能差时 PIV 拍摄情况

由于 LDV 是点测量，相对而言可以比较方便地保证示踪粒子的浓度，使得数据采集具有合适的采样率。而 PIV 是面测量，是通过图像处理计算获得查询区的速度，对于相关处理技术最好每个查询区保证 3~8 个示踪粒子，以保证测量的准确性。由于 PIV 接受 90°角方向的散射光，该方向上的散射光强比较弱，而且波动很大，所以粒子尺寸应相对小些，保证 90°方向的散射光强。

对于气固液三相流动的测试问题，目前由于 PIV 和 PDA 只能测量两相流体系，所以在气固液三相流测量过程中一般采取如下处理方法[32,33]：

（1）将三相流系统中的气泡直径置于被测试粒径范围之外。

（2）将测试粒径设置成两类，分别代表固相和液相，利用互相关算法分别处理出两相的速度场。

（3）不加起泡剂，气泡粒径基本大于 1mm，固体颗粒为小于 88 μm 的粒子。

（4）将 PDA 测试粒径设置成 300μm，这样基本上避免了气泡对固体颗粒流速测试的影响。

（5）固体颗粒采用石英玻璃珠作示踪粒子，以避免采用实际颗粒表面棱角所产生折射造成的干扰。

参 考 文 献

[1] 江帆, 黄鹏. Fluent 高级应用与实例分析[M]. 北京：清华大学出版社, 2008.

[2] 王福军. 计算流体动力学分析——CFD 软件原理与应用[M]. 北京：清华大学出版社, 2004.

[3] ANSYS CFX-Solver, Release 10. 0: Theory, Computational Fluid Dynamics Services, ANSYS. Inc., 2005.

[4] ANSYS FLUENT 12. 0 User's Guide, ANSYS. Inc., 2009.

[5] 韩路长. 搅拌釜反应器内流体流动的 CFD 数值模拟[D]. 湘潭：湘潭大学, 2005.

[6] AUBIN J, SAUZE N L, BERTRAND J, et al. PIV measurements of flow in an aerated tank stirred by a down- and an up pumping axial flow impeller[J]. Experimental Thermal and Fluid Science 28, 447~456.

[7] TIITINEN J H, VAARNNO J, GRONSTRAND S. Numerical modeling of an Outokumpu flotation device[C]//Third International Conference on CFD in the Minerals and Process Industries, Melbourne, Australia, 2003 December: 10~12.

[8] 张谌虎. 0. 2m³ 充气式浮选机多相流数值模拟研究[D]. 南宁：广西大学, 2012.

[9] ZHANG K, BRANDANI S, et al. CFD simulation of fluidization quality in the three-dimensional fluidized bed[J]. Prog. Nat. Sci. 18, 729~736.

[10] ANSYS CFX Tutorials, ANSYS. Inc., 2010.

[11] Grau. An Investigation of the Effect of Physical and Chemical Variables on Bubble Generation and Coalescence in Laboratory Scale Flotation [D]. Helsinki University of Technology, TKK-ME-DT-4, Espoo.

[12] XIA J L, RINNE A, GRONSTRAND S. Effect of turbulence models on prediction of fluid flow in an Outotec flotation cell [J]. Minerals Engineering, 2009, 22: 880~885.

[13] 宋涛. 浮选机内气液两相流的数值模拟研究[D]. 北京：北京矿冶研究总院, 2010.

[14] 廖幸锦. KYF-320 充气搅拌式浮选机多相流数值模拟[D]. 南宁：广西大学, 2012.

[15] 韩伟. 浮选机内多相流动特性及浮选动力学性能的数值研究[D]. 兰州：兰州理工大学, 2009.

[16] 史帅星, 赖茂河, 冯天然, 等. 适用于粗颗粒选别的浮选机叶轮动力学研究[J]. 有色金属(选矿部分), 2011, 1(4).

[17] 李岩, 王海文, 郭辉. 皮托管测速技术在低速水洞流场校测中的应用[J]. 实验流体力学, 2009(9): 104~112.

[18] 魏昌杰. 应用 PIV 技术对 XJM-S 型浮选机流场的试验研究[D]. 北京：煤炭科学研究总院, 2010.

[19] KILANDER J, RASMUSON A. Energy dissipation and macro instabilities in a stirred square tank investigated using an LE PIV approach and LDV measurements [J]. Chemical Engineering Science, 2005, 60(24): 6844, 6856.

[20] 曾克文, 余永富, 薛玉兰. 浮选槽中颗粒的速度及对浮选的影响[J]. 化工矿物与加工, 2002, 31(6).

[21] 粒子图像分析系统 Microvec V2. 3 使用手册. 北京立方天地科技发展有限责任公司.

[22] 冯旺聪, 郑士琴. 粒子图像测速(PIV)技术的发展[J]. 仪器仪表用户, 2003, 10(6).

[23] 孙荪. 半开式离心泵内部流场 PIV 实验研究[D]. 扬州: 扬州大学, 2003.

[24] 张明亮. PIV 技术在水垫塘实验模型淹没射流中的应用[C]//第六届全国实验流体力学学术会议: 123~128.

[25] 杨延强. 竖直管内颗粒流动的 PIV 测试[D]. 淄博: 山东理工大学, 2007.

[26] 代钦. 超音速喷流流场的 DPIV 实验测量[D]. 北京: 北京航空航天大学, 2000.

[27] 徐宣. PIV 测试技术的原理与应用[D]. 成都: 西华大学, 2004.

[28] 王勤辉, 赵晓东, 石惠娴, 等. 循环流化床内颗粒运动的 PIV 测试[J]. 热能动力工程, 2003, 18(4).

[29] 赵宇. PIV 测试中示踪粒子性能的研究[D]. 大连: 大连理工大学, 2004.

[30] 康琦. 全场测速技术进展[J]. 力学进展, 1997, 31(11): 46~50.

[31] SHARP K V, ADRIAN R J. PIV study of small scale flow structure around a rushton turbine[J]. American Institute of Chemical Engineers Journal, 2001, 47(16): 766~778.

[32] 刘栋, 杨敏官, 高波. 离心泵叶轮内部伴有盐析流场的 PIV 试验[J]. 农业机械学报, 2008, 139(11): 55~58.

[33] 曾克文. 浮选槽内矿浆紊流强度对浮选影响的理论及应用研究[D]. 长沙: 中南大学, 2001.

6 自吸气机械搅拌式浮选机

自吸气机械搅拌式浮选机是一种靠机械搅拌来实现矿浆的充气和混合的浮选机。其主要优点是可以自吸空气和矿浆，不需外加充气装置；中矿返回时易于实现自流，减少了矿浆泵数量；设备配置整齐美观，操作方便。但存在以下缺点：充气量范围在 0.8~1.0m³/（m²·min）之间，且一旦出厂充气量调节范围窄，不能精确控制。主要适用于充气量范围要求较宽的金属矿和非金属矿物的选别。自吸气机械搅拌式浮选机是我国目前使用较为广泛的浮选机。

6.1 自吸气机械搅拌式浮选机的发展

自吸气机械搅拌式浮选机是最早发明的浮选机之一。早期的自吸气机械搅拌式浮选机结构复杂、浮选效果不佳；随着科学技术的发展及浮选原理的逐步揭示，设备性能不断改进，出现了一大批结构各异的自吸气机械搅拌式浮选机，其中国内典型的自吸气机械搅拌式浮选机有 JJF 型浮选机、GF 型浮选机、BF 型浮选机、CGF 型浮选机和 ZLF 轴流式浮选机等，其工作原理、关键结构、设备性能等将在 6.2 节详细介绍。本节介绍其他主要自吸气机械搅拌式浮选机[1]。

6.1.1 早期自吸气机械搅拌式浮选机

6.1.1.1 Fagergren 浮选机

Fagergren 浮选机是 20 世纪 20 年代由 William Fagergren 研制，1920 年获得专利，它包含一个横向的旋转机构，其转速达 200r/min 来提供旋转力和自吸气。1934 年，改进后的 Fagergren 浮选机获美国专利，其结构如图 6.1 所示，该机的原理是金属转子和定子围绕着垂直主轴旋转，空气通过一个与立管相连接的进气口被吸进叶轮的顶部；给矿直接流向位于假底下的叶轮，泡沫层高度可以通过溢流堰控制。

6.1.1.2 Fahrenwald 浮选机

Fahrenwald 浮选机是根据 1922 年 Arthur W Fahrenwald 的专利设计的[2]，后经多次改进[3,4]，该机结构原理图如图 6.2 所示，该机的特点在于：（1）随着叶轮的旋转，空气通过套在叶轮轴上立管被吸收入叶轮中，与矿浆发生混合后，经四叶定子稳流；（2）通过在立管上的孔来实现更大的循环量；（3）通过挡板将泡沫区与空气和矿浆的混合区分隔开来。该机设计有三种不同形式的叶轮：圆锥盘形叶轮、退缩盘形叶轮和多翼盘形叶轮，分别适用于处理粗粒高浓度矿浆、通用和粗扫选作业。Fahrenwald 浮选机专利中描述了浮选机配有给矿箱和泡沫槽，这是现代浮选机的标准配置。

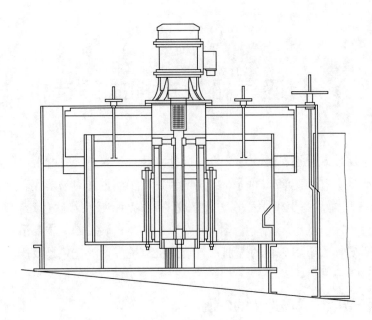

图 6.1　Fagergren 浮选机

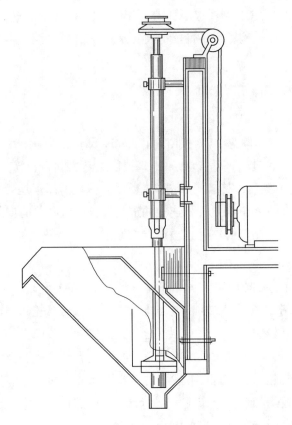

图 6.2　Fahrenwald 浮选机

6.1.1.3　米哈诺布尔型浮选机

米哈诺布尔型（Механобр）浮选机是前苏联选矿设计研究院设计的，1949 年开始用于工业生产，米哈诺布尔浮选机的发展型包括了 ФМР、СчхаАИ、УМК 等型号。我国于 20 世纪 50 年代从苏联引进，经仿制后大量应用于生产。米哈诺布尔型浮选机结构大致与 Fahrenwald 型浮选机类似，随着叶轮的旋转，空气经进气管吸入，与矿浆在叶轮与盖板间混合后甩向槽体，进气管下部可安装给矿管和中矿管，矿浆通过循环孔及盖板上的小孔构成内部循环。该机的优点在于：（1）盖板上安装了导向叶片，矿浆甩出更平稳，压头损失小，提高了叶轮吸气量；（2）槽体下部周向安有稳流板，防止矿浆产生涡流。该机的缺点在于：叶轮转速快，叶轮定子磨损大，功耗大；同时随着叶轮定子磨损间隙增大，吸气量下降明显，且由于磨损不均匀，导致矿浆翻花。大机型每两个槽一组，小机型每 4~6 个槽一组，每机组第一槽为吸入槽，第一槽与第二槽之间没有中间室，矿浆在下部连通，故称第二槽为直流槽。

6.1.2　XJ 型机械搅拌式浮选

XJ 型（又称 A 型、XJK 型）自吸气机械搅拌式浮选，该机是 20 世纪 50 年代从前苏联引进的，型式较老，虽经改进，但基本结构没变，且早已定型，形成系列。近年来虽说已被一些新型浮选机取代，但仍在应用。

XJ 型浮选机的结构如图 6.3 所示，由两个浮选槽构成一个机组，第一槽（带有进浆管）为吸入槽，第二槽为直流槽，此两槽之间有中间室。叶轮安装在主轴下端，主轴上端有皮带轮，用电动机带动旋转。空气由进气管吸入。每组浮选槽的矿浆水平面由闸门调节。叶轮上方装有盖板和空气筒（又称竖管）。空气筒下开有孔，用来安装进浆管、中矿返回管或用作矿浆循环，孔的大小可通过拉杆调节。

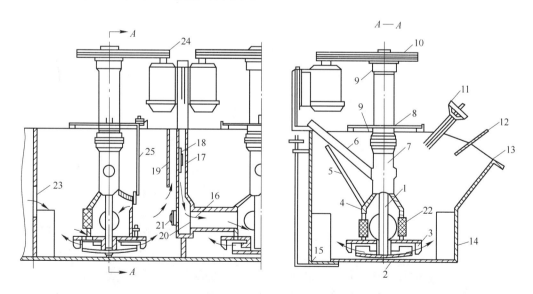

图 6.3　XJ 型浮选机的结构

1—主轴；2—叶轮；3—盖板；4—连接管；5—砂孔闸门钟杆；6—进气管；7—排气管；8—座板；9—轴承；
10—皮带轮；11—溢流闸门手轮及钟杆；12—刮板；13—泡沫溢流堰；14—槽体；15—放砂闸门；16—给矿管（吸浆管）；
17—溢流堰；18—溢流闸门；19—闸门壳（中间室外壁）；20—砂孔；21—砂孔闸门；22—中矿返回孔；
23—直流槽前溢流堰；24—电动机及带轮；25—循环孔调节杆

XJ 型浮选机型式较老，存在以下缺点：（1）空气弥散不均，泡沫不够稳定，易产生翻花现象，不易实现液面控制；（2）浮选槽为间隔式，矿浆流速受闸门限制，致使流通压力降低，浮选速度减慢，粗重的矿粒容易沉淀；（3）叶轮盖板磨损较快，造成充气量减少且不易调节，难以适应矿石性质的变化，分选指标不稳定。

6.1.3 Wemco 浮选机

FLSmidth 公司的 Wemco 浮选机是世界上最大的浮选机生产厂家之一，其代表性的产品是 Wemco1+1 浮选机和 Wemco SmartCell 浮选机。两者的结构基本相同，均为自吸气式浮选机。SmartCell 浮选机吸收了 Wemco1+1 浮选机的优点，采用圆筒形的槽体结构、圆锥形的通气引流管和泡沫集中器（推泡器），在每个槽子中间部位都有转子式分散器，有强力搅拌和吸气双重作用。周围的空气靠旋转的转子通过立管吸入，由分配器将其分散成微小的气泡并以旋转状均匀地分布于整个矿浆内，由于采用了自吸气结构从而省去了鼓风机和通气管网的费用。通气机构置于远离槽底的上方位置，减小了转子和分散罩的磨损，而且停车后可以立即启动[5~8]。

该机叶轮叶片和定子均用耐磨的橡胶模制而成，采用完全的分段对称式结构，转子可以顺时针或逆时针运转，也可以上下颠倒使用，实现磨损面和未磨损面的互换。Wemco 浮选机结构如图 6.4 所示。

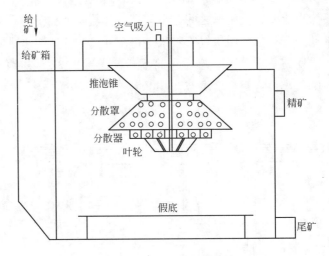

图 6.4 Wemco 浮选机结构

6.1.4 SF 型浮选机

SF 型浮选机于 1986 年由北京矿冶研究总院研制成功。研发初期，SF 型浮选机一般作为每个浮选作业的首槽，与 JJF 型浮选机组成联合机组，起自吸矿浆作用，以便不用阶梯配置、不用泡沫泵返回中矿。后来，由于效果比较好，SF 型浮选机单独使用。

SF 型浮选机的结构如图 6.5 所示，主要由槽体、装有叶轮的主轴部件、电动机、刮板及其传动装置等组成，容积大于 10m³ 的设有导流管和假底。SF 型浮选机的主要特点在于带有后倾式双面叶片的叶轮，可实现槽内矿浆双循环。其工作原理是：电动机通过皮带驱动主轴，使其下部的叶轮旋转。上、下叶轮腔内的矿浆在上、下叶片的作用下产生离心力而被甩向四周，使上、下叶轮腔内形成负压区。同时，盖板上部的矿浆经盖板上的循环孔被吸入到上叶轮腔内，形成矿浆上循环。而下叶轮腔内被甩出的矿浆比上叶片甩出的三相混合物密度大，因而离心力较大，运动速度衰减较慢，且对上叶片甩出的三相混合物产生附加的推动力，使其离心力增大，从而提高了上叶轮腔内的真空度，起到了辅助吸气作用。下叶片向四周甩出矿浆时，其下部矿浆向中心补充，这样就形成了矿浆的下循环。而空气经吸气管、中心筒被吸入到上叶轮腔，与被吸入的矿浆相混合，形成大量细小气泡，通过盖板稳流后，均匀地弥散在槽内，形成矿化气泡。矿化气泡上浮至泡沫层，由刮板刮出即为泡沫产品。

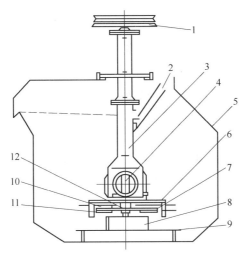

图 6.5　SF 型浮选机的结构

1—皮带轮；2—吸气管；3—中心筒；4—主轴；5—槽体；6—盖板；7—叶轮；8—导流管；
9—假底；10—上叶片；11—下叶片；12—叶轮盘

6.1.5　XJM 型浮选机

　　XJM 型浮选机是我国 20 世纪 70 年代初自行研制、在我国煤炭行业使用最广泛的浮选机之一。该机由浮选槽、搅拌机构、刮泡机构和放矿机构几部分组成。搅拌机构由固定部分和转动部分组成（图6.6）。固定部分由伞形定子 1、套筒 2 和轴承座 3 等组成。套筒上装有对称的两根进气管 4，管端设有进气量调整盖 5。轴承座和套筒之间设有调节叶轮和定子间轴向间隙的调节垫片 6。转动部分由伞形叶轮 7、空心轴 8 和皮带轮 9 组成。空心轴上端有可更换的、带有不同直径中心孔的调节端盖，用以调节叶轮一定子组的真空度，从而调节空心轴的进气量，并调整浮选机的吸浆量和动力消耗。

　　该机特点是：（1）采用了三层伞形叶轮。第一层有 6 块直叶片，其作用是抽吸矿浆和空气；第二

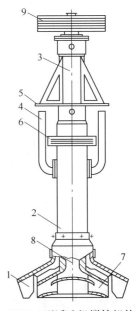

图 6.6　XJM-4 型浮选机搅拌机构示意图

层为伞形隔板，与第一层形成吸气室；第三层是中心有开口的伞形板，与第二层隔板之间形成吸浆室，吸入矿浆；（2）定子也呈伞形，安装在叶轮上方，由圆柱面和圆锥面组成，上面分别开有矿浆循环孔，定子锥面下端有呈 60°夹角的定子导向片，方向与叶轮旋转方向一致[9,10]，可减少叶轮周围矿浆的旋转和涡流，提高矿浆、空气的混合程度，并使叶轮吸气能力提高；定子循环孔可改善矿浆循环，使没黏附气泡的颗粒再入叶轮，强化分选。该机广泛用于煤泥的浮选，但对可浮性差的煤泥，选择性较差，同时对粗粒煤泥浮选效果不佳，尾煤中损失较大。

6.1.6　XJX 型浮选机

XJX 型浮选机是我国研制的大容积选煤浮选机，该型机是在洪堡尔特型浮选机基础上吸取了丹-佛 DR 型的槽内循环筒、维姆科型的假底和米哈诺布尔型的加强底部循环等优点设计的。

XJX 型浮选机由槽体、刮泡机构、搅拌机构和液面自动控制机构等组成。搅拌机构如图 6.7 所示，由空心轴、套筒、倒锥循环筒、叶轮、定子和调节片组成。该机的工作原理是：随着叶轮的旋转，在离心力的作用下充满定子叶轮内的矿浆被甩出，同时叶轮内产生负压，经套筒和空心轴吸入空气和药剂，然后又从叶轮上下盖板的循环孔吸入矿浆；矿浆、空气和药剂不断混合并向外甩出，使气泡得到矿化；矿化气泡经稳流板的稳流作用升到液面形成泡沫层；未矿化的物料参加再次循环进入叶轮，或去下一槽浮选。

该机具有以下特点：

（1）采用双偏摆叶轮，叶轮分上下两层，由与水平呈 7°角的斜圆盘隔开，上下两层各有 6 个高度不同、呈辐射状对称排列的直叶片，叶轮的底部有个水平圆板，根据板上循环孔的大小和形状不同，而分成 A 型和 B 型叶轮，从而产生不同的吸浆量和充气量，以适应不同可浮性的煤（A 型充气量 0.6m³/（m²·min），B 型充气量 1.0 m³/（m²·min）左右）。

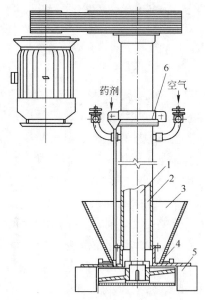

（2）定子固定在空心轴套筒的下端，盖板周围有 24 块与径向成 45°角的导向板，盖板上开有两排循环孔，两排之间有一倒锥形矿浆循环筒，外排循环孔供浮选槽下部矿浆循环，内排循环孔供槽体中上部矿浆循环，未经矿化的矿浆再折向下，重新进入叶轮区循环，实现了矿浆立体循环。既兼有定子循环孔和套筒循环孔的优点，又避免了开设套筒循环孔影响浮选机性能的问题。

（3）为适应直流式给料，每个槽体侧壁上开有矩形直流通道，供矿浆流过，省去了中矿箱，减少了叶轮吸浆负担过重和通过量受限的问题，并省去吸浆动力，有利于液面的自动控制，适应

图 6.7　XJX-8 型浮选机搅拌机构
1—空心轴；2—套筒；3—倒锥循环筒；4—叶轮；
5—定子；6—调节片

了大型化的发展。但由于通道较大，易造成矿浆短路或串料。

（4）采用了新型气溶胶加药方式。每个槽均设有加药漏斗，分段加药时，药剂可由定子循环孔和空心轴直接加入叶轮腔内。药剂首先覆盖在气泡上，这种气泡表面除吸附起泡剂分子外，还吸附一层药剂薄膜，减弱了气泡表面水化层厚度和坚固度，形成活化气泡。

6.1.7　XJB 棒型浮选机

XJB 棒型浮选机是一种浅槽型自吸机械搅拌式浮选机，其最突出的特点是：扩散型斜棒轮搅拌器、凸台导向装置以及独特的弧形稳流板等，其结构如图 6.8 所示。该机有吸入槽和直流槽两种，吸入槽与直流槽的主要区别是在棒型叶轮下部装有吸浆轮，吸浆轮具有吸浆泵的作用，能从底部吸入矿浆。该机与 A 型机相比，具有充气量大、搅拌力强、气泡分散度高、浆气接触机会多、浮选速度快、结构简单、操作维护方便、耗电量少等优点，适合于中小型选矿厂处理粒度较粗的易选矿石。

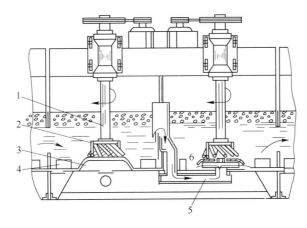

图 6.8　XJB-10 棒型浮选机结构图

1—主轴；2—斜棒轮；3—凸台；4—稳流器；5—导浆管；6—底盘

6.1.8　沸腾层浮选机

沸腾层浮选机是一种针对粗粒浮选特点研制的自吸气机械搅拌式浮选机。该类设备的特点在于：浮选槽被格子板分成上下两区：上部是沸腾层区，其中使气泡矿化，并保证它进入泡沫层里；下部是搅拌区，在其中实现对矿浆充气和气泡分散。沸腾层浮选机与常规浮选机相比，能提高空气利用率和缩短浮选时间。但是该设备大部分只能单槽使用，并且结构比较复杂，操作稳定性较差。各自有代表性的沸腾层浮选机如图 6.9 所示。

6.1.9　V-Flow 型浮选机

日本大冢铁工株式会社于 20 世纪 60 年代研制出较为独特的 V-Flow（VF）型浮选机，示意结构和工作原理如图 6.10 所示。该机由气管、叶轮、盖板、导流板、泡沫槽等组成。其工作原理是：由于叶轮的旋转，槽内矿浆从下部吸入，空气通过气管上部吸入，两者混合后成充气矿浆，借助离心力从叶轮外周射出，经导流板稳流后在槽内呈旋涡状回旋，并以对数螺旋线轨迹呈倒锥形向上流动，运动形式恰似 V 形，槽内上部的矿浆流从中心向槽体周边呈渐开线形流动，与此同时泡沫层从内向外逐渐变薄，使脉石颗粒脱落。这种独特的流动方式既可防止矿浆短路和沉淀，又可提高精矿质量。

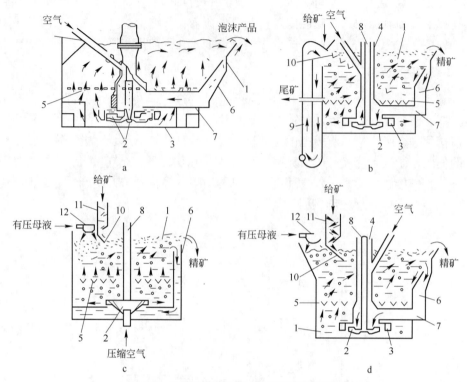

图 6.9 几种有代表性的沸腾层浮选机简图

a—前苏联国立矿物化学原料科学研究所在米哈诺布尔浮选机基础上改成的沸腾层浮选机；b—空气升液机械式沸腾层
浮选机；c—ФЛМКА-КС-25 充气机械式沸腾层浮选机；d—ФКМ-63 循环充气机械式沸腾层浮选机
1—槽子；2—叶轮；3—定子盖板；4—套筒；5—隔板；6—循环通道；7—循环管；8—轴；9—空气升液器；
10—倾斜不漏浆的算子；11—给料器；12—循环充气器

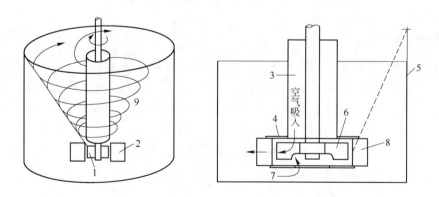

图 6.10 VF 型浮选机示意结构和工作原理

1,6—叶轮；2,8—导流板；3—气管；4—盖板；5—泡沫溢流口；7—吸入矿浆流；9—V 形充气矿浆流

6.2 典型自吸气机械搅拌式浮选机

自吸气机械搅拌式浮选机种类多种多样，国内典型的应用较为广泛的自吸气机械搅拌
式浮选机有 JJF 型浮选机、GF 型浮选机、BF 型浮选机、CGF 型浮选机和 ZLF 轴流式浮选

机等，本节从工作原理、关键结构、设备性能等几个方面做一介绍说明。

6.2.1 JJF 型浮选机

JJF 型浮选机是北京矿冶研究总院研制的自吸气机械搅拌式浮选机。该机是目前国内应用最广泛的自吸气机械搅拌式浮选机之一，单槽容积最大达 200m³，主要应用于选别铜、钼等充气量要求范围较宽的金属矿和非金属矿物的选别，目前已在世界范围内推广使用数百台。

6.2.1.1 工作原理和关键结构

JJF 型浮选机属于采用槽内矿浆下部大循环方式的自吸气机械搅拌式浮选机。其结构如图 6.11 所示，主要由叶轮、定子、分散罩、竖筒、主轴、轴承座和槽体等组成。

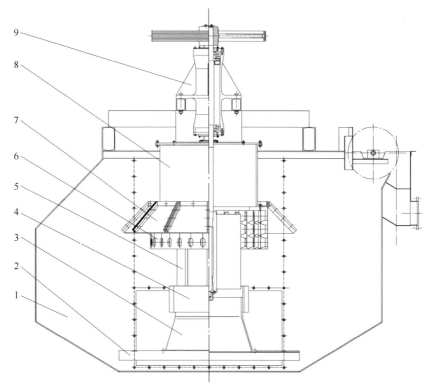

图 6.11 JJF-16 型机械搅拌式浮选机直流槽结构
1—槽体；2—假底；3—导流管；4—调节半环；5—叶轮；6—定子；7—分散罩；8—竖筒；9—轴承体

A 工作原理

叶轮旋转时，使叶轮附近的矿浆产生液体旋涡，这个旋涡的气液界面向上扩展到竖筒的内壁，向下穿过叶轮的中心延伸到导流管，在旋涡中心形成负压区，其负压大小主要取决叶轮转速和叶轮浸没深度。由于竖筒与周围的大气相通，旋涡产生的负压使空气吸入竖筒和叶轮中心，完成了吸气作用。与此同时，矿浆从槽子底部通过导流管向上进入叶轮叶片之间的空间，与吸入到叶轮中心的空气混合。三相混合物以较大的切向及径向动量离开径向叶轮叶片，通过定子上的通道时，切向部分转变为径向，同时产生一个局部湍流场，使空气与矿浆进一步混合。三相混合物离开定子后进入浮选区，浮选分离过程就在该区内完成，矿化气泡上升到泡沫区，剩下的矿浆向下返回到槽底进入再循环。

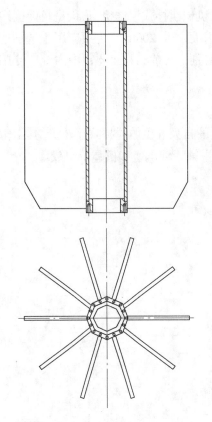

图 6.12　JJF 型浮选机叶轮形状

B　关键结构

a　叶轮

JJF 型浮选机的叶轮为星形叶轮，径向叶片，如图 6.12 所示。叶轮上下对称，可颠倒使用。由于叶轮的上部起吸气作用，磨损较小；下部搅拌矿浆，磨损较大，对于下部磨损的叶轮，可以把叶轮调转过来继续使用。

b　定子

定子采用了悬挂式鼠笼定子，为圆筒形，圆筒表面开有长孔，内表面设有筋条，用来分散三相混合物。安装在叶轮上方，由螺栓固定在竖筒底部（图 6.13）。定子将叶轮产生的切向旋转的矿浆流转化为径向矿浆流，防止了矿浆在浮选槽中打旋，促进了稳定的泡沫层的形成，并有助于矿浆在槽内进行再循环。同时，在叶轮周围和定子间产生一个强烈的剪力环形区，促进细小气泡的形成。

c　分散罩

分散罩为锥形，其表面均布小孔，起分散空气和矿浆、稳定液面的作用。JJF 型浮选机叶轮安装位置较高，浸没深度较浅，矿浆甩出后容易引起矿浆表面的波动，不能保证良好的浮选环境。分散罩的作用就是稳定矿浆液面，维持一个相对静止的分离区，完成矿浆由强烈混合区过渡到相对静止的分离区，从而使矿化气泡能比较均匀的上升到泡沫区。

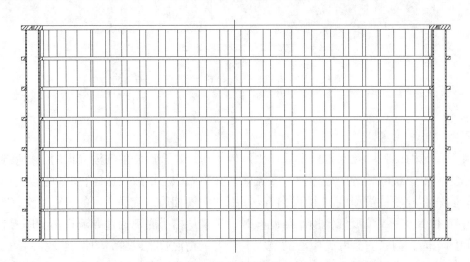

图 6.13　定子结构

d 槽体

JJF 型浮选机一般采用方形槽体,槽下部设有假底和导流管装置。假底距槽底一定距离,固定在槽底上,其上开有矿浆循环孔。导流管位于槽体中心,固定在假底上,调节环装在导流管上,与叶轮下部啮合。当调节环磨损后,可调节调节环与叶轮啮合的轴向尺寸。假底和导流管装置起引导循环矿浆进入叶轮,促进矿浆大循环的作用,有助于槽子下部矿粒的循环,防止沉槽。

容积为 50m³ 及以上 JJF 型浮选机一般采用圆柱形槽体,其对称性可提高充气的分散度和矿浆表面的平稳度,可改善浮选机构的效率;槽底设计为锥底形,有利于粗颗粒矿物返回槽底中部进入再循环;槽内设计有锥形推泡器加速泡沫的回收。

目前 JJF 型浮选机具有容积为 1~200m³ 多种规格,其技术参数见表 6.1。

表 6.1 JJF 型浮选机技术参数

机 型	有效容积/ m³	安装功率/ kW	吸气量/ m³·(m²·min)⁻¹
JJF-1 型	1	5.5	1.0
JJF-2 型	2	7.5	1.0
JJF-3 型	3	11	1.0
JJF-4 型	4	15/11	1.0
JJF-8 型	8	30/22	1.0
JJF-10 型	10	30/22	1.0
JJF-16 型	16	45/37	1.0
JJF-24 型	24	45/37	1.0
JJF-28 型	28	55/45	1.0
JJF-42 型	42	90/75	1.0
JJF-130 型	130	160	1.0
JJF-200 型	200	220	1.0

6.2.1.2 JJF-16 型浮选机性能

JJF-16 型浮选机工业实践首先在国内某一大型铜矿进行,为了全面评价 JJF-16 型浮选机,采用平行对比方式,对比对象为早期安装的浮选柱——6A 型浮选机系统和安装不久的CHF-X14 型充气式浮选机,对比指标以实际生产指标为依据。

从表 6.2 可以看出,JJF-16 型浮选机系统与柱机系统相比,在入选原矿品位低 0.028%,入选粒度+0.175mm 高 1.2%、-0.074mm 低 1.1%的情况下,精矿品位和回收率均略高于柱机系统,分选效率高 0.47%。流程考察表明,+0.175mm 粒级的回收率只有 36.9%,若 JJF-16型浮选机入选细度能达到浮选细度,则回收率可少损失 0.3%~0.4%。若再考虑矿石的品位差异,根据汉考克公式计算,则 JJF-16 型浮选机系统的回收率比柱机系统可提高 0.8%。生产实践表明,JJF-16 型浮选机系统虽然一直处于原矿品位不高的条件下工作的,但 JJF-16型浮选机系统选别技术指标仍旧高于其他系统。

表 6.2　　三种浮选设备同期的生产累计指标　　　　　　　　　（%）

机　型	原矿品位	粗精品位	尾矿品位	回收率	-0.074mm 含量	+0.175mm 含量	分选效率
柱—机（6A 型）	0.537	8.45	0.070	87.62	61.9	10.3	83.35
JJF-16 型	0.509	8.57	0.064	87.80	60.7	11.5	83.82

在生产过程中分别通过探测棒和深槽取样器对 JJF-16 型浮选机槽内不同深度分层取样，考察其浓度的变化和各粒级的分布情况。结果表明，槽内矿浆浓度和粗细粒级分布均处于正常状态。在事故（停车）重负荷停机 8h 后再启动，经过约 30min 假底上的矿砂就恢复到正常悬浮状态。

JJF-16 型浮选机吸气量一般可达 $1m^3/(m^2 \cdot min)$，吸气量的大小可通过竖筒上面的阀门调节。当浮选机各参数（叶轮直径、转速等）确定下来后，吸气量还与槽子内的泡沫层厚度和矿浆浓度有关。该机用在粗选的充气量为 0.8~0.9，基本满足铜矿浮选要求。其另一特点就是随着定子孔径的磨损，由叶轮甩出来的矿流所受阻力减小，充气量反而有所增大，不存在 6A 型浮选机由于叶轮和盖板的磨损吸气量显著降低的缺点，充气量能保持相对稳定。

6.2.1.3　JJF-130 型浮选机性能

A　动力学性能

JJF-130 型浮选机浮选动力学测试在矿浆中进行，主要进行了充气量、空气分散度、转速、功率与空气保有量等有关参数的测定。对于给定叶轮机构，影响吸气量、循环量和功率的两个主要操作参数是叶轮转速和叶轮浸没深度。关于叶轮转速、叶轮浸没深度与吸气量的关系如图 6.14 和图 6.15 所示。

从图 6.14 中可以看出对于给定转速，叶轮浸没深度增加，则吸气量降低，功率增加，液面稳定性增加。从图 6.15 可以看出，给定浸没深度时，叶轮转速增加，将引起吸气量显著地增加。在给定叶轮转速的条件下，叶轮浸没深度增加，吸气量随之降低。转速改变对吸气量的影响比浸没深度改变对吸气量的影响更大。对于给定叶轮浸没深度，叶轮转速增加，吸气量和功率两者都增加。

JJF-130 型浮选机矿浆中动力学测试结果见表 6.3。为了验证 JJF-130 型浮选机的动力学性质，在进行本试验前，在流程中的同一位置用同样的方法对国外同类型同单槽容积的某品牌浮选机的动力学进行测试，测试结果见表 6.4。

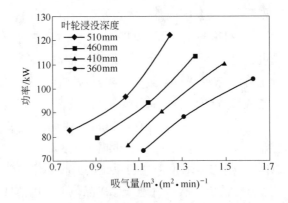

图 6.14　叶轮转速、浸没深度与吸气量和功率的关系

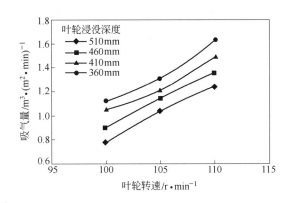

图 6.15　叶轮转速、浸没深度与吸气量的关系

表 6.3　JJF-130 型浮选机矿浆中动力学试验结果

试 验 序 号	1	2	3	4
充气量/m³·（m²·min）⁻¹	0.78	0.86	0.95	1.04
空气分散度	3.50	3.61	3.45	3.28
电动机功率/kW	104.2	100.3	98.5	96.8
空气保有量/%	12.6	13.5	14.80	15.50

表 6.4　国外同类型同单槽容积的某品牌浮选机矿浆中动力学试验结果

试 验 序 号	1	2	3	4
充气量/m³·（m²·min）⁻¹	0.55	0.63	0.71	0.80
空气分散度	3.73	3.82	3.62	3.02
电动机功率/kW	118.8	114.2	110.9	109.8
空气保有量/%	11.5	12.8	14.65	16.23

对测试结果分析如下：

（1）从图 6.16 中可以看出，在本次试验测量范围内，随着充气量的增大，空气分散度先增大后减小。JJF-130 型浮选机带矿时最大空气分散度为 3.61，最小空气分散度为 3.28；而国外同类型同单槽容积的某品牌浮选机的最大空气分散度为 3.82，最小空气分散度为3.02。可以看出 JJF-130 型浮选机的空气分散均匀，充气性能优于国外同类型同单槽容积的某品牌浮选机。

（2）从图 6.17 中可以看出，JJF-130 型浮选机最大空气保有量 15.5%，最小空气保有量 12.6%；国外同类型同单槽容积的某品牌浮选机的最大空气保有量 16.23%，最小空气保有量 11.5%，JJF-130 型浮选机与国外某品牌基本相当。

（3）从图 6.18 中可以看出，在 JJF-130 型浮选机和国外同类型同单槽容积的某品牌浮选机中，浮选机的功耗均随着充气量的增大而降低，且 JJF-130 型浮选机在最大充气量时的电动机功耗为 96.85kW，低于额定功耗，且比国外同类型同单槽容积的某品牌浮选机在其最大功耗时的 106.4kW 低 8.98%，说明浮选机结构设计和强度设计合理，浮选机节能效果明显。

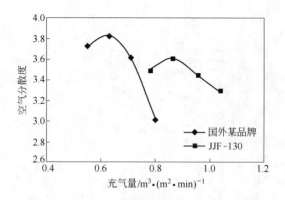

图 6.16 空气分散度与充气量的关系

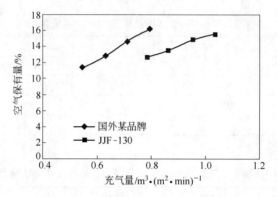

图 6.17 空气保有量与充气量的关系

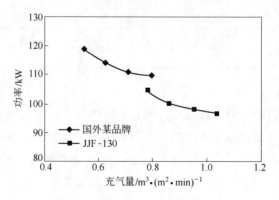

图 6.18 电动机功率与充气量的关系

B 工艺指标

工业测试在某选矿厂铜硫分离浮选段第三槽进行,以 JJF-130 型浮选机代替原采用的国外某品牌同类型同容积的浮选机,并考察 JJF-130 型浮选机的单槽浮选效果,与试验前考察的国外某品牌同类型同容积的浮选机单槽的浮选指标相比较。

JJF-130 型浮选机经过流程调试、设备调试阶段后,进入工业试验阶段,表 6.5 累计了工业试验阶段的指标,并将其与国外某品牌同类型同容积浮选机的累积指标相比,结果表明,在相同的浮选作业中,JJF-130 型浮选机与国外某品牌浮选机相比,在原矿品位相当的情况下，精矿品位高 0.22%，尾矿品位低 0.07%，回收率高 3.82%，浮选效率高 3.70%，浮选机浮选性能优于国外某品牌浮选机。

表 6.5 生产指标对比 （%）

项　目	原矿		精矿		尾矿		Cu 回收率	Cu 浮选效率
	Cu 品位	S 品位	Cu 品位	S 品位	Cu 品位	S 品位		
JJF-130 累计指标	1.61	16.70	3.47	17.79	0.88	15.52	60.70	34.17
国外某品牌累计指标	1.59	16.30	3.25	16.50	0.95	14.61	56.88	30.47
JJF-130 – 国外某品牌	0.02	0.40	0.22	0.34	−0.07	0.91	3.82	3.70

6.2.1.4　JJF-200 型浮选机性能

A　动力学性能

JJF-200 型机械搅拌式浮选机具有自吸空气的能力，在浮选机结构确定的情况下，影响浮选机浮选动力学性能的主要是叶轮转速和叶轮浸没深度，稳流板的数量和大小对浮选动力学也有很大的影响。主要进行吸气量、空气分散度、功率、空气保有量、气泡直径等有关参数的测定。

从图 6.19 可以看出，在叶轮浸没深度不变的情况下，吸气量随着叶轮转速的增加为增加，且变化趋势基本一致。在叶轮转速不变的情况下，吸气量随着叶轮浸没深度的减小而变大。

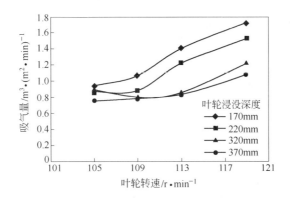

图 6.19　不同浸没深度下叶轮转速与吸气量的关系

从图 6.20 可以看出，在叶轮浸没深度不变的情况下，电动机电流随着叶轮转速的增加而增加。当叶轮转速为 109r/min 时，电动机电流不随叶轮浸没深度的变化而变化。当叶轮转速为 113r/min 和 119r/min 时，电动机电流随叶轮浸没深度的增加而变大。

从图 6.21 可以看出，在转速较低时（105r/min）空气分散度受叶轮浸没深度的影响较大，且随着叶轮浸没深度的增加，空气分散度逐渐递增，当叶轮转速较大时（不小于 109r/min），空气分散度受叶轮浸没深度影响不大。

从图 6.22 可以看出，在叶轮转速为 113r/min 的条件下，无稳流板时空气分散度随叶轮浸没深度的增加而明显增大，而增加稳流板后，不同叶轮浸没深度下，空气分散度相差较小。可见稳流板的存在对 JJF-200 型浮选机的空气分散度有很大影响。

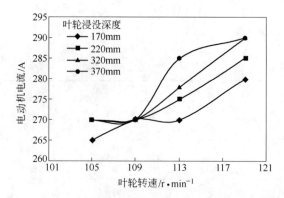

图 6.20　不同浸没深度下叶轮转速与电动机电流的关系

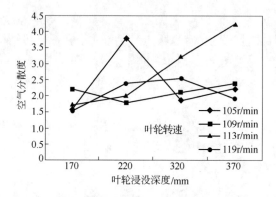

图 6.21　不同叶轮转速下叶轮浸没深度与空气分散度的关系

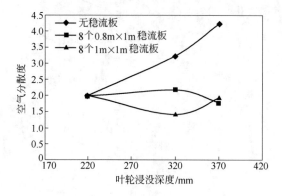

图 6.22　不同稳流板条件下空气分散度与叶轮浸没深度的关系

B　矿浆悬浮能力测定

为考查矿浆悬浮能力，测定了浮选机内不同深度矿粒分布的情况，即在距溢流堰下方 1.0m、1.5m、2.0m、2.5m、3.0m、3.5m、4.0m、4.5m 深处共 8 个矿浆层面采样，并进行了水析。结果如图 6.23、图 6.24 所示。从图 6.23、图 6.24 中可以看出，JJF-200 型浮选机槽内矿浆粒度分布均匀，没有粗、细颗粒分层现象，说明该浮选机矿粒悬浮能力好，达到了设计要求。

C　工艺指标

由表 6.6 可以看出，试验流程作业指标与对比流程指标相比，在给矿铜品位高 0.006%

的情况下，精矿铜品位高 1.984%，尾矿铜品位低 0.008%，铜回收率高 2.03%，浮选效率高
2.05%。反映出试验流程作业所有指标均高于对比流程，JJF-200 型浮选机的工艺性能达到
了大型浮选机的先进水平。

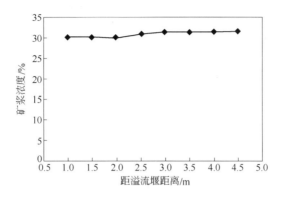

图 6.23　不同深度的浓度曲线

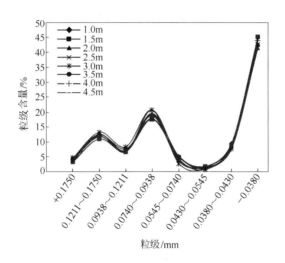

图 6.24　不同深度各粒级含量

表 6.6　JJF-200 应用与铜选别的生产指标对比　　　　　　　　　　　　（%）

项　目	原矿品位	精矿品位	尾矿品位	粗一作业回收率	浮选效率
试验流程指标	0.430	12.410	0.154	65.75	66.02
对比流程指标	0.424	10.426	0.162	63.72	63.97
差值	0.006	1.984	−0.008	2.03	2.05

6.2.2　GF 型浮选机

GF 型机械搅拌式浮选机是由北京矿冶研究总院研制成功的一种高效、节能、自吸空气
型浮选机，GF 型浮选机成功解决了含金、银等多种重矿物的浮选问题，适合用于选别有色、
黑色、贵金属和非金属矿的中小型规模的企业。该机处理物料粒度范围为−0.074mm 占
48%~90%，矿浆浓度小于 45%。具有上叶片、下叶片，上叶片的作用在于抽吸空气、给矿

和中矿,而下叶片的作用则在于形成底部矿浆循环;定子采用了折角叶片对矿浆流动进行稳流和导向,从而取消了稳流板。这一切都保证了 GF 型浮选机槽内矿浆循环特性良好,上下粒度分布均匀;液面平稳,槽内矿浆无旋转现象,分选区及液面平稳,无翻花现象;分选效率高,有利于提高粗粒和细粒的回收率,节能 20% 左右。

6.2.2.1　工作原理和关键结构

GF 型机械搅拌式浮选机的结构如图 6.25 所示。主要由叶轮、盖板、主轴、中心筒、槽体及轴承体组成,整个叶轮机构安装在槽体机架上。

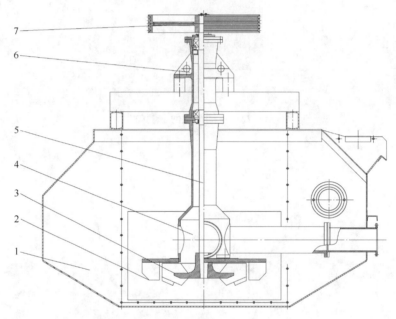

图 6.25　GF 型机械搅拌式浮选机的结构
1—槽体;2—盖板;3—叶轮;4—中心筒;5—主轴;6—轴承体;7—皮带轮

A　工作原理

当叶轮旋转时,叶轮上叶片中心区形成负压,在此负压作用下,抽吸空气、给矿和中矿,空气和矿浆同时进入上叶片间,与此同时下叶片从槽底抽吸矿浆,进入下叶片间,在叶片中部上下两股矿浆流合并,继续向叶轮周边流动,矿浆-空气混合物离开叶轮后流经盖板,并由盖板上的折角叶片稳流和定向,而后进入槽内主体矿浆中,矿化气泡上升到表面形成泡沫层,槽内矿浆一部分返回叶轮下叶片进行再循环,另一部分进入下一槽进行再选别或排走。

B　关键结构

a　槽体

GF 型浮选机槽体形状随着浮选机容积大小而有所改变,对于 1m³ 以下的浮选机采用矩形,而对于大于 1m³ 的浮选机槽体设计成多边形。这样可有效避免矿砂堆积并有利于粗重矿粒向槽中心移动,以便返回叶轮区再循环,减少矿浆短路现象。

b　叶轮

在常规浮选机中,槽内矿浆循环路线为:从底部通过叶轮到达槽壁,然后在返回到槽底。因此,槽体底部为一个没有空气充入的矿浆循环区域,故此区域并不参加浮选过程。
这样就造成了槽体容积有效利用系数的降低,
并减少了沿槽体底部做轴向运动的大颗粒矿
物的浮选概率,造成浮选机生产效率的下降。
GF 型浮选机要求既吸入空气又可循环矿浆,
所以特采用由分隔盘、上叶片和下叶片组成的
叶轮(图 6.26),从而保证在吸入空气的同时,
保证矿粒充分悬浮及气泡完全分散,使浮选槽
内具有较高的浮选概率。

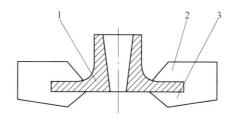

图 6.26 叶轮简图
1—分割盘;2—上叶片;3—下叶片

c 定子

定子的主要作用:首先必须能够将叶轮产生的切向旋转的矿浆流转化为径向矿浆流,
防止矿浆在浮选槽中旋转,促进稳定泡沫层的形成,并有助于矿浆在槽内再循环;其次,
在叶轮周围和定子叶片间产生一个强烈的剪力环形区,促进细气泡的形成。GF 型浮选机采
用具有折角叶片的定子(图 6.27),定子与叶轮径向间隙较大,定子下部区域周围的矿浆流
通面积大,以消除下部零件对矿浆的不必要干扰,降低动力消耗,增强槽下部循环区的循
环和固体颗粒的悬浮,叶轮中甩出的矿浆-空气混合物可以顺利地进入矿浆中,使空气得到
很好分散。

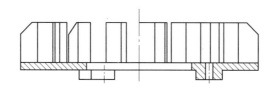

图 6.27 定子简图

该机型的主要特点是:具有槽内矿浆双循环,自吸空气、自吸矿浆,水平配置,不需
增设泡沫泵;叶轮与盖板之间的径向间隙要求不严,随着磨损间隙增大,吸气量变化不明
显;槽内矿浆按固定的流动方式进行上、下循环,有利于粗粒矿物的悬浮。

目前 GF 型浮选机具有容积为 0.35~42m³ 多种规格,其技术参数见表 6.7。

表 6.7 GF 型浮选机技术参数表

机 型	有效容积/ m³	安装功率/ kW	吸气量/m³·(m²·min)⁻¹
GF-0.35 型	0.35	1.5	1.2
GF-0.7 型	0.7	3	1.2
GF-1.1 型	1.1	5	1.2
GF-2 型	2	7.5	1.2
GF-3 型	3	11	1.2
GF-4 型	4	15	1.2
GF-6 型	6	22	1.2
GF-8 型	8	30	1.2
GF-10 型	10	30	1.2

机 型	有效容积/m³	安装功率/kW	吸气量/m³·(m²·min)⁻¹
GF-16 型	16	45	1.2
GF-20 型	20	45	1.2
GF-24 型	24	55	1.2
GF-28 型	28	55	1.2
GF-42 型	42	75	1.2

6.2.2.2 GF-1.1 型浮选机性能

A 动力学性能

GF-1.1 型浮选机是一种适用于中、小型选矿厂的自吸气机械搅拌式浮选机，可用于有色金属、黑色金属和非金属矿物的选别。一般说来，入选物料的粒度范围为 0.01~0.03mm，–0.074mm 含量占 50%~90%，生产能力为 0.15~1m³/min。GF-1.1 型浮选机有自吸矿浆的能力，一般可平面配置，中矿返回不需用泡沫泵。

a 吸气量

对机械搅拌式浮选机而言，其吸气量大小直接影响选别性能。GF-1.1 型浮选机的自吸空气量：在清水中为 1.23m³/（m²·min），在矿浆中为 1.1m³/（m²·min）；而同槽容的 5A 型浮选机在矿浆中的吸气量仅为 0.82m³/（m²·min），显著提高了吸气量。

b 功耗情况

能耗是中小型矿山生产经营成本中至为重要的一个因素。GF 型浮选机的设计指导思想正是最大限度地降低运行能耗。经实地测定，GF-1.1 型浮选机与 5A 型浮选机的能耗情况对比见表 6.8。

表 6.8 GF 型浮选机与 5A 型浮选机的能耗对比情况

浮选机	有效槽容/m³	安装功率/kW	实际消耗功率/kW	
			精选	粗扫选
GF 型	1.1	5.5	3.57	3.93
5A 型	1.1	5.5	4.6	5.23

由表 6.8 可知，对粗扫选作业，GF-1.1 型浮选机较 5A 型每槽节能达 1.3kW，精选作业节能达 1.03kW。

c 磨损情况

众所周知，浮选机叶轮圆周速度直接影响其易损件的使用寿命。GF-1.1 型浮选机的叶轮圆周速度仅为 7.23m/s，而 5A 型浮选机的叶轮圆周速度为 8.6m/s，较低的叶轮圆周速度为 GF 型浮选机延长易损件使用寿命、减少备件消耗提供了可靠的保证。根据测算其易损件的使用寿命较 5A 型浮选机可延长一倍以上。

d 选别性能

GF-1.1 型浮选机采用了独特的叶轮-定子结构。叶轮具有上下叶片。上叶片的作用在于抽吸空气、给矿和中矿，而下叶片的作用则在于形成底部矿浆循环；定子采用了折角叶片对矿浆流动进行稳流和导向，从而取消了稳流板。这一切都保证了 GF 型浮选机对金银矿具有较好的选别性能。

B 工艺指标

山东某金矿在粗扫选作业中使用 GF-1.1 型浮选机，精选作业采用 GF-0.35 型浮选机。在原矿品位为 3.07g/t，磨矿细度为–0.074mm 占 75%的情况下，GF 型浮选机产生的精矿品位为 43.64g/t，回收率为 94.3%，比改造前原流程所使用的 XJK 型浮选机提高 1 个百分点。

6.2.2.3 GF-40 型浮选机性能

A 动力学性能

GF-40 型浮选机被大量应用于铝土矿正浮选作业中，需要的充气量一般为 0.1~0.3m³/（m²·min）左右。由于浮选机带矿运行后，铝土矿的泡沫层较厚，不方便测量。因此考察了该系列浮选机在清水条件下的动力学参数（表 6.9）。

表 6.9 GF-40 型浮选机动力学参数

浮选机类型	GF-40 型	浮选机类型	GF-40 型
平均充气量 Q/m³	0.27	最小充气量 Q_{min}/m³	0.21
最大充气量 Q_{max}/m³	0.3	空气分散度	3

铝土矿浮选泡沫细小且黏度大，泡沫槽内的泡沫不易破碎，而且泡沫量大，流程循环量大，泡沫输送困难，因此一定要采用吸浆能力足够大的 GF 型浮选机，这样才能使流程畅通。

B 矿浆悬浮能力

对于 GF-40 型浮选机矿浆悬浮能力的考察，在铝土矿浮选作业中，对距溢流堰下方1.0m、1.5m、2.0m、2.5m、3.0m 深处五个矿浆层进行取样分析。分析结果见表 6.10，可以看出槽体内 5 个层面的矿浆浓度都在 30%左右，而且各个层面–0.074mm 矿物的产率都在92%左右，说明铝土矿矿浆在 GF 型浮选机槽体内总体上分布均匀，没有明显的颗粒分层现象，说明该型浮选机运转后悬浮矿浆能力良好，符合设计要求，能够为铝土矿的正浮选提供有利的浮选环境。

表 6.10 槽内不同深度处矿浆粒度分析

距溢流堰深度/m		1.0	1.5	2.0	2.5	3.0
矿浆浓度/%		30.72	30.97	31.10	29.48	30.92
产率/%	+88μm	1.86	1.43	1.31	1.42	1.22
	−88~+74μm	6.13	6.56	6.04	6.41	6.46
	−74~+53μm	14.59	15.30	16.05	16.76	17.45
	−53~+45μm	5.32	6.48	6.16	5.79	5.62
	−45~+37μm	7.23	8.49	7.62	7.97	7.60
	−37μm	64.87	61.74	62.82	61.65	61.65
	累 计	100.00	100.00	100.00	100.00	100.00

C 工艺指标

在某一铝土矿厂应用 GF-40 型浮选机组成联合机组，实现对铝土矿的正浮选生产，整个设备运行可靠，矿浆液面平稳。强劲的浮选机搅拌能力，能够在浮选机中上部形成悬浮层，泡沫层稳定，没有翻花和沉槽现象。工艺指标如图 6.28 所示。

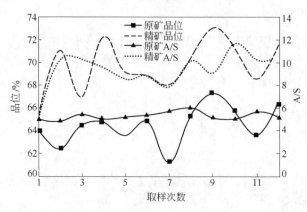

图 6.28　原矿和精矿指标对比分析

从图 6.28 可以看出精矿指标良好，原矿的 A/S 比由 5.31 达到精矿的 9.33，Al_2O_3 精矿平均品位达到 69.70%，平均回收率达到 66.51%，最终的选矿指标完全能够满足选矿厂的设计要求。

6.2.3　BF 型浮选机

BF 型浮选机是北京矿冶研究总院研究的一种高效分选设备，具有平面配置、自吸空气、自吸矿浆、中矿泡沫可自返等特点，不需要配备任何辅助设备。与 A 型浮选机相比，具有单容功耗节省 15%~25%，吸气量可调，矿浆液面稳定，选别效率高，易损件使用周期长，操作维修管理方便等优点，是一种节能高效的分选设备。

6.2.3.1　工作原理和关键结构

BF 型浮选机的结构如图 6.29 所示，主要由主轴、槽体、刮板等组成，整个主轴安装在槽体主梁上。

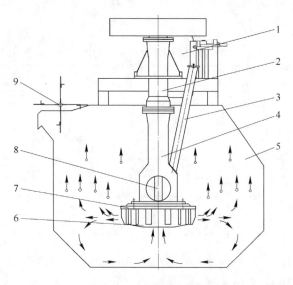

图 6.29　BF 型浮选机的结构

1—电动机装置；2—轴承体；3—吸气管；4—中心筒；5—槽体；6—叶轮；7—盖板；8—主轴；9—刮板

A 工作原理

当电动机驱动主轴带动叶轮旋转时,叶轮腔内的矿浆受离心力的作用向四周甩出,叶轮腔内产生负压,空气通过吸气管吸入。与此同时,叶轮下面的矿浆通过叶轮下锥盘中心孔吸入,在叶轮腔内与空气混合,然后通过盖板与叶轮之间的通道向四周甩出,其中的空气和一部分矿浆在离开盖板通道后,向浮选槽上部运动参与浮选过程。而另一部分矿浆向浮选槽底部运动,受叶轮的抽吸再次进入叶轮腔,形成矿浆的下循环。矿浆下循环的存在有利于粗颗粒矿物的悬浮,能最大限度地减少粗砂在浮选槽下部的沉积。

B 关键结构

浮选机关键部件是叶轮(转子)和盖板(定子)。高效浮选机的优越性,主要来自于叶轮和盖板结构形式的合理化和有关参数的最佳值。对 BF 型浮选机性能的要求主要是:电耗少、吸气量足、矿浆循环合理、不存在粗颗粒矿物沉淀现象、易损件使用周期长和矿浆液面平稳。

a 叶轮

根据离心泵的设计理论,叶轮叶片出口安装角 β 有三种情况,即叶片前倾($\beta>90°$)、叶片径向($\beta=90°$)和叶片后倾($\beta<90°$),如图 6.30 所示。这三种叶轮的压头 H_t 与理论流量 Q_t 的关系曲线和功率 N_t 与理论流量 Q_t 的关系曲线如图 6.31 所示。

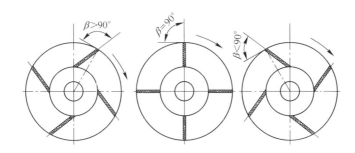

图 6.30 三种叶轮叶片的倾角形式

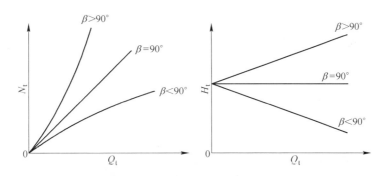

图 6.31 三种叶轮的 N_t-Q_t 和 H_t-Q_t 曲线

由图 6.31 可以看出,对于 $\beta<90°$的后倾式叶轮,当流量大时产生的理论压头低,总理论压头中动压头成分相应较小,速度头较低,这对于稳定矿浆液面有好处。后倾叶片在流量较大时,功耗较低,而浮选机需要大的吸入量不需要高的压头,因此,BF 型浮选机的叶轮采用后倾叶片形式,符合浮选机低压头大流量的要求。

根据离心泵的结构分析，闭式叶轮不存在液体的滑漏现象，效率高，结合浮选机的实际情况，BF 型浮选机的叶轮设计成双锥盘后倾闭式叶轮，图 6.32 所示为最终选定的叶轮形式。

b 盖板

对于自吸式浮选机来说，盖板有三个重要的作用：

（1）同叶轮一起组成一个有机的整体，在叶轮旋转时使叶轮腔内产生真空，吸入足够的空气、给矿、中矿；

（2）在叶轮周围和定子叶片间产生一个强烈的剪力环形区，促进微细气泡的形成；

（3）将叶轮产生的切向旋转的矿浆流转化为径向矿浆流，防止矿浆在浮选槽中打旋，促进稳定的泡沫层的形成，并有助于矿浆在槽内进行再循环。

BF 型浮选机的盖板形式如图 6.33 所示。

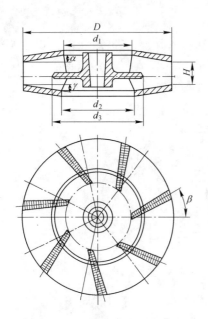 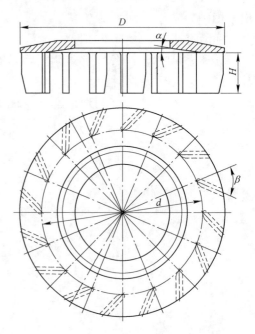

图 6.32　BF 型浮选机叶轮形状

α—上锥盘角度；β—叶片倾角；γ—下锥盘角度；
H—叶片高度；D—叶轮直径；d_1—叶轮上口直径；
d_2—叶轮下口直径；d_3—叶轮分割盘直径

图 6.33　BF 型浮选机的盖板

α—盖板锥盘角度；β—盖板叶片倾角；D—盖板直径；
d—盖板叶片内径；H—盖板叶片高度

c 中心筒

中心筒是 BF 型浮选机能够自吸空气、自吸矿浆的重要部件之一，浮选作业中的给矿和中矿泡沫都通过中心筒上的给矿孔和中矿孔吸入上叶轮腔，给矿孔和中矿孔的直径要能够满足浮选机处理能力的要求。通过几何分析并计算给矿孔面积、中矿孔面积和叶轮上入口面积，综合确定给矿孔和中矿孔直径。

d 吸气管

吸气管是空气进入浮选机叶轮的通道，吸气管的内径不仅影响浮选机的吸气量，还影响浮选机的能耗。确定吸气管内径时需要综合分析各种因素，包括浮选机叶轮所能达到的真空度、浮选工艺所需的气量等。在自吸式浮选机放大过程中，浮选机所能达到的真空度基本保持一致，假定空气在吸气管内的流速相同，根据所需吸气的大小来计算吸气管的内径，考虑到工业生产中要在吸气管上端安装碟阀来控制浮选机的气量，吸气管内径要适当放大。

e 浮选机假底和导流管

假底和导流管配合（图 6.34）能使浮选机产生下部大循环，在较低的转速下浮选机不沉槽；在浮选机容积一定的情况下可以适当增加槽深，进而减小浮选槽的长度和宽度，减小占地面积；增加假底能很好地解决小吸气量和搅拌强度适中的矛盾；假底能减小浮选槽底部的磨损，延长浮选机的使用寿命。

假底的高度 H 必须保证足够量的矿浆能通过假底和槽底之间并通过导流管进行下循环。研究表明混合型导流管能很好地保证粗颗粒矿物的悬浮，而浮选指标和能耗基本没有变化。

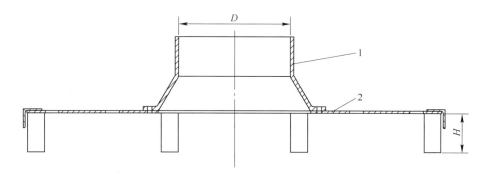

图 6.34 BF 型浮选机假底和导流管简图
1 导流管；2—假底

6.2.3.2 BF-1.2 型浮选机性能

A 动力学性能

BF-1.2 型浮选机的主要技术性能见表 6.11。表 6.11 表明，BF-1.2 浮选机的实耗功率比 5A 型和 SF-1.2 型浮选机的低，且吸气量有所增加。同时还表明，当处理矿浆浓度不高时（30%~32%），如铜、钼矿粗扫选作业直流和精选作业可以考虑采用 4.0kW 电动机。

表 6.11 SF-1.2 型、5A 型和 BF-1.2 型浮选机的主要技术性能

机 型	浮选机尺寸（长×宽×高）/mm × mm × mm	生产能力（按矿浆计）/m³·min⁻¹	有效容积/m³	安装功率/kW	单容实耗功率/kW·m⁻³	吸气量/m³·（m²·min）⁻¹
5A 型	1100×1100×1000	0.6~1.6	1.1	5.5	4.50	0.6~0.8
SF-1.2 型	1100×1100×1100	0.6~1.6	1.2	5.5	4.41	0.9~1.0
BF-1.2 型	1100×1100×1100	0.6~1.6	1.2	5.5（4.0）	3.46	1.0~1.1

B 工艺指标

作为 SF 型浮选机的改进型，在生产实践中对已经成熟并广泛应用的 SF-1.2 型浮选机与改进型的 BF-1.2 型浮选机在某铜矿选矿厂进行了平行对比分析（表 6.12、表 6.13）。

表 6.12　工业生产指标对比

机　型	处理量/t	细度 （−0.074mm）/%	浓度/%	铜品位/%				回收率/%
				原矿	粗精	精矿	尾矿	
SF-1.2 型	2103.672	62.3	31.2	1.12	4.94	18.52	0.098	91.77
BF-1.2 型	2090.168	62.9	31.7	1.12	5.10	18.08	0.069	94.27
差值（BF-SF）	−13.504	+0.6	+0.5	0	+0.16	−0.44	−0.029	+2.50
生产指标 （1 系列+2 系列）	4193.384	60.04	—	1.054	—	18.15	0.082	92.64

表 6.13　浮选机荷载电流比较

机　型	有效容积/m³	安装功率/kW	荷载电流/A
SF-1.2 型	1.2	5.5	10.58
BF-1.2 型	1.2	5.5	8.30
节电		（SF−BF）/SF=21.55%	

　　表 6.12 对比结果表明，BF-1.2 型浮选机与 SF-1.2 型浮选机相比，在给矿品位相同、给矿细度、浓度及精矿品位相近的条件下，铜精矿回收率提高 2.50%，且试验指标与生产指标相符。

　　从表 6.13 对比结果看出，在同等条件下，BF-1.2 型浮选机比 SF-1.2 型浮选机节电 21.55%。对比测试中，1 系列粗选作业 3 号浮选机（BF-1.2 型）安装 4.0kW 电动机，平均荷载电流为 8.0A，而且其中最高的电流值为 8.87A，所以 BF-1.2 型浮选机安装额定电流为 9.4A。

　　对比结果表明，BF-1.2 型浮选机与 SF-1.2 型浮选机在叶轮转速、叶轮直径相同和给矿品位、浓度、细度相近的条件下，BF-1.2 型浮选机能获得优于 SF-1.2 型浮选机的同类指标。这表明 BF-1.2 型浮选机技术性能优越，选别效率高，适应性强，是一种较为理想的节能型自吸式浮选设备。

6.2.3.3　BF-40 型浮选机性能

　　BF-40 型浮选机是 BF 型系列浮选机中最大规格的自吸式机械搅拌式浮选设备。在浮选机结构确定的情况下，影响 BF-40 型自吸机械搅拌式浮选机性能的是叶轮转度和叶轮浸没深度。在动力学性能测试时，对三种叶轮转速（145r/min、151r/min、157r/min）和三种叶轮浸没深度（1115mm、1195mm、1215mm）进行试验，考察指标包括吸气量、浮选机功率（电流）、空气保有量、空气分散度等，结果见表 6.14。

表 6.14　BF-40 型浮选机动力学性能

叶轮转速/r·min⁻¹	145		151			157		
叶轮浸没深度/mm	1115	1215	1115	1195	1215	1115	1195	1215
吸气量/m³·（m²·min）⁻¹	0.97	0.74	1.18	1.06	0.96	1.20	1.09	1.08
电流/A	105	109	114	118	113	118	119	118
空气保有量/%	7.08	6.91	7.97	6.95	7.58	8.19	8.46	8.00
空气分散度	2.11	1.75	2.12	2.03	2.53	1.61	1.72	1.68

注：1. 空气分散度=平均充气量/（最大充气量−最小充气量）；
　　2. 表中所列浮选机电流为三相平均值。

从表 6.14 可以看出，浮选机实际功耗均小于 60kW，达到了设计要求。从吸气量和空气分散度判断，叶轮转速 151r/min 时，吸气量约为 1m³/（m²·min），空气分散度大于 2，结果比较理想。

6.2.3.4 BF-T16 型浮选机性能

A 动力学性能

BF-T 型浮选机是北京矿冶研究总院针对铁精矿反浮选的密度大、易沉槽的工艺特点专门研究改进的一种高效分选设备，针对铁精矿反浮选的特殊工艺条件进行优化设计，整机技术性优异。BF-T 型浮选机继承了 BF 型浮选机的优点，并根据铁精矿反浮选的工艺特点加以改进，该机的叶轮和盖板的结构与 BF 型浮选机有所不同，BF-T 型浮选机的叶轮设计为双锥盘式封闭结构，使叶轮腔内容积增大，分为上叶轮腔和下叶轮腔；盖板设计为锥盘式前倾叶片结构，两者的有机匹配使 BF-T 型浮选机的整机技术性能先进，节能效果明显。且槽内矿浆为下体循环，很好地解决了原浮选机易沉槽、液面不稳、充气量难调等问题。BF-T16 型浮选机的性能参数见表 6.15。

表 6.15 BF-T16 型浮选机的性能参数

机 型	浮选机尺寸（长×宽×高）/mm×mm×mm	生产能力（按矿浆计）/m³·min⁻¹	有效容积/m³	安装功率/kW	单容实耗功率/kW·m⁻³	吸气量/m³·（m²·min）⁻¹	循环量/m³·min⁻¹
BF-T16 型	2850×3800×1700	5~16	16	45	2.08	0.9~1.1	40

B 工艺指标

鞍钢集团东鞍山烧结厂处理鞍山式假象赤铁矿，2003 年东鞍山烧结厂进行工艺和设备改造，采用"两段连续磨矿，中矿再磨，重选—磁选—阴离子反浮选工艺"，反浮选作业中使用 BF-T16 型浮选机，改造后铁精矿品位达到 66% 以上，尾矿品位降低到 19.53% 左右。

太原钢铁（集团）有限公司尖山铁矿的原料是鞍山式沉积变质类型的贫磁铁矿，2003 年尖山铁矿采用"阶段磨矿、弱磁选、阴离子反浮选工艺"进行选矿工艺改造，反浮选作业中使用 BF-T16 型和 BF-T10 型浮选机机组，改造前精矿品位 65.5% 左右，SiO₂ 含量 8% 左右，改造后获得浮选精矿铁品位 68.9% 以上，SiO₂ 含量降至 4% 以下，反浮选作业回收率 98.5% 左右的指标[11,12]。

6.2.4 CGF 型粗重颗粒浮选机

CGF 型机械搅拌式浮选机是由北京矿冶研究总院自行研制成功的一种高效、节能、自吸空气型浮选机，可广泛用于选别贵金属、有色、黑色及非金属粗重颗粒矿物。

6.2.4.1 关键结构和工作原理

CGF 型浮选机主要由槽体、叶轮、盖板、中心筒与吸气管、阻流栅板等组成。槽体由内、外循环通道，阻流栅板和假底组成。多循环通道，使细粒矿物与气泡多次碰撞，实现全粒级回收。中心筒与吸气管是 CGF 型全粒级浮选机能够自吸空气、自吸矿浆的重要部件。阻流栅板有利于粗重颗粒的回收，上升矿流经过阻流栅板处速度加大。

A　工作原理

CGF 型浮选机采用由分隔盘、上叶片和下叶片组成的叶轮，可在吸入空气的同时，保证矿粒充分悬浮及气泡完全分散，使浮选槽内具有较高的浮选概率，同时采用具有折角叶片的定子，定子与叶轮径向间隙较大，定子下部区域周围的矿浆流通面积大，可消除下部零件对矿浆的不必要干扰，降低动力消耗，叶轮中甩出的矿浆-空气混合物可以顺利地进入矿浆中，使空气得到很好分散，如图 6.35 所示。

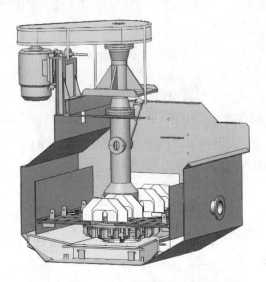

图 6.35　CGF 型机械搅拌式浮选机结构

B　关键结构

a　槽体结构

为了满足全粒级矿物选别要求，在充分研究已有浮选机槽体优缺点的基础上，设计 CGF 型全粒级浮选机槽体（图 6.36）。该槽体由前、后循环通道，槽内区和假底组成。槽内区

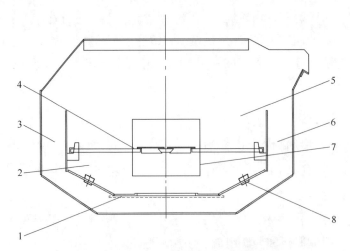

图 6.36　CGF 型粗重颗粒浮选机槽体结构

1—假底；2—槽内下部区；3—后循环通道；4—阻流栅板；5—槽内上部区；
6—前循环通道；7—流通孔；8—短路循环孔

由格子板分成槽内上部区和槽内下部区。前、后循环通道和假底组成前后两个矿浆循环回路，在槽内下部区与前、后循环通道之间分别开有短路循环孔，短路循环孔大小可以调节。后循环通道上方的斜板能起推泡板的作用，促进泡沫向溢流堰移动。槽侧板上开有合适的流通孔。

b　叶轮盖板形式

在大多数机械搅拌式浮选机中，黏附矿粒的气泡只占总数的 30%~55%，这是由槽内矿浆的高度湍流造成的，这些都直接导致浮选机的单位容积生产能力下降并使得大颗粒矿物浮选困难，因此，CGF 型全粒级浮选机要求既可吸入空气又可循环矿浆，采用由分隔盘、上叶片和下叶片组成的叶轮（图 6.37），它可保证在吸入空气的同时，保证矿粒充分悬浮及气泡完全分散，使浮选槽内具有较高的浮选概率，满足全粒级浮选的工艺要求。

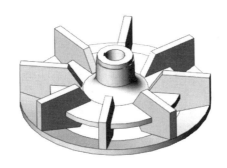

图 6.37　CGF 型粗重颗粒浮选机叶轮

CGF 型粗重颗粒浮选机采用具有折角叶片的盖板，盖板与叶轮径向间隙较大，定子下部区域周围的矿浆流通面积大，以消除下部零件对矿浆的不必要干扰，降低动力消耗，增强槽下部循环区的循环和固体颗粒的悬浮。叶轮中甩出的矿浆-空气混合物可以顺利地进入矿浆中，使空气得到很好分散。CGF 型全粒级浮选机叶轮盖板如图 6.38 所示。

图 6.38　CGF 型全粒级浮选机叶轮盖板

c　中心筒与吸气管

中心筒是 CGF 型全粒级浮选机能够自吸空气、自吸矿浆的重要部件之一，浮选作业中的给矿和中矿泡沫都通过中心筒上的给矿孔和中矿孔吸入上叶轮腔，给矿孔和中矿孔的直径要能够满足浮选机处理能力的要求，如图 6.39 所示。

吸气管是空气进入浮选机叶轮的通道，吸气管的内径不仅影响浮选机的吸气量，还影响浮选机的能耗。

确定吸气管内径时需要综合分析各种因素，包括浮选机叶轮所能达到的真空度、浮选工艺所需的气量等。在 CGF 型全粒级浮选机系列化过程中，浮选机所能达到的真空度基本保持一致，假定空气在吸气管内的流速相同，根据所需吸气的大小来计算吸气管的内径，考虑到工业生产中要在吸气管上端安装碟阀来控制浮选机的气量，吸气管内径要适当放大。CGF 型全粒级浮选机吸气管如图 6.40 所示。

图 6.39　CGF 型粗重粒级浮选机中心筒

图 6.40　吸气管

d　阻流栅板

CGF 型全粒级浮选机中采用了阻流栅板，与 CLF 浮选机所采用阻流栅板相同，类似装置在前苏联研制的沸腾层浮选机中已采用。CGF 型全粒级浮选机的阻流栅板用间隔均匀、水平排列的角钢制成，阻流栅板为可卸式，以方便叶轮、盖板、给矿管、中矿管等零部件的维护和更换。

目前 CGF 型浮选机有容积为 1~40m³ 多种规格，其技术参数见表 6.16。

表 6.16　CGF 型浮选机技术参数

机型	有效容积/m³	安装功率/kW	吸气量/m³·(m²·min)⁻¹	机型	有效容积/m³	安装功率/kW	吸气量/m³·(m²·min)⁻¹
CGF-1 型	1	5.5	1.0	CGF-8 型	8	30	1.0
CGF-2 型	2	7.5	1.0	CGF-10 型	10	37	1.0
CGF-3 型	3	15	1.0	CGF-16 型	16	55	1.0
CGF-4 型	4	22	1.0	CGF-24 型	24	90	1.0

6.2.4.2　CGF 型浮选机性能

A　动力学性能

为了考察 CGF-2 型全粒级浮选机的性能，在清水条件下对浮选机的动力学参数进行了测量，主要包括吸气量、空气分散度、功率、空气保有量、气泡直径等。测量结果见表 6.17。

表 6.17 CGF-2 型全粒级浮选机动力学参数测量结果

序号	吸气量 /m³·(m²·min)⁻¹	空气分散度	电动机功率 /kW	空气保有量 /%	气泡表面积通量 /s⁻¹
1	0.32	2.36	6.5	10.75	19.43
2	0.67	2.06	6.15	16.12	23.73
3	0.83	2.47	5.81	18.31	27.21
4	0.88	2.08	6.42	19.12	23.51
5	0.89	2.46	5.86	19.12	22.13
6	1.00	2.96	6.14	19.21	24.33

吸气量与空气分散度的关系如图 6.41 所示。吸气量与主轴功率的关系如图 6.42 所示。吸气量与空气保有量的关系如图 6.43 所示。吸气量与气泡直径的关系如图 6.44 所示。

从表 6.17、图 6.41~图 6.44 可以看出，CGF-2 型全粒级浮选机的气量能够在 0.3~1.0 m³/（m²·min）之间调节，范围较宽，能够满足不同浮选工艺对气量的要求；空气分散度均大于 2，空气弥散较好；电动机实耗功率为额定功率的 85%左右，利用率较好；空气保有量最低为 10.75%，能够满足浮选工艺对空气保有量的要求；气泡表面积通量约为 23.20/s⁻¹。所有测量数据表明，CGF-2 型全粒级浮选机浮选动力学参数达到了设计要求。

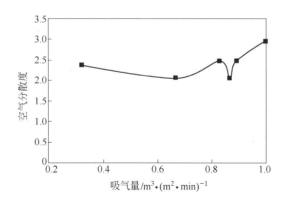

图 6.41 吸气量与空气分散度的关系

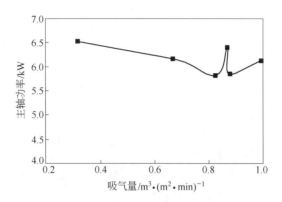

图 6.42 吸气量与主轴功率的关系

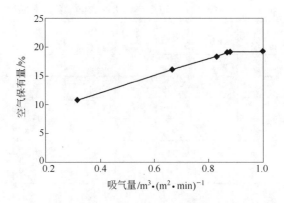

图 6.43　吸气量与空气保有量的关系

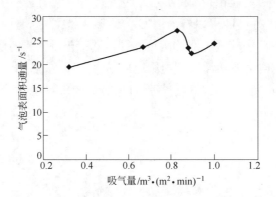

图 6.44　吸气量与气泡表面积通量的关系

B　矿浆悬浮能力

为考查矿浆悬浮能力，测定了浮选机内不同深度的矿浆浓度及粒度分布情况。由于 CGF-2 型全粒级浮选机阻流栅板距溢流堰为 0.42m，故在格子板下取一点，格子板上附近取一点，以测量是否在格子板上形成粗颗粒悬浮层。因此在浮选机距槽底 0.35m、0.50m、0.65m、0.80m、0.95m 处 5 个高度采样，并进行粒级分析和品位分析。

CGF-2 型全粒级浮选机深槽取样分析结果见表 6.18。+0.212mm 颗粒含量随距槽底高度的变化曲线如图 6.45 所示，矿浆浓度随距槽底高度的变化曲线如图 6.46 所示。

表 6.18　CGF-2 型浮选机矿浆悬浮能力试验结果　　　　　　　　（%）

距槽底高度	矿浆浓度	粒 级									
		+0.5mm		−0.5~+0.212mm		−0.212~+0.1mm		−0.1~+0.075mm		−0.075mm	
		质量分数	金属分布率	质量分数	金属分布率	质量分数	金属分布率	质量分数	金属分布率	质量分数	金属分布率
0.95m	21.88	3.07	10.42	25.61	50.25	59.43	35.34	9.22	2.98	2.66	1.00
0.80m	31.93	14.14	26.85	35.35	46.22	32.32	20.45	3.03	1.19	15.15	5.30
0.65m	31.88	14.08	27.94	36.22	46.95	37.22	20.40	4.02	1.54	8.45	3.16
0.50m	31.70	15.15	27.89	36.36	45.56	41.41	23.26	2.02	0.98	5.05	2.31
0.35m	30.65	14.31	28.79	34.27	44.09	42.33	22.84	5.56	2.31	3.53	1.97

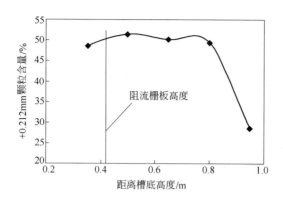

图 6.45 +0.212mm 颗粒含量随距槽底高度的变化

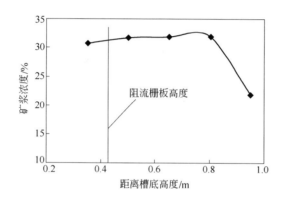

图 6.46 矿浆浓度随距槽底高度的变化

从图 6.45 可以看出，+0.212mm 颗粒在阻流栅板上方含量有一个突然升高，在阻流栅板下方的含量为 48.58%，在阻流栅板上方的含量增加到 51.51%，再往上的含量下降到 50.30%，这一特征表明在 CGF-2 型全粒级浮选机阻流栅板上部形成了粗颗粒悬浮层，有利于粗颗粒矿物的浮选。

从图 6.46 可以看出，浮选机内矿浆浓度在阻流栅板上方有一个小幅升高的过程，对于一般浮选机来说，从槽底往上，矿浆浓度是逐步小幅降低的，这进一步说明了 CGF-2 型全粒级浮选机阻流栅板上部粗颗粒悬浮层的存在。

从图 6.45 和图 6.46 可以得出，CGF-2 型全粒级浮选机槽内无沉砂现象，粗颗粒大部分集中在阻流栅板以上的槽子中部，而叶轮搅拌区矿浆浓度低、粒度细。由此可见，CGF-2 型全粒级浮选机采用阻流栅板，配合矿浆大循环，使阻流栅板上方形成了悬浮层，能够同时满足粗颗粒和细颗粒的选别，达到了设计预期要求。

C 工艺指标

为了考察 CGF-2 型全粒级浮选机的浮选指标，对 4 个月的浮选作业生产指标进行统计，见表 6.19。

表 6.19   生产指标统计   (%)

月　份	原矿品位	精矿品位	尾矿品位	回收率
1（调试）	1.43	3.85	0.97	42.70
2（调试）	1.39	3.81	0.91	45.60
3（调试）	1.41	3.94	0.94	44.40
4（工业试验）	1.37	3.78	0.71	59.00

从表 6.19 中可以看出，浮选机参数和药剂制度经过优化调整，进入正式工业生产后，在浮选原矿品位为 1.37%的情况下，精矿品位为 3.78%，尾矿品位为 0.71%，浮选作业回收率达到 59%。

D　原精尾粒度分析

为了更好地考察 CGF-2 型全粒级浮选机对锂云母的选别情况，对整个流程的原矿、精矿和尾矿进行取样分析，考察了各个产品的粒度分布及金属量分布，结果见表 6.20。

表 6.20   原精尾粒度及锂品位分析

粒级/mm	原　矿				精　矿				尾　矿				回收率/%
	品位/%	质量分数/%	金属含量/g	金属分布率/%	品位/%	质量分数/%	金属含量/g	金属分布率/%	品位/%	质量分数/%	金属含量/g	金属分布率/%	
+0.5	2.1	15.66	1.64	25.72	4.47	12.53	2.77	13.16	1.98	16.36	1.60	50.10	10.26
−0.5~+0.212	1.65	34.14	2.81	44.04	4.94	48.08	11.76	55.83	0.66	33.33	1.09	34.02	69.25
−0.212~+0.1	0.96	26.10	1.25	19.59	4.56	22.22	5.02	23.82	0.24	31.31	0.37	11.62	79.17
−0.1~+0.075	0.65	7.03	0.23	3.57	2.58	6.46	0.83	3.92	0.12	7.07	0.04	1.31	85.52
−0.075	0.53	17.07	0.45	7.07	1.3	10.71	0.69	3.27	0.16	11.92	0.09	2.95	79.61
累计	1.39	100.00	6.92	100.00	4.34	100.00	21.48	100.00	0.48	100.00	2.38	100.00	73.61

从表 6.20 中可以看出，精矿和尾矿中的锂与原矿中的一样，均主要分布在+0.5mm、−0.5~+0.212mm 和−0.212~+0.1mm 这三个粒级，从各个粒级的回收率可以看出，在−0.5~+0.212mm、−0.212~+0.1mm 和−0.1~+0.075mm 三个粒级的回收率均较高，其中−0.1~+0.075mm 的回收率最高，达到 85.52%，总体回收率达 73.61%，高于预期指标所得的 69.2%，这充分说明 CGF-2 型全粒级浮选机在保证常规粒级浮选指标的同时，提高了粗粒级矿物的选别指标。

6.2.5   ZLF 轴流式浮选机技术

轴流式浮选机是一种低功耗，中、粗粒级目的矿物回收率高的新型浮选设备。

6.2.5.1   工作原理及关键结构

轴流式浮选机主要由槽体、叶轮机构、定子和循环筒组成。叶轮机构包括叶轮、空心主轴和轴承体等组成，浮选机结构示意图如图 6.47 所示。

A　工作原理

当浮选机叶轮旋转时，在叶轮的翼片背面形成负压，随着叶轮转速的增加，负压值将不断增加，当增加到一定值时，空气通过空心主轴和轮毂上的小孔进入叶轮叶片间，而同时矿浆通过循环筒进入叶轮的叶片间，矿浆与空气在叶轮叶片间充分混合，然后沿叶轮排出，排出的矿浆空气混合物经过定子的稳流进入槽体的循环筒外侧通道。由于内部有大量的气泡，到达外侧的矿浆空气混合物（即矿化气泡）向上升浮。在上升过程中，一部分矿粒从气泡上脱落，和矿浆一起返回到循环筒进行再循环。其他的矿化气泡继续上升，在液面上形成泡沫层。然后泡沫通过自溢方式排除浮选槽体进入下一道工序，而尾矿通过排矿口排出。

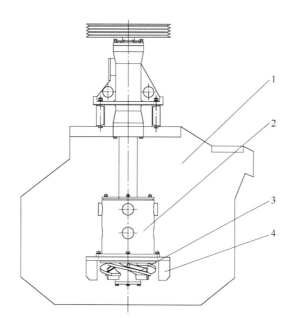

图 6.47　轴流式浮选机结构

1—槽体；2—中心筒；3—叶轮；4—定子

B　关键结构

a　叶轮

叶轮采用螺旋桨形式，具有四个螺旋直叶片，在螺旋叶片的上、下面各具有一个翼片，其结构如图 6.48 所示。当叶轮旋转时，螺旋叶片完成矿浆循环，而流经叶片的水流则会在

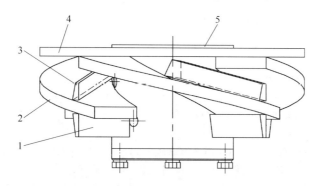

图 6.48　叶轮结构

1—下翼片；2—螺旋叶片；3—上翼片；4—导流环；5—轮毂

上下翼片后部形成负压，从而完成吸气过程。矿浆和气泡在螺旋叶片间完成混合、碰撞及黏附过程。叶轮的影响因素包括叶轮直径、叶片螺旋升角、上翼片高度、下翼片高度、端部翼片宽度和导流环等叶轮的结构形式及参数。

　　b　定子

　　定子采用折角叶片。该形式叶片可将轴流式叶轮上下翼片所形成的部分切向流转换为径向流，从而避免槽内矿浆旋转，其结构如图 6.49 所示。

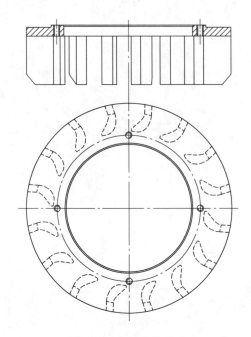

图 6.49　定子结构形式

6.2.5.2　轴流式浮选机的选别效果

　　利用该技术设计的 3m³ 浮选机与 GF-3 型自吸气机械搅拌式浮选机进行了对比。在清水条件下，同样的充气量功率消耗降低了 30%。

　　在四川凉山矿业股份有限公司拉拉铜矿选矿厂 4500t/d 系统铜钼分离粗选作业进行了带矿试验，以钼为工艺评价指标，在原矿品位降低 26.8% 的情况，回收率仅降低了 0.5 个百分点。在不降低选别性能的前提下，显著降低了浮选机能耗，节能幅度为 20%~30%。

参 考 文 献

[1] 孙元时. 国外选矿设备手册[M]. 南京：冶金部马鞍山矿山研究院技术情报研究室，1990.

[2] FAHRENWALD A W. Flotation apparatus, US Patent 1417895[P]. 1922-05-30.

[3] FAHRENWALD A W. Flotation practice in the Coeur d'Alene district, Idaho, AIME Transactions, 1928：107~132.

[4] FAHRENWALD A W. Machine for flotation of ores, US Patent 1984366[P]. 1934-12-18.

[5] 维别尔 A. 大容积浮选设备的按比例放大和设计[J]. 国外金属矿选矿，2002（4）：24~27.

[6] 尼尔森 M G. 127.5m³ Wemco SmartCell™ 大型浮选机的能耗测定[J]. 国外金属矿选矿，1998，（10）：22~25.

[7] NELSON M G, LELINSKI D. Hydrodynamic Design of Self-Aerating Flotation Machines [J]. Minerals

Engineering, 2000, （10-11）: 991~998.

[8] LELINSKI, ALLEN J, REDDEN L, et al. Analysis of the residence time distribution in large flotation machines[J]. Minerals Engineering, 2000, （15）: 499~505.

[9] 张广平.XJX-T12 型浮选机在淮北选煤厂的应用[J]. 选煤技术，1997（5）：45~46.

[10] 张景，张孝钧.XJM-S16 型浮选机的机械结构设计[J]. 煤炭加工与综合利用，1999（4）：12~14.

[11] 董干国.BF-T 型浮选机在铁精矿提铁降杂工艺中的应用[J]. 矿冶，2005（12）：20~22.

[12] 毛益平，黄礼富，赵福刚.我国铁矿山选矿技术成就与发展展望[J].金属矿山，2005（2）：1~5.

7 充气机械搅拌式浮选机

充气机械搅拌式浮选机是一种气体由外力作用给入，叶轮仅起搅拌、混合作用，无需抽吸空气的浮选机。其主要优点是：充气量可按需要进行精确调节，无需通过叶轮产生真空吸入气体，转速要求较低，能耗较少。充气机械搅拌式浮选机是目前应用最广的浮选机，广泛适用于铜、铅、锌、镍、钼、硫、铁、金、铝土矿、磷灰石、钾盐等有色、黑色和非金属矿石的选别，是要求精确控制充气量的铝土矿、磷矿等矿物的首选设备。

充气机械搅拌式浮选机分为直流槽和吸浆槽两种。直流槽浮选机不能抽吸矿浆，具有磨损小、电耗低的特点；吸浆槽浮选机具有抽吸矿浆的能力，与直流槽浮选机配套使用可以实现水平配置，中矿无需泡沫泵返回，简化了选矿厂流程。

7.1 充气机械搅拌式浮选机的发展

全球有很多企业、高校及研究院对充气机械搅拌式浮选机进行了研究，浮选机种类多种多样，其中国内典型的自吸气机械搅拌式浮选机有 KYF 型浮选机、XCF 型浮选机、CLF 型浮选机和 YX 型浮选机等，其工作原理、关键结构、设备性能等将在 7.2 节详细介绍。本节对其他一些有代表性的充气机械搅拌式浮选机进行简单描述。

7.1.1 早期自吸气机械搅拌式浮选机

7.1.1.1 Callow 浮选机

Callow 浮选机是由 John Callow 发明的一种充气式浮选机。1914 年，第一台 Callow 浮选机成功地在 Morning 矿山运转，1915 年获得专利，其原型如图 7.1 所示[1,2]。该槽体底部有一个多孔分配器，通过该装置产生压力空气。多孔分配器的材质不受限制，可以是多孔的砖，甚至可

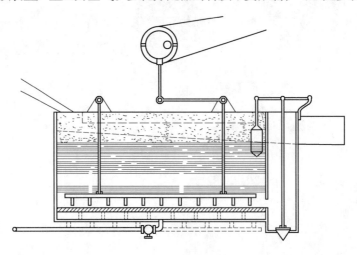

图 7.1　Callow 浮选机

以是椰壳纤维席纹布。给矿速度必须足够使固体颗粒在槽体中保持悬浮状态。该机的缺点在于底部多孔分配器容易堵塞，导致 Callow 浮选机的操作和维护十分复杂。

7.1.1.2 Agitair 浮选机

Agitair 浮选机是 Lionel Booth 发明的一种充气机械搅拌式浮选机。最初版 Agitair 浮选机的结构如图 7.2 所示，该机从槽体底部进气，进气管容易堵塞，操作不便[3]。20 世纪 40 年代初，在叶轮机构上添加一根空心轴，改成从浮选机上部进气。与当时其他类型浮选机相比，每个槽体单独进气，单独出泡，槽与槽间相互影响小，能够适应各种不同的矿石、石灰含量大的矿物颗粒或者黏性矿浆，回收率更高而电耗更少。

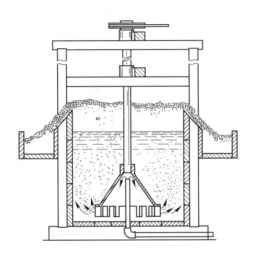

图 7.2　Agitair 浮选机

7.1.2 Denver DR 浮选机

Denver DR 浮选机是 20 世纪 60 年代早期 Denver 公司为了提高槽内循环量和气泡矿化率而设计的一种充气机械搅拌式浮选机，其结构如图 7.3 所示。DR 浮选机的特点在于：

（1）矿浆并不是直接流向叶轮区，而是设计了一根从叶轮一直延伸到槽体顶部的矿浆循环管，将矿浆给入该循环管，使矿浆与空气在循环管中混合后再进入叶轮区；

（2）矿浆在垂直方向循环，气泡和矿浆在垂直方向混合，提高了气泡的矿化概率，有效防止沉槽发生，在低功率电动机驱动、低叶轮转速的情况下依然能够保持矿物颗粒高度悬浮、气泡有效矿化[4,5]。

第一台 DR 浮选机在 1964 年安装应用于 Endako 煤矿集团在哥伦比亚和加拿大的选矿厂。此后，Denver 公司十分谨慎地将其原有浮选槽扩大来设计大型浮选机。该公司担心主轴机构是否具有足够的动能与扩大规模后的槽体相配合。Denver 公司最初设计大型浮选机的方法是将两个较小的槽体连接在一起后去除中间的间隔物。该公司第一版大型浮选机命名为 Denver DR 600（17 m³），它由两个 Denver DR 300 的槽体背对背拼接而成，因此一个槽体中有两个主轴机构。1967 年 DR 600s 在 Columbia 的 Endako 矿区一个新的钼矿安装使用。1972 年在 Bougainville 岛上安装 108 台 Denver DR 600 浮选机作为粗颗粒精选设备，该浮选生产线处理量达到 90kt/d。

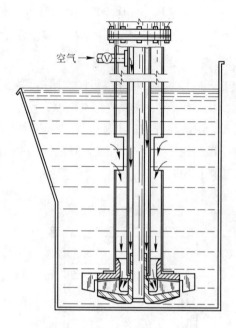

图 7.3　Denver DR 浮选机

7.1.3　CHF-X 型浮选机

　　CHF-X 型浮选机是我国在 Denver DR 浮选机和 A 型浮选机的基础上研制的一种充气机械搅拌式浮选机，其结构如图 7.4 所示。其叶轮盖板结构形式与 Denver DR 浮选机近似，矿浆在垂直方向上循环。与 A 型浮选机相比不同之处是，盖板上方进气筒周围有一个倒锥形的矿浆循环筒，进气筒下部有一个钟形口，该口是低压空气入口。该机具有矿浆通过能力大、充气量可调范围大、叶轮周速低、叶轮与盖板易于安装和调整等优点，适合于要求充气量大、矿石性质复杂的粗重难选矿石的浮选。该机型浮选机在寿王坟铜矿、金堆城铝业公司、大姚铜矿等 10 多个大中型选矿厂使用，均获得了优于 A 型机的效果。

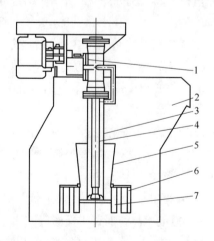

图 7.4　LCH-X 型浮选机结构示意图

1—主风管；2—槽体；3—中心筒；4—主轴；5—循环筒；6—定子；7—叶轮

7.1.4 LCH-X 型浮选机

LCH-X 型浮选机是一种双向循环矿浆和双向充气的充气机械搅拌式浮选机。其叶轮结构独特之处是除了具有 Denver DR 浮选机和 CHF-X 型浮选机的矿浆在垂直方向上循环的特点外，又改善了叶轮下部表面空气和矿浆分布不均的弊病。与 Denver DR 浮选机和 CHF-X 型浮选机相比，LCH-X 型浮选机混合区大，矿浆循环量大，气泡在整个混合区分散得较均匀，因此该型机具有充气量大、充气量可调范围大、气泡分散均匀、液面平稳、矿浆循环量大、叶轮周速低、功耗低等优点，更有利于粗重矿物的选别。LCH-X 5m³ 型浮选机于 1984 年在金岭铁矿完成了工业试验，试验指标见表 7.1。

表 7.1 金岭铁矿工业试验指标 （%）

机 型	原矿品位			尾矿品位			精矿品位			回收率		
	Cu	Co	S	Cu	Co	S	Cu	Co	S	Cu	Co	S
LCH-X 型	0.129	0.019	1.022	0.016	0.0096	0.129	3.808	0.316	27.276	88.16	50.92	87.77
6A 型	0.123	0.018	0.911	0.020	0.0100	0.132	3.603	0.307	26.467	84.65	45.97	85.92
LCH-X -6A 型	0.006	0.001	0.111	−0.004	−0.0004	−0.003	0.305	0.009	0.809	3.51	4.95	1.85

试验结果表明，在流程结构、原矿品位相同，磨矿细度比 6A 型浮选机粗 5.07%，Cu、Co、S 的精矿品位比 6A 型浮选机分别提高 0.305 个百分点、0.009 个百分点和 0.809 个百分点的情况下，LCH-X 5m³ 的 Cu、Co、S 的回收率比 6A 型浮选机分别提高 3.51、4.95、1.85 个百分点。此外，2 号油用量减少 28.73%，功耗减低 15.83%，占地面积节省 30.7%，设备质量轻 30.5%，叶轮周速降低 2.8m/s，叶轮和定子的寿命可提高 2 倍以上。

7.1.5 HCC 型浮选机

中南工业大学（现中南大学）研制的 HCC 型浮选机由环射式浮选机改进而成[6]。其叶轮为单层半封闭结构，装有 9~12 个螺旋形叶片。该机叶轮采用螺旋叶片单层半封闭结构，叶轮下部设有锥形导流台，槽体四周下部设有稳流板。工作时叶轮上部和下部分别形成两个负压区，上部负压区吸入矿浆和部分空气进行循环，下部甩出矿浆时形成另一负压区吸入空气。由于没有定子，槽底可保持较高的紊流状态，有利于物料悬浮、气泡破碎和矿粒向气泡附着等微观浮选过程。分离区液面平稳，可减少附着在气泡上的粗颗粒的脱落，有利于粗粒浮选。该设备具有较高的搅拌强度，不但可防止粗重颗粒下沉，还有助于气泡进入槽底，使得几乎浮选机内的所有区域内都布满气泡，从而提高了浮选机的容积利用率，提高了浮选效率，降低了能耗。该设备具有充气量大、空气弥散好、搅拌力强、浮选速度快、矿浆液面稳定、适用于选别粗重矿物和具有能耗药耗低等优点。HCC-4 型浮选机同 6A 型浮选机相比，药剂用量减少 30%，在两者精矿品位大致相等的情况下，硫、铅和锌的回收率分别提高 6.12%、8.78% 和 4.54%。

7.1.6 Ekoflot-V 型浮选机

德国矿石煤浮选股份公司（Erzund Kohle flotation GmbH）研制的 Ekoflot-V 型浮选机，整机以垂直配置设计代替了原来机型的切向给矿结构，如图 7.5 所示。采用一个独立的中心装置产生气泡，充气矿浆流经槽底部附近的分配箱，以垂直向上的方向把矿浆送入浮选槽，确保了疏水性的粗颗粒被捕集到槽上部的泡沫层中，随着新气泡不断进入泡沫区域，粗颗粒更易被回收。精矿质量通过位于泡沫层上的冲水系统来控制。该设备主要用于浮选速率快、粒度粗的煤炭行业，也可用于金属矿浮选和铁矿反浮选[7~10]。

7.1.7　ФЛ型浮选机

ФЛ型浮选机是俄罗斯有色金属科学研究院研制的充气机械搅拌式浮选机，也称为梯流式浮选机，结构如图 7.6 所示，该机的特点在于矿浆与空气直接接触。矿浆经矿浆输送通道进入浮选机，通过喷射器之后由于矿浆膨胀形成负压，在负压作用下吸入空气，从而使矿浆输送管道中充满空气泡，由于矿浆发生强烈搅拌，颗粒快速被气泡俘获，因而矿浆只要在浮选机中短暂停留，就能保证获得很高的回收率[11,12]。

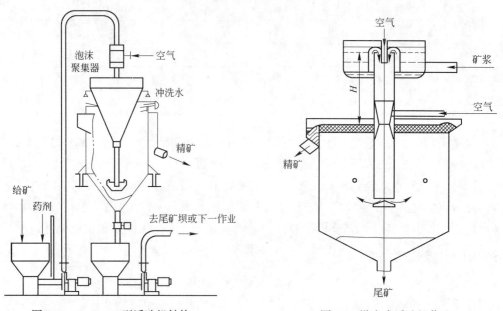

图 7.5　Ekoflot-V 型浮选机结构　　　　　　图 7.6　梯流式浮选机作业

7.1.8　TankCell 型浮选机

TankCell 型浮选机是 Outotec 公司的代表性产品，是模拟浮选柱并在其中加入了机械装置的一种充气机械搅拌式浮选机，具有浮选柱和机械搅拌式浮选机的特点，既可以使粗粒充分悬浮，又可以获得较高品位的精矿。该机结构如图 7.7 所示，槽体为圆筒形，空气经空心轴进入叶轮腔，矿浆由槽体下部侧面矿浆流通孔进入槽体，泡沫从槽体上方的溢流堰流出。相当一部分矿浆从叶轮的上面垂直向下流动，叶轮的排出口存在一个高压区，在进口处相应地存在一个低压区，矿浆流从高压区域流向低压区域，作业间采用阶梯配置。

TankCell 型浮选机的主要特点是：（1）多次混合和自由流动机制提供了最有效的矿浆混合和空气分散，将多次混合和自由流动机制结合到一排浮选机中，使矿物回收的机会实现最大化；（2）通过使用已获专利权的泡沫富集方法减少了泡沫表面积，创建了假设的或"虚拟的"高度和直径；（3）通过改变表面积与槽的容积之比，可以允许任何一个给定的槽中存在无穷多个"虚柱"[13,14]。

图 7.7　TankCell 型浮选机

TankCell 型浮选机于 1983 年首次在皮哈萨尔米选矿厂安装使用，规格为 OK-60-TC。1995 年，第一台 100 m³ 浮选机在智利 Escondida 矿的 Los Colorados 选矿厂安装使用。1997 年 160 m³ 浮选机首次应用于智利 Chuquicamada 矿。2002 年，第一台 TankCell-200 型浮选机在澳大利亚的 Century 矿山安装使用。2007 年，研发了当时世界上最大的浮选机，容积为 300m³，在新西兰的 Macraes 金矿安装使用。TankCell 浮选机是 Outokumpu 公司研发的最成功的、应用范围最广的浮选机，目前广泛运用于世界各地选矿厂的粗选、扫选和精选作业[15,16]。

7.1.9　Dorr-Oliver 浮选机

Dorr-Oliver 浮选机是充气式机械搅拌浮选机，如图 7.8 所示，该机叶轮的叶片特性总体类似于 Outokumpu 浮选机的叶片设计，因此其矿浆循环形式与 Outokumpu 浮选机基本相同。其叶轮被短的定子叶片包围，定子叶片从圆环顶径向地悬挂着，从空心轴释放出的空气直接进入转子叶片间的泵送导沟，矿浆从下面进入，而混合物直接从转子上部喷出[17,18]。

7.1.10　Reactor Cell System 浮选机

芬兰 Metso 矿物公司（2001 年由瑞典的 Svedala 公司与芬兰 Nordberyg 公司合并组建的）生产的 RCS（reactor cell system）型压气机械搅拌式大容积浮选机，已在世界上得到广泛应用。RCS 型浮选机是在深叶片充气系统的基础上开发研制的，这种浮选机已从 1997 年开始投放市场[19]。

RCS 型浮选机采用圆筒形槽体，目前该浮选机的容积有 5~200m³ 的各种规格，其大容积浮选机如图 7.9 所示。深锥叶片机械搅拌机构（deep vane）的叶轮由一组独特的下边缘逐渐收缩的垂直叶片和空气扩散隔板组成。搅拌机构使矿浆产生强大的流向槽壁的径向流，并产生流向叶轮下面的强大的回流，能够避免矿粒在槽底沉积。另外，这一独特的搅拌特性，能够产生较大的流向叶轮上部的再循环矿浆流。垂直分散型挡板可促进矿浆的径向流动，消除了矿浆在槽中旋转[20]。

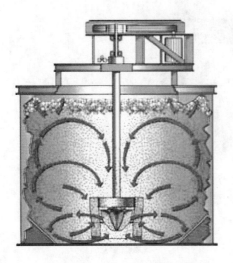 

图 7.8　Dorr-Oliver 浮选机　　　　　　图 7.9　RCS 型压气机械搅拌式大容积浮选机

RSC 型浮选机融合了 DV 搅拌机构的特点和圆形槽的优点，为粗选、扫选和精选作业的浮选性能最佳化提供了较理想的作用条件。每个槽带有两个相交叉的泡沫槽缩短了泡沫运输距离，便于有效排出泡沫。

7.1.11　浅槽充气粗粒浮选机

浅槽充气式粗粒浮选机由美国研制，此种设备选别钙土、钾盐及煤，粒度上限分别为 2mm、4.7mm 及 10~15mm，其结构如图 7.10 所示。充气器由平均尺寸仅 5μm 的微孔制成，

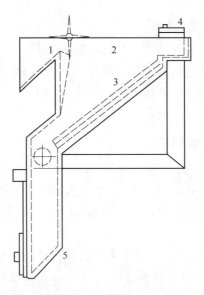

图 7.10　浅槽充气式粗粒浮选机结构
1—精矿溢流堰；2—槽体；3—充气器；4—给料器；5—尾矿箱

充气器在槽底倾斜安装并分隔成三区，以使气泡均匀分布，气泡直径为 0.2~0.4mm，充气压力为 0.35kPa，充气量为 3.3m³/（m²·min）左右，物料直接给在泡沫层上，给料器与充气器之间垂直距离约 50mm。未见该设备在金属矿山的使用报道，而且一般只能单槽使用。

7.1.12 Bateman 浮选机

作为粗颗粒浮选的 Bateman 浮选机的结构简单，该浮选机由巴特曼设备有限公司（Bateman Equipment Ltd.）制造，主要用于粗选、扫选、精选和闪速浮选。该设备规格繁多，从实验室型到 100m³ 的工业型浮选机，已在全世界范围内安装了 5000 多台。Bateman 浮选机结构设计独到之处是向下的压力空气和向上泵送的矿浆相互作用后，空气泡沫沿叶轮径向扩散。在运行过程中，叶轮存在低压区，而矿浆位于叶轮区上部，在叶轮后面形成空气涡流。该设计使 Bateman 浮选机在较慢的叶轮转速下，就能使固体颗粒充分悬浮。该设备不仅适用于粗粒浮选，对细粒矿物的回收同样具有良好的适应性。

7.2 典型充气机械搅拌式浮选机

充气机械搅拌式浮选机种类多种多样，国内典型的自吸气机械搅拌式浮选机有 KYF 型浮选机、XCF 型浮选机、CLF 型浮选机和 YX 型浮选机等，本节从工作原理、关键结构、设备性能等几个方面做一介绍说明。

7.2.1 KYF 型浮选机

KYF 型直流槽浮选机是我国目前应用最广泛的充气机械搅拌式浮选机之一。该机是在充分分析研究大量浮选机的基础上，经过大量的小型实验室试验和工业实践由北京矿冶研究总院研制成功的。KYF 型浮选机适用于选别铜、铅、锌、镍、钼、硫、铁、金、铝土矿、磷灰石、钾盐等矿物；可以单独使用，但各作业之间需阶梯配置，也可以与 XCF 配置成联合机组，即用 XCF 作吸入槽，KYF 作直流槽，实现水平配置。目前后者使用更普遍，已在世界范围内推广使用数千台。

7.2.1.1 工作原理和关键结构

KYF 型浮选机结构图如图 7.11 所示，主要由叶轮、定子、空心主轴、轴承体、空气调节阀和槽体等组成。

A 工作原理

当叶轮旋转时，槽内矿浆从四周经槽底由叶轮下端吸入叶轮叶片间，与此同时，由鼓风机给入的低压空气，经风道、空气调节阀、空心主轴进入叶轮腔的空气分配器中，通过分配器周边的孔进入叶轮叶片间，矿浆与空气在叶轮叶片间进行充分混合后，由叶轮上半部周边排出，排出的矿流方向向斜上方，由安装在叶轮四周斜上方的定子稳定和定向后，进入到整个槽子中。矿化气泡上升到槽子表面形成泡沫，

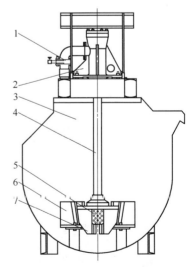

图 7.11 KYF 型浮选机
1—空气调节阀；2—轴承体；3—槽体；4—空心主轴；
5—空气分配器；6—定子；7—叶轮

通过刮板或自流到泡沫槽中，矿浆再返回叶轮区进行再循环。

B　关键结构

a　叶轮

叶轮形式　根据离心泵的设计理论，叶轮叶片出口安装角 β 有三种情况，即叶片前倾、叶片径向和叶片后倾。对后向叶片而言，当流量大时产生的理论压头低，总理论压头中动压头成分相应较小，速度头较低，这对于稳定矿浆液面有好处，符合浮选机流体动力学的要求。另外后向叶片流量较大时，功耗较低，因此，采用后向叶片形式完全符合浮选机流体动力学的要求。

在叶片的方向确定后，还有一个确定叶轮形状的问题。比转数是确定叶轮形状的主要依据，对于高比转数泵而言，具有流量大、压头小的特点；反之，则流量小，压头大。浮选机叶轮的情况与高比转数泵相似，由于高比转数泵叶轮进口直径和出口宽度相对较大，出口直径和进口宽度相对较小，因此在设计浮选机叶轮时采用类似于高比转数泵叶轮的形状是一个正确的方向。

叶轮的另一个重要作用是分散空气，为此在叶轮腔中设有空气分配器，空气分配器能预先将空气较均匀地分布在转子叶片的大部分区域内，提供大量的矿浆-空气界面，从而大大改善叶轮弥散空气的能力，提高空气分散度。

因此，充气机械搅拌式浮选机的叶轮设计成叶轮叶片后向、高比转速离心式，并在叶轮中心配以空气分配器。

叶轮参数　确定叶轮结构参数是一个复杂的过程，除了进行理论计算外，还必须利用以往经验，进行大量实验，逐步取得合理的参数。图 7.12 所示为 KYF 型浮选机的叶轮主要结构参数。由于确定叶轮结构之间的关系一般要进行大量的试验，为了减少试验费用，通常只在实验室小型浮选机内进行，待叶轮结构参数之间的关系确定后，再用叶轮直径这个表征叶轮结构的参数通过研究确定的放大因子进行放大，并在工业型浮选机内进行试验，最后得出所需的合理参数。

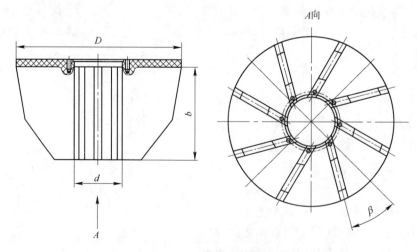

图 7.12　叶轮主要结构参数

D—叶轮直径；d—进浆口径；b—叶片高度；β—叶片倾角

b 定子

KYF 浮选机采用低阻尼直悬式定子（图 7.13），采用径向短叶片安装在叶轮周围斜上方，由支脚固定在槽底。这样可使得定子下部区域周围的矿浆流通面积增大，消除了下部零件对矿浆的不必要干扰，有利于矿浆向叶轮下部区域的流动，同时降低了矿浆循环阻力，降低动力消耗，增强了槽体下部循环区的循环和固体颗粒的悬浮能力。叶轮中甩出的矿浆-空气混合物可以顺利地进入矿浆中，空气得到了很好的分散。定子的关键参数直径，可通过放大方法放大得到。

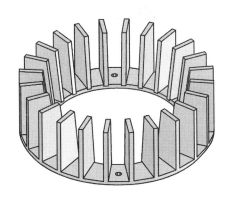

图 7.13 KYF 浮选机定子

c 槽体

单槽容积为 50m³ 及其以下的 KYF 型浮选机，为避免矿砂堆积、有利于粗重矿粒向槽中心移动以便返回叶轮区再循环，减少矿浆短路现象，将槽底设计为 U 形，截面形状有正方形和八角形两种，泡沫排出分别采用机械刮板和自溢两种。

单槽容积为 50m³ 以上 KYF 型浮选机槽底设计为平底，为保证矿浆分散均匀，将槽体截面设计为圆形。此外，由于大型浮选机存在泡沫输送路径长、目的矿物脱落概率高的泡沫难以及时回收的难题，单槽容积为 50m³ 以上 KYF 型浮选机在槽体中心设置两个推泡锥，其中外推泡锥兼外泡沫槽（图 7.14）显著减少了泡沫输送距离 L，同时提高了泡沫迁移速度 V，有效缩短了泡沫回收时间。此外由于泡沫面积减小，泡沫层厚度 T 增加，有效增强

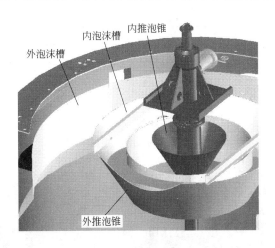

图 7.14 内置推泡锥及双泡沫槽

了泡沫层中的二次富集作用，提高了目的矿物的工艺指标。靠近槽体边缘的泡沫从外泡沫槽溢流出去，而靠近中间的泡沫通过内泡沫槽溢流出去，这样就把泡沫一分为二，缩短了泡沫输送距离，减少了局部停滞。

KYF 型浮选机规格型号齐全，是我国浮选机大型化的典范，2000 年成功研制单槽容积 50m³ 浮选机[21,22]，在国内外迅速推广使用近千台，2005 年研制成功单槽 160m³ 浮选机，在中国黄金集团乌努格吐山铜钼矿 34000t/d 工程中使用[23,24]；2008 年年初成功研制了 200m³ 充气机械搅拌式浮选机，并在江西铜业集团公司大山选矿厂 90000t/d 工程中使用[25,26]。2008 年年底最新研制成功了的 KYF-320 型充气机械搅拌式浮选机，该浮选机是目前世界上单槽容积最大的浮选机之一，单台浮选机的铜富集比可达 20.62，硫富集比可达 71.44，单机功耗 160kW。中铝秘鲁 Toromoch 项目最终采用了 320m³ 浮选机 28 台[27]。KYF 型浮选机技术参数见表 7.2。

表 7.2　KYF 型浮选机技术参数

机　型	有效容积/m³	安装功率/kW	最小进口风压/kPa	充气量/m³·(m²·min)⁻¹
KYF-1 型	1	3	>11	0.05~1.4
KYF-2 型	2	5.5	>12	0.05~1.4
KYF-3 型	3	7.5	>14	0.05~1.4
KYF-4 型	4	11	>15	0.05~1.4
KYF-5 型	5	11	>15	0.05~1.4
KYF-6 型	6	11	>17	0.05~1.4
KYF-8 型	8	15	>19	0.05~1.4
KYF-10 型	10	22	>20	0.05~1.4
KYF-16 型	16	30	>23	0.05~1.4
KYF-20 型	20	37	>25	0.05~1.4
KYF-24 型	24	37	>27	0.05~1.4
KYF-30 型	30	45	>31	0.05~1.4
KYF-40 型	40	55	>32	0.05~1.4
KYF-50 型	50	75	>33	0.05~1.4
KYF-70 型	70	90	>41	0.05~1.4
KYF-100 型	100	132	>46	0.05~1.4
KYF-130 型	130	160	>50	0.05~1.4
KYF-160 型	160	160	>52	0.05~1.4
KYF-200 型	200	220	>56	0.05~1.4
KYF-320 型	320	280	>64	0.05~1.4

7.2.1.2　KYF-50 型浮选机性能

KYF-50 型浮选机是北京矿冶研究总院自行开发的我国第一台大型浮选机。2000 年进行了工业试验，并迅速投入工业应用，目前在国内外大中型矿山企业得到广泛的应用。

A　动力学性能

为了考察 KYF-50 型浮选机的性能，在清水条件下对浮选机的动力学参数进行了测量，主要包括吸气量、空气分散度、功率、空气保有量、气泡直径等，其测试结果见表 7.3。

KYF-50 型浮选机空气分散度在 131r/min 时大于 2.0，满足空气分散的要求，充气量达到了 1.17m³/（m²·min），满足常规矿物选别所要求的充气量。

表 7.3　KYF-50 型浮选机动力学测试结果

浮选机转速/r·min⁻¹	平均充气量/m³·(m²·min)⁻¹	空气分散度	浮选机电流/A	浮选机加风机单槽电流/A
136	1.22	1.63	93	131
131	1.17	2.07	97	135
126	1.15	1.71	84	123

B　矿浆悬浮能力

由浮选机的溢流堰液面往下测量 4 个点，即在 1m、1.5m、2m、2.5m 深的 4 个矿浆层面采样，进行水析及品位分析。检测分析结果表明，KYF-50 型浮选机槽体矿浆中粒度分布均匀，没有粗、细粒度分层情况，说明浮选机搅拌力强、空气弥散好，矿流没有紊流现象。

C　工艺指标

KYF-50 型浮选机工业试验在金川某镍矿进行，采用两台 KYF-50 型浮选机分别代替原生产流程中的一段粗选前 5 台 16m³ 浮选机和一台 20m³ 搅拌槽，和原生产流程中的二段一次扫选前 5 台 16m³ 浮选机，在相同工艺条件下，KYF-50 型浮选机一段粗选阶段累计指标见表 7.4，二段扫选累计指标见表 7.5。

表 7.4　KYF-50 型浮选机工业试验一段粗选阶段累计指标　　　　　　　（%）

项　目	原矿矿位		精矿品位		尾矿品位		回收率	
	Ni	Cu	Ni	Cu	Ni	Cu	Ni	Cu
一段粗选 50m³	1.499	0.848	8.963	4.881	0.646	0.387	61.343	59.043
一段粗选 16m³	1.454	0.850	6.646	3.473	0.655	0.456	61.235	56.680
差值	0.045	−0.002	2.499	1.408	−0.009	−0.069	0.108	2.363

表 7.5　KYF-50 型浮选机工业试验二段扫选阶段累计指标　　　　　　　（%）

项　目	原矿品位		精矿品位		尾矿品位		回收率	
	Ni	Cu	Ni	Cu	Ni	Cu	Ni	Cu
二段扫选 50m³	0.38	0.34	1.17	0.73	0.26	0.30	40.36	29.36
二段扫选 16m³	0.35	0.34	1.11	0.67	0.29	0.31	25.58	17.06
差值	0.03	0	0.06	0.06	−0.03	−0.01	14.78	12.3

从表 7.4 可看出，KYF-50 型浮选机指标与原流程一段前 5 槽 16m³ 浮选机指标比较，在原矿镍品位高 0.045%、铜品位相当的情况下，精矿镍、铜品位分别提高 2.499% 和 1.408%，精矿中氧化镁含量降低 4.181%，作业回收率镍提高 0.108%、铜提高 2.363%。这表明 KYF-50 型浮选机对提高镍、铜精矿品位，降低精矿中的氧化镁含量和提高铜回收率有一定的效果。

从表 7.5 可看出，KYF-50 型浮选机指标与原流程二段扫选前 5 槽 16m³ 浮选机指标相比，在入选镍品位稍高的情况下，精矿品位镍提高 0.06%、铜提高 0.06%、氧化镁提高 1.16%；作业回收率镍、铜分别提高 14.78% 和 12.3%。

工业试验期间，对在不同浓度工作状态下的浮选机电流进行了测定，测定结果见表 7.6。正常浓度条件下的浮选机电流与清水试验时所测电流接近。

表 7.6　KYF-50 型浮选机不同矿浆浓度下实测电流

矿浆浓度/%	52	48	36	32
实测电流/A	100.6	96	91	90

7.2.1.3　KYF-160 型浮选机性能

A　动力学性能

为了考察浮选机的性能，在清水条件下对浮选机的动力学参数进行了测量，主要包括吸气量、空气分散度、功率、空气保有量、气泡直径等，浮选动力学试验结果见表 7.7。

表 7.7　浮选动力学试验数据

转速/r · min⁻¹	104				111				117			
充气量/m³ · (m² · min)⁻¹	0.86	0.93	1.1	1.43	0.79	1.05	1.27	1.6	0.68	1.03	1.23	1.96
空气分散度	1.37	2.63	1.81	1.89	2.50	2.64	2.85	2.33	1.21	2.18	3.34	1.83
电动机功率/kW	106.57	104.17	99.37	93.61	123.85	114.73	108.97	99.37	144.01	131.53	123.85	112.81
空气保有量/%	0.1	0.11	0.12	0.133	0.085	0.096	0.122	0.149	0.105	0.118	0.13	0.154
气泡平均直径/mm	1.10	1.12	1.06	1.17	1.5	1.39	1.37	1.23	1.03	1.11	1.19	

通过以上试验基本确定了 KYF-160 型浮选机的清水试验情况及有关规律，如图 7.15~图 7.18 所示。

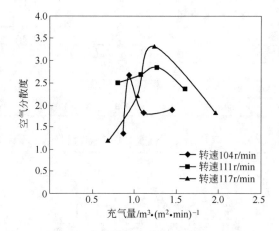

图 7.15　充气量与空气分散度的关系

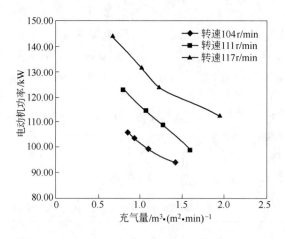

图 7.16　充气量与电动机电流的关系

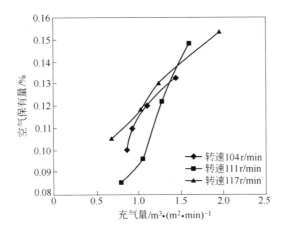

图 7.17　充气量与空气保有量的关系

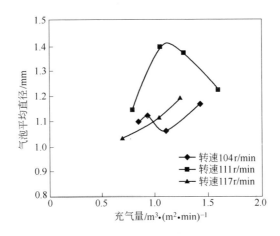

图 7.18　充气量与气泡平均直径的关系

对该设备可以得到如下结论：当转速为 111 r/min 时，空气分散比较均匀；当转速为 111r/min 时，充气量为 0.79 $m^3/$（$m^2 \cdot min$），电动机功率的最大值为 123.85kW，充气量为 1.6$m^3/$（$m^2 \cdot min$），最小值为 99.37kW；当转速为 111 r/min 时，最大空气保有量 0.149%，最小空气保有量 0.085%；在相同的液位水平下，转速为 111 r/min 时，空气保有量随充气量变化最明显；当转速为 111 r/min 时，最大气泡直径 1.5mm，最小气泡直径 1.23mm；转速为 111 r/min 时，其气泡直径分布的范围也比较大，满足浮选的要求。因此，可以确定浮选机的矿浆试验转速为 111r/min，该值与设计要求一致。

B　矿浆悬浮能力

为考察矿浆悬浮能力，测定了浮选机内不同深度矿粒分布的情况，即在离溢流堰下方 1.2m、1.8m、2.4m、3.0m、3.6m、4.2m 深处 6 个矿浆层面采样，进行水析及品位分析。检测分析结果表明，KYF-160 型浮选机槽体矿浆中粒度分布均匀，没有粗细粒度分层情况，说明浮选机悬浮能力好，达到了设计要求。

C　工艺指标

为了进一步验证 KYF-160 型浮选机设备性能，进行 KYF-160 型浮选机矿浆试验，主要进行如下试验：工艺指标对比方法的研究、矿浆试验指标的对比、带负荷启动试验、浮选机电流测定、浮选机内不同深度矿粒分布检测、液面自动控制、充气量自动控制、原流程一段粗选及 KYF-160 型浮选机的原、精、尾矿粒度分布检测。

KYF-160 型浮选机矿浆试验在金川某镍矿进行，用 1 台 KYF-160 型浮选机代替原生产流程中的一段粗选中的 10 台 KYF-16 型浮选机，KYF-160 型浮选机矿浆试验流程比原流程少一个直径 3000mm 的搅拌槽。在相同的工艺条件下，KYF-160 型浮选机矿浆试验一段粗选阶段累计指标与可比累计指标见表 7.8，系统总指标对比见表 7.9。

表 7.8　系统一段粗选指标对比　　　　　　　　　　　（%）

对 比 指 标	原矿品位		精矿品位			尾矿品位		作业回收率	
	Ni	Cu	Ni	Cu	MgO	Ni	Cu	Ni	Cu
调试阶段	1.40	0.85	4.51	2.60	20.79	0.51	0.39	72.29	64.49
生产阶段	1.34	0.87	4.11	2.35	20.29	0.50	0.40	71.78	66.11
KYF-160 型浮选机累计指标	1.35	0.87	4.19	2.40	20.35	0.50	0.40	71.88	65.75
可比累计指标	1.31	0.82	4.05	2.42	18.53	0.49	0.36	71.21	65.90
可比指标差	0.04	0.05	0.14	−0.02	1.82	0.01	0.04	0.67	−0.15
原流程一段粗选累计指标	1.43	0.83	4.13	2.03	19.08	0.42	0.36	78.43	68.87
一段粗选累计指标差	−0.08	0.04	0.06	0.37	1.27	0.08	0.04	−6.55	−3.12

表 7.9　系统总指标对比　　　　　　　　　　　（%）

项　　　目	原矿品位		系统精矿品位			系统总尾品位		系统回收率	
	Ni	Cu	Ni	Cu	MgO	Ni	Cu	Ni	Cu
KYF-160 型浮选机系统累计总指标	1.35	0.87	8.88	4.75	6.34	0.22	0.29	85.68	71.07
原流程系统总指标	1.43	0.85	8.63	4.10	6.45	0.24	0.31	85.73	68.86
系统指标差	−0.08	0.02	0.25	0.65	−0.11	−0.02	−0.02	−0.05	2.21

由表 7.8 可以看出，KYF-160 型浮选机累计总指标与可比累计指标相比，在原矿品位高 0.04% 的情况下，Ni 精矿品位高 0.14%，尾矿品位相当，回收率高 0.67%；KYF-160 型浮选机累计总指标与原流程一段粗选累计指标相比，在原矿品位低 0.08% 的情况下，一段粗选所得的 Ni 精矿品位高 0.06%；Ni 尾矿品位比原流程一段粗选 Ni 尾矿品位高 0.08%；作业回收率低 6.55%。Cu 的精矿品位提高了 0.37%，Cu 的尾矿品位提高 0.04%，回收率低 3.12%。可以看出 KYF-160 型浮选机在提高精矿品位方面性能比较好，从数据可以看出试验指标完全达到了要求。

由表 7.9 可以看出，原矿品位在 1.35% 的情况下，KYF-160 型浮选机流程选别所得的 Ni 系统精矿品位为 8.88%，而原矿品位在 1.43% 情况下原流程选别所得的 Ni 系统精矿品位为 8.63%，KYF-160 型浮选机所得的精矿品位比原流程精矿品位提高 0.25%；KYF-160 型浮选机流程 Ni 系统尾矿品位比原流程 Ni 系统尾矿品位低 0.02%，而系统回收率降低了 0.05%。说明 KYF-160 型浮选机对提高 Ni 总精品位有一定的帮助，并且还降低了尾矿品位。

另外，Cu 精矿的品位提高了 0.65%，回收率提高了 2.21%，并且降低了 MgO 的品位。通过这些数据可以看出，KYF-160 型浮选机的选别性能良好，设备性能达到了设计要求。

a 带负荷启动试验

大型浮选机带负荷启动对于大型选矿厂来说非常重要，可以节约矿产资源，降低劳动强度。试验期间考察了浮选机整槽矿浆启动状况，进行停车、启动试验，先后进行了 8h、24h、48h、144h 停车试验，浮选机均顺利启动，未出现任何问题，说明该设备在满槽矿浆停车后，长时间沉积的情况下能正常启动。

b 浮选机功耗测定

浮选机功耗是考察浮选机性能的一个重要指标。在试验过程中，当矿浆浓度为 36% 时，测量了不同充气量情况下的电流（功率），数据见表 7.10，结果如图 7.19 所示。

表 7.10 充气量与电流变化值

充气量/m³·(m²·min)⁻¹	0.67	0.85	0.92	1.00	1.04	1.10	1.30	1.40	1.48
功率/kW	132.41	126.65	122.81	117.05	113.21	112.25	105.53	104.57	104.09

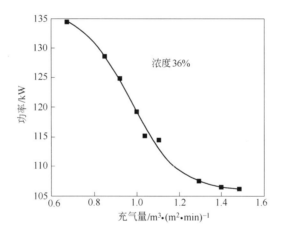

图 7.19 充气量与功率的关系

经过拟合可得出充气量与功率之间的关系式：

$$y = 106 + \frac{20.6}{1 + e^{\frac{x-0.97}{0.113}}} \tag{7.1}$$

式中 y——电动机功率；

x——充气量。

由于在整个试验过程中，矿浆浓度控制在 36%±2%，充气量一般在 1.1~1.2m³/(m²·min) 之间调节，因此主机功耗在 113~107kW 之间，而充气功耗在 34~38 kW 之间，浮选机单机总功耗在 147~145kW，小于 150kW。

7.2.1.4 KYF-200 型浮选机性能

A 动力学测试

为了考察浮选机的性能，在清水条件下对浮选机的动力学参数进行了测量，主要包括吸气量、空气分散度、功率、空气保有量、气泡直径等。KYF-200 型浮选机动力学测试结果见表 7.11 和图 7.20~图 7.23。

表 7.11 清水试验数据

叶轮转速 /r·min⁻¹	充气量 /m³·(m²·min)⁻¹	空气分散度	电流/A	空气保有量/%	气泡平均直径 /mm
101	0.4	4.0	300	8	
	0.69	1.32	275	11	
	0.94	3.49	255	12	
	1.22	2.24	250	14	
105	0.43	2.53	340	10	
	0.67	2.63	315	11	2.68
	0.88	3.08	310	11	1.0
	1.15	2.80	270	12	1.19
	1.6	2.99	260	13	0.98
109	0.80	3.17	325	10	1.29
	1.07	2.89	280	13	1.63
	1.13	2.67	270	11	1.76
	1.8	2.63	252	11	1.47
113	0.8	2.72	340	10	0.98
	0.99	2.2	330	11	1.61
	1.23	3.27	320	12	1.60
	1.49	2.32	280	9	

从表 7.11 和图的结果可以看出，当转速为 109r/min 时，空气分散度最大值 3.17，最小值 2.63，可以看出当转速为 109r/min 时，空气分散度都在 2.5 以上，差值不大，比较理想，且变化比较均匀；当转速为 109r/min 时，充气量为 0.80m³/（m²·min），电流为 325A，充气量为 1.8 m³/（m²·min），电流为 252A；当转速为 109r/min 时，最大空气保有量为 13%，最小空气保有量为 10%；当转速为 109r/min 时，最大气泡直径 1.76mm，最小气泡直径 1.29mm。因此，在以上四个方面量化数据的基础上，结合试验的整体现象我们可以确定浮选机的转速为 109r/min，该值与设计要求一致。

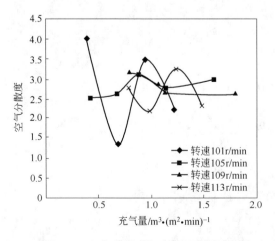

图 7.20 空气分散度与充气量的关系

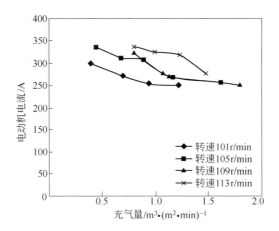

图 7.21 主轴功耗与充气量的关系

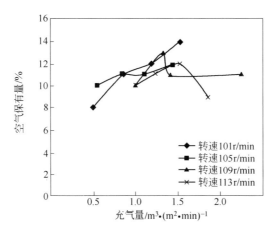

图 7.22 空气保有量与充气量的关系

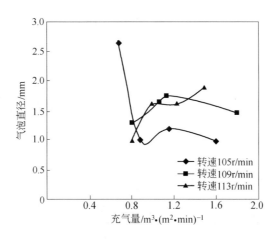

图 7.23 气泡直径与充气量的关系

B 矿浆试验

为了考核两台 KYF-200 型浮选机的选别性能,试验期间,对试验系统和对比系统的原、精、尾进行采样和化验，化验元素均为 Cu、S。每 0.5h 取样一次，每班班样送样化验一次。

对浮选机进行了 10 天的矿浆试验调试，累计指标见表 7.12。

表 7.12　调试阶段铜元素指标对比　　　　　　　　　　（%）

项　目	原矿品位	精矿品位	尾矿品位	粗一作业回收率	浮选效率	系统回收率
试验流程指标	0.405	8.69	0.134	68.31	65.26	85.51
对比流程指标	0.409	10.34	0.140	66.59	64.36	84.38
差值	−0.004	−1.65	−0.006	1.72	0.9	1.13

调试阶段指标波动较大，如精矿铜的品位最高为 14.75%，最低为 5.79%，主要是液位控制得不好，调试阶段液位控制采用手动控制，对于矿浆量的波动不能即时做出反馈，并且设备溢流堰安装精度也是影响指标波动的一个原因。通过调试阶段摸索出了最优生产条件，包括泡沫层厚度、充气量大小，液位高低，为生产阶段的技术条件提供依据。

矿浆试验生产阶段统计了 17 天的指标，累计指标见表 7.13。

表 7.13　工业试验阶段铜元素指标对比　　　　　　　　　（%）

项　目	原矿品位	精矿品位	尾矿品位	粗一作业回收率	浮选效率	系统回收率
试验流程指标	0.518	10.88	0.168	68.33	65.94	85.43
对比流程指标	0.519	11.27	0.202	61.56	58.99	84.51
差值	−0.001	−0.39	−0.034	6.77	6.95	0.92

生产阶段统计指标显示，在原矿品位低 0.001% 的情况下，回收率高 6.95 个百分点，远远超过对比流程的指标，该型浮选机各项经济指标达到设计的要求。

C　带负荷启动试验

为了减少由于采用超大型浮选机满负荷停车给选矿厂带来经济损失，超大型浮选机必须实现满负荷停车。在试验期间通过几次试验停车可以看出，KYF-200 型浮选机可以满负荷正常启动。

D　浮选机功耗测定

浮选机功耗是考察浮选机性能的一个重要指标。在试验过程中，当矿浆浓度为 30% 时，测量了不同充气量情况下的 KYF-200 型浮选机的主电动机功率，数据见表 7.14，整理后结果如图 7.24 所示。

表 7.14　充气量与功率间的关系

充气量/m³·(m²·min)⁻¹	0.70	0.85	0.92	1.00	1.10	1.20	1.30	1.40	1.48
功率/kW	170.00	162.3	154.2	144.00	140.21	135.25	130.53	124.57	120.09

经过拟合 KYF-200 型浮选机充气量与功率之间的关系为：

$$y = 129.6 + \frac{59.5}{1 + e^{\frac{x-0.91}{0.266}}} \tag{7.2}$$

式中 y——电动机功率;

x——充气量。

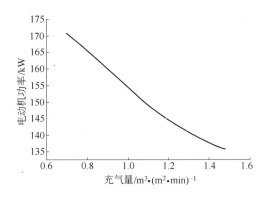

图 7.24 充气量与功率的关系

由于在整个试验过程中,矿浆浓度控制在 $30\% \pm 2\%$,充气量一般在 $1.0 \sim 1.2 m^3/（m^2·min）$之间调节,因此单台主机功耗在 $140 \sim 150kW$ 之间,两台浮选机充气功耗共约 $110kW$,两台 KYF-200 型浮选机总功耗在 $390 \sim 410kW$ 之间。

E 矿浆悬浮能力测定

为考察矿浆悬浮能力,测定了浮选机内不同深度矿粒分布的情况,即在距溢流堰下方 1.0m、1.5m、2.0m、2.5m、3.0m、3.5m、4.0m、4.5m 深处 8 个矿浆层面采样,并进行了水析及品位分析,检测分析结果表明,KYF-200 型浮选机槽内矿浆粒度分布均匀,没有粗细颗粒分层现象,说明该浮选机矿粒悬浮能力好,达到了设计要求。

7.2.1.5 KYF-320 型浮选机性能

A 动力学性能

KYF-320 型浮选机动力学测试统计数据见表 7.15。

表 7.15 清水试验数据

叶轮转速/r·min⁻¹	充气量/m³·（m²·min）⁻¹	空气分散度	电流/A	空气保有量/%
98	0.95	1.63	242	11.14
	1.07	1.47	230	11.87
	1.15	1.39	223	12.43
	1.27	1.27	214	12.68
102	0.98	1.83	269	11.43
	1.08	1.61	259	11.95
	1.19	1.55	250	12.67
	1.31	1.29	242	12.50
107	0.95	2.01	300	11.36
	1.06	1.8	305	12.15
	1.17	1.74	295	12.73
	1.36	1.31	280	12.88

叶轮转速/r·min⁻¹	充气量/m³·(m²·min)⁻¹	空气分散度	电流/A	空气保有量/%
111	0.96	1.98	340	11.49
	1.08	1.75	326	12.29
	1.17	1.66	318	12.05
	1.26	1.45	311	12.64
115	0.94	2.09	384	11.24
	1.07	1.85	370	11.85
	1.15	1.7	361	12.67
	1.27	1.55	351	12.84

通过以上试验，320 m³ 浮选机的清水试验情况及有关规律如图 7.25~图 7.27 所示。

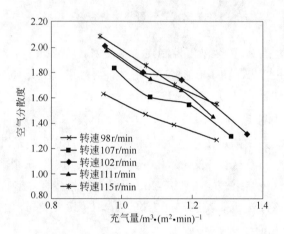

图 7.25　空气分散度与充气量的关系

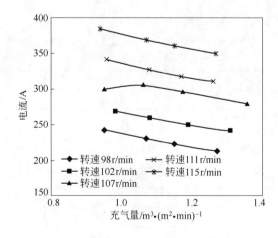

图 7.26　主轴功耗与充气量的关系

对该设备得出如下结论：当转速为 107 r/min 时，空气分散度最大值 2.01，最小值 1.31，可以看出当转速大于 107 r/min 时，空气分散度都在 1.5 左右，差值不大，比较理想，且变化比较均匀；当充气量 0.9~1.4m³/（m²·min）、转速为 107r/min 时，电流的最大值为 305A，最小值 280A；当转速为 107r/min 时，最大空气保有量 12.88%，最小空气保有量 11.36%，在相同的液位水平下，转速为 107r/min 时，空气保有量随充气量变化最明显。

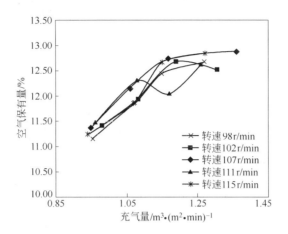

图 7.27 空气保有量与充气量的关系

综上，在五个转速水平下，当转速大于 107r/min 时，槽内空气就可均匀分散在槽内，但随着转速的增加，浮选机主轴功耗增加，且转速为 107r/min 时，空气保有量随充气量变化最明显，因此，确定浮选机的矿浆试验转速为 107r/min，该值与设计要求一致。

B 矿浆试验

为了考核 KYF-320 型浮选机的选别性能，试验期间，对试验系统的原、精、尾进行采样和化验，每小时取样一次，每班班样送样化验一次。

矿浆试验生产阶段为期 10 天，累计指标见表 7.16。

表 7.16 工业试验阶段铜元素指标对比

项目	原矿品位/%		精矿品位/%		尾矿品位/%		回收率/%		产率/%		浮选效率/%		富集比	
	Cu	S	Cu	S	Cu	S	Cu	S	Cu	S	Cu	S	Cu	S
数值	0.060	0.386	1.256	24.830	0.053	0.218	12.80	39.73	0.64	0.72	12.19	39.50	20.62	71.44

由表 7.16 可以看出，在给矿铜品位 0.060% 时，精矿铜品位可达 1.256%，铜富集比达 20.62；在给矿硫品位 0.386% 时，精矿硫品位达 24.83%，硫富集比达 71.44。

C 带负荷启动试验

为了减少超大型浮选机不能满负荷停车给选矿厂带来的经济损失，超大型浮选机必须实现带负荷启动，为了不影响试验的进行，浮选机满负荷启动试验于试验末期进行 KYF-320 型浮选机分别在满负荷停车 0.5h、1h、2h 和 4h 后顺利启动，表明 KYF-320 型浮选机可以带负荷停车后正常启动。

D 浮选机功耗测定

浮选机功耗是考察浮选机性能的一个重要指标。在试验过程中，矿浆浓度为 30%，充气量为 1.0~1.4 m³/（m²·min）时，浮选机主机电流始终在 320A 左右，其实耗功率约为 160kW。

　　E　矿浆悬浮能力测定

　　为考察矿浆悬浮能力，测定了浮选机内不同深度矿粒分布的情况，即在距溢流堰下方 1.0m、1.5m、2.0m、2.5m、3.0m、3.5m、4.0m、4.5m、5.0m、5.5m 深处 10 个矿浆层面采样，并进行了水析，结果如图 7.28、图 7.29 所示。从图中可以看出，KYF-320 型浮选机槽内矿浆粒度分布均匀，没有粗细颗粒分层现象，说明该浮选机矿粒悬浮能力好，达到了设计要求。

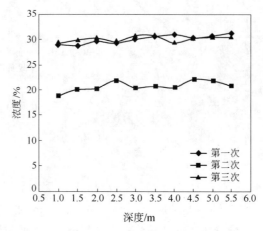

图 7.28　不同深度的浓度对比

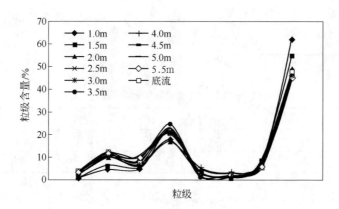

图 7.29　不同深度各粒级含量

7.2.2　XCF 型浮选机

　　充气机械搅拌式浮选机具有浮选工艺指标好，降低能耗和功耗，结构简单，操作、维护、管理方便等特点。传统的充气机械搅拌式浮选机无吸浆能力，浮选作业间采用阶梯配置，中矿返回必须采用泡沫泵。由于泡沫泵易磨损，难以扬送黏且不易破碎的泡沫，流程难以畅通，且对于复杂流程及精选作业配置困难；新建选矿厂由于阶梯配置，使基建投资增加；而老厂改造由于厂房高度和流程高差都已固定，改造困难，限制了充气机械搅拌式浮选机的应用范围。因此，研制一种既有一般充气机械搅拌式浮选机优点，又具有吸浆能力的自吸浆充气机械搅拌式浮选机，有利于节省中矿返回泵、降低厂房高度、减少基建费用等，对新老矿山的建设改造具有重要意义。XCF 型自吸浆充气机械搅拌式浮选机是北京矿冶研究总院针对此研制的，它可以单独使用，也可以与普通充气机械搅拌式浮选机组成联合机组，使浮选作业间水平配置，不用泡沫泵。

7.2.2.1 工作原理和关键结构

XCF 型自吸浆充气机械搅拌式浮选机结构如图 7.30 所示，由容纳矿浆的槽体、带上下叶片的大隔离盘叶轮、径向叶片的座式定子、对开式圆盘形盖板、对开式中心筒、带有排气孔的连接管、轴承体以及空心主轴和空气调节阀等组成。有开式和封闭式两种结构，轴承体有座式和侧挂式，安装在兼作给气管的横梁上。图 7.31 所示为 XCF 型自吸浆充气机械搅拌式浮选机与 KYF 型充气机械搅拌式浮选机形成的联合机组。

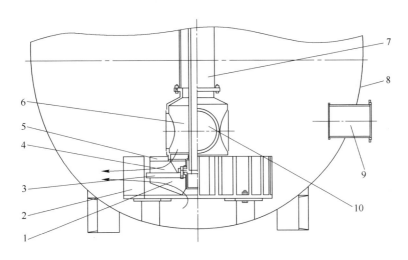

图 7.30　XCF 型浮选机结构

1—叶轮下叶片；2—定子；3—隔离盘；4—叶轮上叶片；5—叶轮盖板；6—中心筒；
7—空心主轴；8—槽体；9—中矿管；10—给矿管

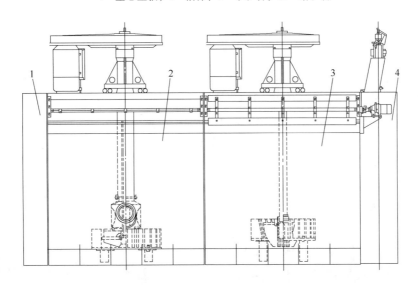

图 7.31　XCF 型/KYF 型联合机组

1—给矿箱；2—XCF 型浮选机；3—KYF 型浮选机；4—尾矿箱

A　工作原理

电动机通过传动装置和空心主轴带动叶轮旋转，矿浆经叶轮下叶片内缘吸入叶轮下叶片间，与此同时，由外部给入的低压空气，通过横梁、空气调节阀、空心主轴进入下叶轮腔中的空气分配器，然后通过空气分配器周边的小孔进入叶轮下叶片间，矿浆与空气在叶轮下叶片间进行充分混合后，由叶轮下叶片外缘排出。由于叶轮旋转和盖板、中心筒的共同作用，在叶轮上叶片内产生一定的负压，使中矿泡沫和给矿通过中矿管和给矿管流入中心筒内，并进入叶轮上叶片间，最后从上叶片外缘排出。叶轮上下叶片排出的矿浆经定子稳流定向后，进入槽中。矿化气泡上升到槽子表面形成泡沫，泡沫流到泡沫槽中，矿浆再返回叶轮区进行再循环，另一部分则通过槽间壁上的流通孔进入下一槽进行再选别。叶轮隔离盘的作用是使下叶片排出的矿浆和空气混合物不影响叶轮上叶片的吸浆。

B　关键结构

XCF 型自吸浆充气机械搅拌式浮选机的设计重点是槽体、主轴、叶轮、定子、盖板和连接管等的结构和参数以及它们之间的配合关系。

a　槽体

XCF 型浮选机的槽体设计为 U 形，有利于粗重矿粒返回叶轮区进行再循环，避免矿砂堆积、减少矿浆短路现象。为了便于制造及安装，槽容积小于 $3m^3$ 时一般采用梯形槽。当 XCF 型浮选机与其他充气机械搅拌式浮选机组成联合机组时，为槽体间连接方便，槽体形状可与直流槽体形状一致。为了使 XCF 型浮选机具有一般充气机械搅拌式浮选机的优点，且易于与一般充气机械搅拌式浮选机组成联合机组，采用深槽结构，这给自吸浆带来困难，加大了叶轮-定子机构的研制难度。

b　主轴

一般充气机械搅拌式浮选机由于压入低压空气，降低了叶轮中心区的负压，使之难以吸浆。因此，设计了具有充气搅拌区和吸浆区的主轴部件，两区由隔离盘隔开。吸浆区由叶轮上叶片、圆盘形盖板、中心筒和连接管等组成；充气搅拌区由叶轮下叶片和空气分配器等组成。

c　叶轮

叶轮是浮选机的主要部件，是浮选机设计的关键之一。为了把充气搅拌区和吸浆区分开，叶轮设计成具有被隔离盘分开的上、下叶片：叶轮上叶片设计成辐射状平直叶片，可产生合适的吸力和静压头，减少叶片间的回流，避免主槽中的空气返回中心筒和连接管内。叶轮下叶片为后倾，高比转数离心式叶片，具有较低的动压头、较大的流量，只循环矿浆和分散空气，满足浮选工艺对浮选机的要求。充气量范围及空气分散度对浮选机的适用范围及工艺指标影响极大。为了进一步提高充气量和空气分散度，在叶轮的下叶片腔中设计了空气分配器。空气分配器为壁上带有小孔的圆筒，它能预先将空气较均匀地分布在转子叶片的大部分区域内，提供大量的矿浆-空气界面，从而改善叶轮弥散空气的能力。

d　定子

XCF 型自吸浆充气机械搅拌式浮选机定子除了使旋转的矿浆径向流动和剪切空气外，还必须使经叶轮下叶片充入矿浆中的空气不受定子的阻挡，能顺利进入主槽中，而不会通过叶轮上叶片进入吸浆区。

XCF 型浮选机采用悬空式径向短叶片开式定子，安装在叶轮周围斜上方，由支脚固定在槽底。定子与叶轮径向间隙较大，定子下部区域周围的矿浆流通面积大，消除了下部零件对矿浆的不必要干扰，有利于矿浆向叶轮下部区的流动，降低了动力消耗，增强了下部循环区的循环和固体颗粒的悬浮。

目前 XCF 型浮选机具有容积为 $1\sim50m^3$ 多种规格，其技术参数见表 7.17。

表 7.17 XCF 型浮选机技术参数

机 型	有效容积/ m^3	安装功率/kW	最小进口风压/ kPa	充气量/ $m^3 \cdot (m^2 \cdot min)^{-1}$
KYF-1 型	1	4	>11	0.05~1.4
KYF-2 型	2	7.5	>12	0.05~1.4
KYF-3 型	3	11	>14	0.05~1.4
KYF-4 型	4	15	>15	0.05~1.4
KYF-6 型	6	18.5	>17	0.05~1.4
KYF-8 型	8	22	>19	0.05~1.4
KYF-10 型	10	30	>20	0.05~1.4
KYF-16 型	16	45	>23	0.05~1.4
KYF-20 型	20	45	>25	0.05~1.4
KYF-24 型	24	55	>27	0.05~1.4
KYF-30 型	30	55	>31	0.05~1.4
KYF-40 型	40	75	>32	0.05~1.4
KYF-50 型	50	90	>33	0.05~1.4

7.2.2.2 XCF-8 型浮选机性能

A 矿浆试验

以 XCF-8 型浮选机为检测对象，对其在清水中的浮选动力学进行测试，主要测试空气分散度、吸浆能力及功耗等有关参数。

当线速度为 7.54m/s 时，平均空气分散度为 2.56，吸入矿浆能力为 $4.5\sim7m^3/min$；当线速度为 6.97m/s 时，空气分散度为 3.68，吸入矿浆能力为 $3.6\sim5.5m^3/min$。根据清水试验，可确定浮选机线速度在 7~7.5m/s 之间完全满足矿浆试验的要求。

为了考察浮选机的选别性能，进行了工业试验，表 7.18 为调试阶段对比指标。

表 7.18 调试阶段指标对比 （％）

试验编号	原矿品位		精矿品位		回收率			机型
	Pb	Zn	PbK[①]	Zn/PbK[②]	PbK[①]	Zn/PbK[②]	ZnK	
1	1.305	0.995	67.63	3.53	83.38	5.71	75.76	XCF/KYF-8 型
2	1.208	0.936	70.00	3.54	82.51	5.39	74.51	6A 型
3	1.244	1.092	69.38	3.69	82.71	5.29	79.77	6A 型

①铅精矿；②铅精矿含锌。

从表 7.18 中可以看出，XCF/KYF-8 型浮选机的试验结果，铅回收率提高了 0.87%。

随后进行了 1 个月的工业试验，试验指标见表 7.19。

表 7.19　试验阶段指标对比　　　　　　　　　（%）

试验编号	原矿品位		尾矿品位		锌精矿品位	锌精矿回收率	机　型
	Pb	Zn	Pb	Zn			
1	1.313	1.013	0.144	0.119	49.96	81.4	XCF/KYF-8 型
2	1.393	1.036	0.160	0.132	49.62	79.46	6A 型
3	1.208	0.936	0.167	0.167	49.50	74.57	6A 型

从表 7.19 可以看出，XCF/KYF-8 型浮选机的各项指标要优于 6A 型浮选机。

B　功耗对比

为了对比单台浮选机的功耗，进行了功耗测定，见表 7.20。

表 7.20　浮选机功耗对比

机　型	XCF 型	KYF 型	6A 型
槽容积/m^3	8	8	2.8
安装功率/kW	22	15	10
主轴实耗功率/kW	16.00	9.62	8.04
充气功率/kW	4.47	4.47	0.00
实耗功率/kW	21.47	14.09	8.04
比功率/kW·m^{-3}	2.56	1.76	2.87

从表 7.20 可以看出，XCF-8 型浮选机的比功率比 6A 型低 10.80%，说明 XCF-8 型浮选机的功耗低，达到了设计的要求。

C　易损件的损耗比较

6A 型的叶轮定子使用寿命在 3 个月左右，而 XCF-8 型在运行 2000h 后，对叶轮定子的磨损情况进行了检查，叶轮定子的磨损量很小，对设备的性能影响不大，预计可以正常使用 7000~9000h，易损件消耗比 6A 型浮选机减少 70%左右。

7.2.2.3　XCF-24 型浮选机性能

A　动力学试验

以 XCF-24 型浮选机为检测对象，对其在清水中的浮选动力学进行测试，主要包括充气量、空气分散度、转速、功率、空气保有量、气泡直径等有关参数的测定。XCF-24 型充气机械搅拌式浮选机动力学测试结果见表 7.21。

表 7.21　动力学测试结果

叶轮转速/r·min^{-1}	充气量/m^3·(m^2·min)$^{-1}$	空气分散度	电流/A	空气保有量/%	气泡平均直径/mm
145	0.95	2.49	73	12.6	1.32
151	1.13	2.80	75	12.3	1.41
157	1.08	3.89	84	13.4	1.22
163	0.97	3.33	88	11.2	1.20

通过对浮选机内动力学参数的测试和分析，可以确定充气机械搅拌式浮选机的最佳动力学性能，以适应工艺选别要求，达到设备的最佳应用效果。

为了考察 XCF-24 型浮选机吸浆能力和叶轮、盖板磨损后对吸浆能力的影响，共进行了四组试验测试。充气量定在 $1.23m^3/(m^2 \cdot min)$ 左右，由于浮选机瞬间电流难以测量记录，在比较功率消耗时只测定最大电流值。测试结果见表 7.22。

表 7.22　XCF-24 型浮选机吸浆能力测试　　　　（ m^3/min ）

测试编号		1	2	3	4
测试条件		叶轮转速 n=157r/min 叶轮与盖板间隙 8mm	叶轮转速 n=157r/min 叶轮与盖板间隙 15mm	叶轮转速 n=151r/min 叶轮与盖板间隙 8mm	叶轮转速 n=151r/min 叶轮与盖板间隙 15mm
吸浆高度	750mm	19.17	19.92	20.70	19.45
	850mm	18.16	15.02	19.81	15.82
	950mm	19.19	17.42	17.71	16.22
	1050mm	17.26	14.77	16.59	15.80
	1150mm	16.62	13.42	15.17	13.18
	1250mm	15.54	12.09	13.70	12.96
	1350mm	13.36	10.59	11.50	11.51
最大电流		86A	74A	80A	70A

清水测试表明，XCF-24 型浮选机叶轮周速 7.5m/s，浮选机充气量达 $1.2\sim1.5m^3/(m^2 \cdot min)$ 时，充气分散度良好，矿浆液面平稳，功耗在设计范围之内。

B　矿浆试验

为了考察浮选机的选别性能，进行了为期 4 个月的工业试验考察，前两个月为调试阶段，后两个月为生产阶段，表 7.23、表 7.24 为考察指标对比。

表 7.23　XCF/KYF-24 型浮选机指标统计　　　　（%）

时　间	原矿品位	粗精品位	尾矿品位	粗选回收率	精选回收率
4 月	0.131	7.55	0.0135	89.63	96.38
5 月	0.133	9.88	0.0137	89.72	97.76
6 月	0.118	9.48	0.0107	90.95	98.32
7 月	0.119	9.49	0.0106	91.06	98.36
合计	0.125	9.06	0.0121	90.58	97.71

表 7.24　A 型浮选机指标统计　　　　（%）

时　间	原矿品位	粗精品位	尾矿品位	粗选回收率	精选回收率
4 月	0.133	6.37	0.0141	89.34	98.06
5 月	0.131	6.74	0.0137	89.59	98.25
6 月	0.121	6.25	0.0126	89.64	98.27
7 月	0.119	5.71	0.0112	90.59	98.01
合计	0.125	6.34	0.0128	89.79	98.15

XCF/KYF-24 型浮选机调试指标呈逐月上升趋势,生产阶段指标,粗精品位提高 3.91%,粗选回收率提高 0.9%, 总理论回收率提高 1.07%。各项指标都达到了设计的要求。

7.2.2.4　XCF-50 型浮选机性能

A　动力学测试

以 XCF-50 型浮选机为检测对象,对其在清水中的浮选动力学进行测试,主要包括充气量、空气分散度、功率等有关参数的测定。XCF-50 型充气机械搅拌式浮选机动力学测试结果见表 7.25。

表 7.25　XCF-50 型浮选机动力学测试结果

试验编号	浮选机转速/r·min^{-1}	平均充气量/m^3·(m^2·min)$^{-1}$	空气分散度	浮选机电流/A
1	136	1.22	1.63	143
2	131	1.17	2.07	152
3	126	1.15	1.71	150

XCF-50 型浮选机空气分散度在 131r/min 时大于 2.0,满足空气分散的要求,充气量达到了 1.17m^3/(m^2·min),满足常规矿物选别所要求的充气量,并且功耗相对较低。

B　吸浆能力考察

考察 XCF-50 型浮选机的吸浆能力,就必须对单位时间内吸入到该浮选机的矿浆体积量进行查定。

保持连续稳定的给料量和排料量,由于 XCF-50 型浮选机具有一定的吸浆能力,因此给矿箱的液面高度 H_f 将低于浮选机槽内的液面 H_c,因此在浮选机内部和给矿箱内部存在着高差 H_c–H_f,如将浮选机与给矿箱相连,在压差 H_c–H_f 的作用下,则浮选机内的矿浆将以一定的流量向给矿箱内流动,对该流量可进行人工调整以保持给矿箱的矿浆液面始终恒定,则浮选机的吸浆能力等于给矿加上浮选机返回到给矿箱的量。

通过对 XCF-50 型浮选机的吸浆能力进行了实际查定,表明 XCF-50 型浮选机的吸浆能力大于 12.8m^3/min。该条件下浮选机液面稳定,刮泡现象良好。

7.2.3　CLF 型粗重颗粒浮选机

CLF 型浮选机是北京矿冶研究总院研制的一种粗粒浮选机。该机以浮选动力学理论研究为基础,针对密度大、入选矿浆浓度高、易沉槽等特点,通过对选别所需的槽内特殊流体动力学环境的大量探索,对浮选槽内粗重矿物与气泡的碰撞、黏附、脱落等过程以及影响这些过程的原因进行了深入研究,制订了可提高粗重矿物回收率的合理的流体动力学状态。

7.2.3.1　工作原理和关键结构

CLF 型浮选机的结构如图 7.32 所示,采用新式叶轮、定子系统和全新的矿浆循环方式,其叶轮采用了高比转数后倾叶片叶轮,下叶片形状设计成与矿浆通过叶轮叶片间的流线相一致,搅拌力弱,在较低的叶轮转速下保证矿浆沿着规定的通道进行内循环,上部矿浆通过循环通道向下流往假底下部,在充气区与非充气区产生的压差及叶轮抽吸力的作用下进入叶轮区,然后通过格子板,在格子板上方形成悬浮层,粗颗粒矿物可悬浮在格子板上方,格子板使粗粒矿物的矿化气泡上升距离短,使粗粒矿物处在浅槽浮选状态下,并且减少了槽内上部区矿浆的紊流，建立了一个稳定的分离区和泡沫层。这种矿浆循环方式为矿化气泡上升和输送到泡沫层创造了良好的流体动力学条件，提高了矿化气泡的负载能力和被浮矿粒的粒度，而返回到叶轮区的矿浆浓度较低、粒度细、功耗低。

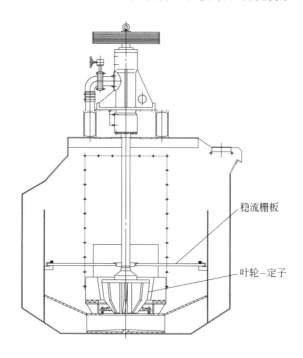

图 7.32　CLF 型浮选机的结构

A　工作原理

当浮选机叶轮旋转时，来自鼓风机的低压空气通过分配器周边的孔进入叶轮叶片间，与此同时假底下面矿浆由叶轮下部被吸入到叶轮叶片间，矿浆和空气在叶轮叶片间充分混合后，从叶轮上半部周边排出，排出的矿浆-空气混合物由定子稳流后，穿过阻流栅板，进入槽内上部区。此时浮选机内部区矿浆中含有大量气泡，而外侧循环通道内矿浆中不含气泡（或含有极少量气泡），于是内外矿浆就形成压差，在此压差及叶轮抽吸力作用下，内部区矿浆和气泡在设定的流速下一起上升通过阻流栅板，将粗重矿物带到阻流栅板上方，形成粗重矿物悬浮层，而矿化气泡和含有较细矿粒的矿浆则继续上升，矿化气泡升到液面形成泡沫层，含有较细矿粒的矿浆则越过隔板经循环通道，进入叶轮区加入再循环。矿浆液面的高低经液位变送器检测后转换为 4~20mA 标准信号，送至控制器显示出液位值，并与设定值进行比较，根据差值的方向和大小，输出相应的控制信号，送给气动执行器，排矿锥阀会做出相应的变化，保证矿浆液面维持在设定值。

B　关键结构

针对粗重矿物颗粒在浮选机内与气泡的碰撞、黏附、脱落过程，结合浮选浓度高、密度大、粗细粒级两端集中分布的特点，研究了具有中比转速高梯度叶轮和下盘封闭式定子系统，可在槽内形成强力定向循环流，循环量大，浮选机充气量大，矿粒悬浮能力强；具有多循环通道和阻流栅板的创新性槽体结构设计使浮选机中上部形成了粗重矿物悬浮层，增加了粗重矿物向气泡有效附着的机会，泡沫层稳定，无翻花和沉槽现象。

CLF 型浮选机具有如下特点：

（1）阻流栅板使浮选机中上部可形成粗重矿物悬浮层，使得粗重矿粒处于相对浅槽状态；

（2）多循环通道在槽内可形成强力定向循环流，循环量大，增加了矿物向气泡附着、矿化的概率；

（3）设计了可根据物料性质调节的短路循环孔，增强了适用性；

（4）叶轮设计采用中比转速形式，定子为下盘封闭式，矿粒悬浮能力强。

a　槽体设计

粗重颗粒浮选机槽体的结构如图 7.33 所示。该槽体由内、外循环通道和假底组成。槽内区由阻流栅板分成槽内上部区和槽内下部区。内、外循环通道和假底组成了两个矿浆循环回路，在槽内下部区与内、外循环通道之间分别开有短路循环孔，短路循环孔大小可以调节。槽侧板上开有合适的流通孔。

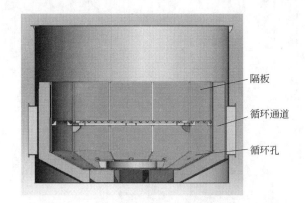

　　　　　　　　　　　　　　　　　　　　　　　　　　隔板

　　　　　　　　　　　　　　　　　　　　　　　　　　循环通道

　　　　　　　　　　　　　　　　　　　　　　　　　　循环孔

图 7.33　粗重颗粒浮选机槽体的结构

（1）槽体被分割成充气区（槽内区）和不充气区（外循环通道），这可以利用充气区和不充气区矿浆之间所产生的压差来增加槽内的矿浆循环量，以保证大密度矿物的充分悬浮，达到尽量减小叶轮搅拌强度，解决大密度矿物所要求的弱搅拌力与易沉淀之间的矛盾。

（2）槽内部区可产生较强的与矿化气泡上升方向一致的上升流，减少已附着在气泡上的粗重矿物的脱落力，缩短了矿化气泡的上升时间。

（3）通过多循环通道和假底的矿浆循环回路，返回到叶轮区的是密度较小、粒度较小的矿物，叶轮搅拌区矿浆紊流度高，气泡与矿粒的碰撞概率高，从而有利于提高常规矿物的浮选效果。

（4）矿浆短路循环孔的开设，可以调节通过阻流栅板的矿浆量和矿浆上升速度，使悬浮层中的矿物密度范围、粒度范围便于调节，扩大浮选机的适用范围，同时短路循环孔可防止开车启动时，矿砂堵死循环通道。

b　叶轮定子

叶轮是机械搅拌式浮选机最主要的部件，它担负着搅拌矿浆、循环矿浆和分散空气的作用，其结构如图 7.34 所示。

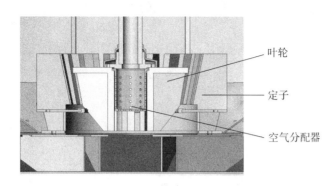

图 7.34　CLF 型粗重颗粒浮选机叶轮定子结构

浮选机的叶轮设计中主要考虑了下列问题：

（1）搅拌力要适中，不应在槽内造成较大的速度头。这是因为速度头大会造成分选区不稳定、液面翻花，影响气泡矿化，降低有用矿物的回收，同时增加了不必要的功率消耗。

（2）叶轮采用中比转数后倾叶片形式，流量大、压头低。通过叶轮的矿浆循环量要大，这有利于矿粒悬浮、空气分散和改善选别指标。

（3）矿浆在叶轮中的流线合理，磨损轻且均匀。

（4）形式合理，结构简单，功耗低。

（5）叶轮与定子间的速度梯度，叶轮和定子的联合作用产生径向高梯度速度场，有利于气泡分散和细粒回收。

c　阻流栅板设计

粗重颗粒浮选机中采用了阻流栅板（图 7.35），类似装置在前苏联研制的沸腾层浮选机中已采用，采用阻流栅板主要有下列作用：

（1）使上升矿流经过阻流栅板处速度加大，即阻流栅板处矿浆上升速度大于所设定的最粗重矿粒的沉降速度，以保证在阻流栅板上面形成粗重矿物悬浮层。气泡连续通过粗重矿物悬浮层时，与粗重矿物产生多次碰撞，由于粗重矿物与气泡的上升方向一致，延长了粗重矿物与气泡碰撞接触时间，使之与感应时间相接近，从而增加了粗重矿物向气泡有效附着的机会。而当矿化气泡上升到悬浮层上面时已快接近泡沫区，因此附着有粗重矿物的气泡上升到泡沫区的距离短，使粗重矿物处在浅槽浮选状态下。

（2）阻流栅板可以减少槽中上部区的紊流，形成粗重矿物悬浮层，使粗重矿物处在浅

图 7.35　阻流栅板

槽状态，缩短矿化气泡上升距离，建立一个稳定的分离区和泡沫层，减少了矿粒从气泡上脱落的可能性。

（3）由于粗重矿物滞留在悬浮层中，返回到叶轮区的矿浆浓度低、粒度细，这不仅减小了叶轮、定子的磨损，降低了功耗，而且为常规矿物浮选创造了良好的条件。

粗重颗粒浮选机的阻流栅板用间隔均匀、水平排列的角钢制成，阻流栅板为可卸式，以方便叶轮、定子等零部件的维护和更换。

目前 CLF 型浮选机具有容积为 $2m^3$、$4m^3$、$8m^3$、$16m^3$ 和 $40m^3$ 多种规格，其技术参数见表 7.26。

表 7.26　CLF 型浮选机技术参数

机　型	有效容积/m^3	安装功率/kW	最小进口风压/kPa	充气量/$m^3 \cdot (m^2 \cdot min)^{-1}$
CLF-2 型	2	7.5/5.5	>14.7	0.05~1.4
CLF-4 型	4	15/11	>19.6	0.05~1.4
CLF-8 型	8	22/15	>23.5	0.05~1.4
CLF-16 型	16	45/37	>35	0.05~1.4
CLF-40 型	40	75/55	>42	0.05~1.4

7.2.3.2　CLF-8 型浮选机性能

A　动力学性能

CLF-8 型浮选机浮选动力学测试在矿浆中进行，主要进行了充气量、空气分散度、转速、功率、空气保有量等有关参数的测定。浮选机动力学测试结果见表 7.27。此外，由于生产中浮选机所使用的充气量不能代表浮选机的最大充气量，出厂前在清水中进行的浮选机最大充气量测试的结果见表 7.28。

表 7.27　$8m^3$ 浮选机矿浆中动力学测试结果

浮选机作业	精三–2	精二–2	精一–2
充气量/$m^3 \cdot (m^2 \cdot min)^{-1}$	0.59	0.62	0.68
空气分散度	4.14	4.53	4.86
电动机功率/kW	9.5	10	9.5
空气保有量/%	13.33	15.03	16.95

表 7.28　浮选机清水中动力学测试结果

浮选机类型	CLF-8 型浮选机			
充气量/$m^3 \cdot (m^2 \cdot min)^{-1}$	0.66	1.08	1.37	1.81
空气分散度	4.16	4.27	3.68	2.89

动力学测试结果如图 7.36、图 7.37 所示。结果表明，随着充气量的增大，空气分散度先增大后减小。CLF-8 型浮选机的空气分散度也在 4 以上，最大充气量在 $1.8m^3/(m^2 \cdot min)$ 左右，证明该机的充气量大，空气分散均匀，充气性能优于一般浮选机，可以满足冶炼炉渣等粗重颗粒物的浮选要求。

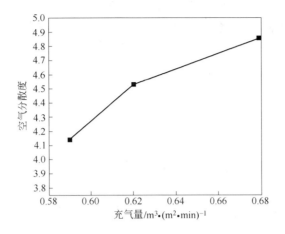

图 7.36 CLF-8 型浮选机空气分散度与充气量的关系

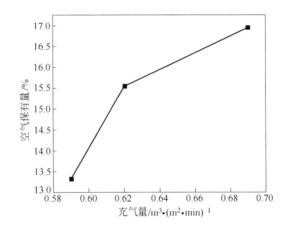

图 7.37 CLF-8 型浮选机空气保有量与充气量的关系

B 矿浆悬浮能力

为考察矿浆悬浮能力，测定了浮选机内不同深度的矿粒分布情况及浓度。CLF-8 型浮选机格子板距溢流堰距离为 1.25m，在格子板下取一点，格子板上附近取一点，以测量是否在格子板上形成悬浮层。因此 CLF-8 型浮选机在距溢流堰下方 0.5m、0.8m、1.1m、1.4m 深处 4 个矿浆层面采样，并进行水析及品位分析，分析结果见表 7.29。

表 7.29 CLF-8 型浮选机矿浆悬浮能力试验结果

深度/m	浓度/%	粒级/mm							
		+0.074		0.043~0.074		0.038~0.043		−0.038	
		质量分数/%	金属分布率/%	质量分数/%	金属分布率/%	质量分数/%	金属分布率/%	质量分数/%	金属分布率/%
0.5	44.45	5	6.21	21	32.74	9.5	30.62	65.5	30.43
0.8	49.77	6.5	8.44	24.5	39.55	8.5	19.62	60.5	32.38
1.1	63.81	8	10.61	26.5	39.1	5.5	10.02	60	40.27
1.4	59.06	16	15.13	23.5	30.42	18	26.38	52.5	28.07

从表 7.29 可以看出，金属多数分布在 0.043~0.074mm 和−0.038mm 两个粒级，达 70%以上，这两个粒级在 0.5m 和 1.4m 的含量较少，在 0.8m、1.1m 处的含量较多。而对于一般浮选机而言，从槽底往上，各粒级的含量应该直线下降，这证明了在浮选机格子板上部形成了悬浮层，有利于密度大、浓度高的矿物的浮选。从槽内不同深度的浓度也反映出了这一点。

7.2.3.3　CLF-40 型浮选机性能

A　动力学性能

CLF-40 型浮选机浮选动力学测试在矿浆中进行，主要进行了充气量、空气分散度、转速、功率、空气保有量等有关参数的测定。浮选机动力学测试结果见表 7.30。此外，由于生产中浮选机所使用的充气量不能代表浮选机的最大充气量，将出厂前在清水中进行的浮选机最大充气量测试的结果列在表 7.31 中。

表 7.30　CLF-40 型浮选机矿浆中动力学测试结果

浮选机作业	扫三-1	扫二-1	粗二-1	粗一
充气量/m^3·(m^2·min)$^{-1}$	1.03	1.19	1.52	1.64
空气分散度	5.83	6.25	4.58	3.51
电动机功率/kW	45.5	51.5	51	45
空气保有量/%	12.40	15.20	17.13	16.35

表 7.31　浮选机清水中动力学测试结果

浮选机类型	CLF-40 型浮选机			
充气量/m^3·(m^2·min)$^{-1}$	0.61	1.04	1.31	1.76
空气分散度	4.67	5.61	3.61	2.72

动力学测试结果如图 7.38、图 7.39 所示。结果表明，随着充气量的增大，空气分散度先增大后减小。CLF-40 型浮选机带矿时在其充气量高达 1.64m^3/（m^2·min）时，空气分散度亦为 3.51，最大充气量在 1.8m^3/（m^2·min）左右，证明该机的充气量大，空气分散均匀，充气性能优于一般浮选机，可以满足冶炼炉渣等粗重颗粒物的浮选要求。

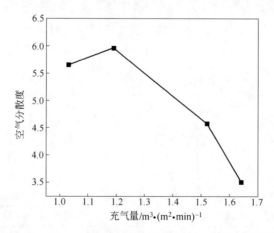

图 7.38　CLF-40 型浮选机空气分散度与充气量的关系

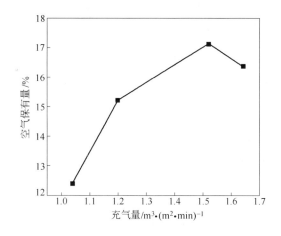

图 7.39 CLF-40 型浮选机空气保有量与充气量的关系

在不同的充气量条件下，浮选机的功耗相差不大，这与以往清水测试时所得的浮选机功耗随着充气量的增大而减小的规律不相符。其原因为不同浮选作业的入选浓度不同，随着浮选过程的进行，下一个作业的浮选浓度均低于前面的浮选作业，所需的充气量也低于前面的浮选作业，而浮选机功耗随着浮选浓度的减小而减小。

B 矿浆悬浮能力

为考察矿浆悬浮能力，测定了浮选机内不同深度的矿粒分布情况及浓度。由于 40m³ 浮选机格子板距溢流堰距离为 2.15m，在格子板下取一点，格子板上附近取一点，以测量是否在格子板上形成悬浮层。因此 CLF-40 型浮选机在距溢流堰下方 0.5m、1.0m、1.5m、2.0m、2.4m 深处 5 个矿浆层面采样，并进行水析及品位分析，分析结果见表 7.32。

表 7.32 CLF-40 型浮选机矿浆悬浮能力试验结果

深度 /m	浓度 /%	粒级/mm							
		+0.074		0.043~0.074		0.038~0.043		−0.038	
		质量分数/%	金属分布率/%	质量分数/%	金属分布率/%	质量分数/%	金属分布率/%	质量分数/%	金属分布率/%
0.5	54.01	2.5	4.26	21	29.63	6	19.22	70.5	46.88
1.0	52.73	5.5	8.58	20	32.29	8.5	15.70	66	43.43
1.5	59.06	6	8.04	25.5	37.99	6.5	11.96	62	42.02
2.0	75.89	7.5	11.83	24.5	35.66	8.0	10.67	60.0	41.84
2.4	70.39	17.5	25.98	19	22.18	13	19.05	50.5	32.80

从表 7.32 可以看出，金属多数分布在 0.043~0.074mm 和−0.038mm 两个粒级，达 70% 以上，这两个粒级在 0.5m 和 2.4m 的含量较少，在 1.0m、1.5m、2.0m 处的含量较多。而对于一般浮选机而言，从槽底往上，各粒级的含量应该直线下降，这证明了在浮选机格子板上部形成了悬浮层，有利于密度大、浓度高的矿物的浮选。从槽内不同深度的浓度也反映出了这一点。

C 工艺指标

CLF-40 型浮选机从 2005 年 11 月投产应用，经过流程调试、设备调试阶段后，进入生产试验阶段，表 7.33 累计了生产试验阶段的指标，并将其与预期指标对比，结果表明，在原矿品位相当的情况下，所得的精矿高 2.31%，尾矿品位高 0.16%，所得的回收率高 0.79%。

表 7.33　指标对比　　　　　　　　　　　　　　（%）

项　目	原矿品位	精矿品位	尾矿品位	回收率
生产试验累计指标	2.32	27.18	0.4	83.93
预期指标	2.04	24.87	0.37	83.14
生产试验–预期指标	0.28	2.31	0.16	0.79

7.2.4　YX 型闪速浮选机

YX 型闪速浮选机是一种单槽用于磨矿分级回路中的充气式浮选机，用于分选螺旋分级机或旋流器沉砂，提前获得已单体解离的粗粒矿物。

7.2.4.1　工作原理和关键结构

YX 型闪速浮选机结构如图 7.40 所示，主要有槽体、定子、转子、中心筒、空心主轴、支架、传动机构等。

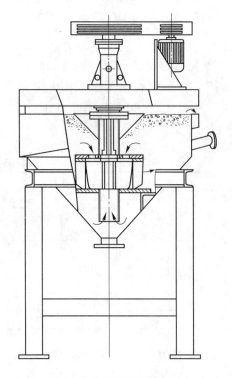

图 7.40　闪速浮选机结构

YX 型闪速浮选机的特点在于：

（1）叶轮定子下安有矿浆循环筒，用于促进叶轮下矿浆循环和矿粒悬浮，使可浮矿物多次进入叶轮区，增加捕收概率；

（2）叶轮上部设有上循环通道，产生上循环，增加搅拌力度和均匀性，同时使药剂与

矿粒充分接触;

（3）槽体采用锥形底，消除槽内死角，避免堵塞，同时起浓密作用，使尾矿通过下锥体浓密、均匀地排出。

A　工作原理

工作时，电动机通过皮带传动带动主轴及其下端的叶轮旋转。叶轮转动时由中心向外甩出矿浆和空气，叶轮腔内部形成负压，产生抽吸作用，能促使矿浆循环。叶轮的强烈搅拌促使空气、矿浆和药剂混合，并使其获得动能。在其通过定子的定向叶片时，切向速度转变为径向速度，产生局部湍流，使空气、矿浆和药剂进一步混合，气泡细化。带有大量气泡的矿浆离开叶轮和定向叶片进入槽内矿化区。有价矿物和脉石矿物分离后，矿化气泡上升到泡沫区在推泡锥的作用下自溢浮出或者刮板刮出得到闪速浮选精矿。叶轮、定子下部装有矿浆循环筒，起作用主要是促进叶轮下部矿浆循环，以利于矿粒悬浮，使可浮矿物反复进入叶轮区，与新鲜空气和药剂混合作用，增加入选几率。叶轮上部也设有上循环通道，产生上循环，一是增加搅拌力度和均匀性，二是使选矿药剂与矿物颗粒在搅拌中充分接触。槽体下部为圆锥形，以消除沉槽死角，避免堵塞和起浓密作用。尾矿通过下锥体浓密、积聚，均匀地排出，进入磨矿机再磨。

B　关键结构

a　叶轮

采用下部为锥形的鼓形叶轮（图7.41），即叶轮叶片的上部径向边缘为圆弧形，叶轮叶片的下部径向边缘为倒锥形。该形状叶轮更符合粗粒浮选要求，磨损小。

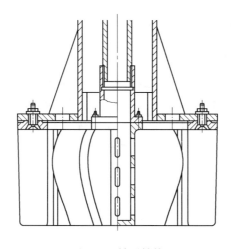

图7.41　转子结构

b　上下循环通道

中心筒下部的圆盘上设有沿圆周方向均布的孔，借助叶轮旋转所形成的负压构成上循环通道，产生上循环，增加搅拌力度和均匀性，同时使药剂与矿粒充分接触。

叶轮下部的保护盘上带有循环管，借助叶轮旋转所形成的负压构成下循环通道（图7.42），用于促进叶轮下矿浆循环和矿粒悬浮，使可浮矿物多次进入叶轮区，增加捕收概率。

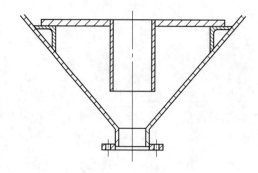

图 7.42 下循环通道

c 槽体

槽体采用圆柱形，底部为锥形底，消除槽内死角，避免堵塞，同时起浓密作用，使尾矿通过下锥体浓密、均匀地排出。

目前 YX 型闪速浮选机具有容积为 1~8m³ 多种规格，其技术参数见表 7.34。

表 7.34 YX 型浮选机技术参数

机 型	有效容积/ m³	安装功率/ kW	最小进口风压/ kPa	充气量/m³·（m²·min）⁻¹
YX-1 型	1	15	>9	0.05~1.4
YX-2 型	2	15	>10	0.05~1.4
YX-4 型	4	18.5	>13	0.05~1.4
YX-6 型	6	22	>15	0.05~1.4
YX-8 型	8	22	>17	0.05~1.4

7.2.4.2 YX 型闪速浮选机性能

YX 型闪速浮选机在较多的矿山得到了成功应用，单台浮选设备取得了很好的选矿效果。在德兴铜矿泗洲选矿厂的试验表明，该机能实现在高浓度、粗颗粒状态下浮选，底流浓度可达 70%~75%；筛分结果表明，精矿+0.074mm 占 68.89%，而常规浮选精矿+0.074mm仅占 27.79%，浮选精矿中含 8.34g/t，作业回收率为 14.096%。在安徽狮子山铜矿的应用表明，金和银品位分别提高 5.96%和 14.25%，回收率提高 13.22%和 6.26%，系统生产能力提高 3.84%而且还有利于脱水等后续作业。

参 考 文 献

[1] CALLOW J M. Ore-flotation apparatus: US Patent, 1124856[P].1915-01-12.

[2] CALLOW J M. Notes on flotation, AIME Transactions, 1916: 3~24.

[3] BOOTH L E. Aerating machine: US Patent, 2055065[P]. 1936-09-22.

[4] SAWANT S B, JOSHI J B, PANGARKAR V G. Mass transfer and hydrodynamic characteristics of the Denver type of flotation cells [J]. The Chemical Engineering Journal, 1981,2（1）: 11~19.

[5] VANTHUYNE M, MAES A, CAUWENBERG P. The use of flotation techniques in the remediation of heavy metal contaminated sediments and soils: an overview of controlling factors[J]. Minerals Engineering,2003, 16（11）: 1131~1141.

[6]　吴亦瑞. 吸浆型 HCC 充气搅拌浮选机[J]. 有色金属（选矿部分），1994（6）：18~20.

[7]　屈中莲. 新型 EKOFLOT-V 浮选机在国外的应用[J].有色矿山, 1998（2）：30~33.

[8]　樊庆铎. 新一代泡沫浮选机 EKOFLOT—V[J]. 鹤煤科技, 1997（1）：45~49.

[9]　李建国，李清华. EKOFLOT 充气式浮选机[J]. 选煤技术, 1992（3）：47~51.

[10]　应曼倩. 德国选煤技术的研究和发展[J]. 世界煤炭技术, 1993（9）：25~26.

[11]　ЧЕРИШХ　С И. 新一代浮选机[J]. 国外锡工业, 1993, 21（3）：19~22.

[12]　切尔内赫　С N. 节能高处理量筒型充气浮选[J].国外金属矿选矿, 2003（8）：4~8.

[13]　奥拉瓦伊年　Х. 芬兰奥托昆普公司浮选机的研究与开发[J].国外金属矿选矿, 2002（4）：32~34.

[14]　OUTOTEC. Flotation technologies [EB]. Helsinki, Finland. January 2008. www.outokumpu.com.

[15]　ZHENG X, KNOPJES L. Modelling of froth transportation in industrial flotation cells Part Ⅱ: Modelling of froth transportation in an Outokumpu tank flotation cell at the Anglo Platinum Bafokeng —Rasimone Platinum Mine （BRPM） concentrator [J]. Minerals Engineering, 1994（17）：989~1000.

[16]　沈政昌,刘桂芝,卢世杰,等. BGRIMM 系列浮选机的特点与应用[J].有色金属（选矿部分），1999（6）：31~33.

[17]　HARBORT G，BONO S D, CART D，et al. Jameson cell fundamentals-revised perspective[J]. Minerals Engineering，2003，（16）：1091, 1101.

[18]　卡斯蒂尔　K. 浮选的进展[J]. 国外金属矿选矿, 2006（4）：10~13.

[19]　拉符涅科　А А. 浮选设备的生产现状与主要发展方向[J]. 国外金属矿选矿, 2007.（12）：4~12.

[20]　Metso. Flotation Machines. Sweden. 2003. www.metsominerals.com.

[21]　沈政昌，刘振春，卢世杰.KYF-50 型充气机械搅拌式浮选机设计研究[C]//第四届全国选矿设备学术会议，122.

[22]　沈政昌，刘振春，卢世杰.KYF-50 充气机械搅拌式浮选机研制[J].矿冶，2001（3）：31~36.

[23]　沈政昌.160 m³ 浮选机浮选动力学研究[J].有色金属（选矿部分），2005（5）：33~35.

[24]　沈政昌.KYF-160 型浮选机工业试验研究[J].有色金属（选矿部分），2006（3）：37~41.

[25]　沈政昌.200 m³ 超大型充气机械搅拌式浮选机设计与研究[J].有色金属，2006（5）：100~103.

[26]　谢卫红.200 m³ 超大型充气机械搅拌式浮选机的研究应用[J].有色设备，2010（2）：5~8.

[27]　沈政昌.320 m³ 大型充气机械搅拌式浮选机研制[C]//中国工程院化工冶金与材料工程学部第七届学术会议论文集. 北京：化学工业出版社，2009：788~793.

8 浮选机过程控制系统

8.1 浮选机过程控制系统发展与现状

浮选机过程控制是指为满足各选矿厂的生产需求而使用的连续监测和自动控制技术，主要包括生产安全、生产效益、产品质量、环境保护等。过程控制实施的方法主要是以采用合适的控制器、检测仪表以及执行单元为硬件基础，同时通过设计人员或现场操作人员的参与和配合来实现的[1]。浮选过程控制是提高浮选效率的重要方法。

浮选机过程控制技术从 20 世纪 40 年代发展以来，获得了飞速发展，它从实质上改变了传统选矿技术相对落后的不利局面。按照传统的选矿工艺，操作工是凭借着自己的经验来手动调节各选矿变量，对工艺流程的控制既不够准确又不及时，这样就造成生产很难达到理想的指标，并且劳动环境也很差[2]。自动化检测技术可以及时有效地指示出选矿过程各参数的变化，并根据反馈的结果及时准确地自动调整浮选相关参数，这两项技术的应用不仅提升了选矿指标，而且还降低了能耗，有效改善了劳动条件。根据国内外资料的统计[3]，自动化技术应用在选矿厂后，一般能使设备效率提高 10%～15%；劳动生产效率提高 25%～50%；生产成本降低 3%～5%。

8.1.1 国内外浮选机过程控制技术的早期发展

1915 年，普林斯顿大学的 Louis Ricketts 教授在设计日处理量 15000t/d 的 Inspiration 选矿厂时，已经开始使用大型机械设备，包括给料机、皮带输送机、球磨机、浮选机、旋流器、取样机等[4]。随着工艺技术的提高，Inspiration 选矿厂中碱的用量被控制在一定范围内时，调整黄药可以调整尾矿中硫化铜的含量。但当矿石的类型和品位发生变化时，设备还不能自动报警，只能依靠现场操作工进行观察。Inspiration 选矿厂的过程控制系统有助于稳定工艺流程和减少外界干扰，这对于控制系统在浮选的发展是很重要的。当时的 Inspiration 选矿厂，检测和控制水平达到了如此高度，这对于浮选自控技术的发展产生了深远的影响。

从 1918 年到 1928 年，浮选机过程控制被安装在很多选矿厂，如 R&D 项目、大学实验室等[5]。这些项目使浮选控制性能从滞后逐渐向高效、可预测和可控性发展。不过当时，在线分析仪还不能快速指示出品位和回收率。但是有经验的操作工能目测到浮选指标的好坏，当指标变差时，操作工就会及时改变药剂量、液位高度或充气量来提升指标。

1927 年，美国矿山协会、冶金协会和石油协会在盐湖城组织了一次关于浮选发展的会议[6]，然后在 1928 年再次讨论了这个问题。但是，经济危机的到来，使浮选技术停滞不前。对控制来说，当时流量检测技术的不成熟，也是个制约其发展的因素。

二战期间，控制技术的发展，也带动了冶金行业发展，一些新型的传感器出现了。例如压力传感器，不仅可以探测矿浆的液位，还可以计算出矿浆的密度[7]。电磁流量计和密度压力表可以测量矿浆的流量，它们主要的作用是检测磨机的出矿量，例如应用在亚利桑那州的 Duval Sierrita 选矿厂。

取样后能快速分析出原矿或精矿的品位一直是个难点。直到 1956 年，在 Broken 选矿厂发明了一种 X 射线荧光分析仪[8]，大大减少了取样分析时间。由原来化验分析时间 4h，变为了现在的 0.5h，但对于如今几分钟的载流分析技术来说，此阶段也只是个过渡期。

我国的选矿自动化起步较晚，直到 20 世纪 50 年代末期才开始，也是一个由简单到复杂的过程[9]。从 20 世纪 50 年代末到 70 年代中期，由于受当时在线检测仪表和控制技术的限制，选矿厂利用模拟量仪表，主要对浮选机过程实现单回路、单参数控制或多回路控制。例如在 60 年代，北京矿冶研究总院在白银选矿厂研制的给矿控制、pH 值控制、溢流浓度控制就是单回路单参数控制。

到 70 年代，大型集成电路的出现，带动了浮选电气设备的发展。特别是载流分析仪，大型集成电路在硬件上给它提供了帮助。OSA 系统在研制初期，遇到了一些物理及机械上的难题，但是随着科技的发展，这些问题也随之解决[10]。

1970 年，对于加拿大的矿山史来说，是标志性的一年。精矿在线分析仪、数字电脑控制等现代化设备都出现在了选矿厂，并且能很好地控制浮选过程[11]。对于一些新选矿厂的设计，首先制定自动控制方案是很常见的。芬兰的奥托昆普公司在自控领域发展很快，该公司在 Keretti 矿山开采低品位硫铁矿时，开发了一套载流分析仪[12]。载流分析仪的准确性在奥托昆普其他五个选矿厂都得到了验证，然后开始对外销售。X 荧光载流分析系统，在 1970 年奥托昆普的实验室研制成功，加速了自动控制系统在浮选工艺中的发展。

在 70 年代中期，出现了选矿厂集中监控室。监控人员可以在远端获得选矿厂设备的运行信息，并且可以远程指导现场操作工进行操作[13]。那时电脑的配置是很低的，内存只有 8kB，但是它足以处理从设备反馈回来的电信号。浮选控制程序的设计者，在编写能满足控制要求的代码同时，对浮选工艺流程有了更深刻的认识，为设计出更高效的代码奠定了坚实的基础。

从 70 年代后期，国内的选矿厂开始采用单片机对选矿的某些参数进行控制，如北京矿冶研究总院与八家子铅锌矿合作，用 TP2801 单片机控制浮选机的选矿过程；昆明冶金研究院在易门铜矿木奔选矿厂采用 TP2801 单片机控制取得成功。北京矿冶研究总院、中南工业大学等单位用国产 JS210 小型计算机在磨矿分级过程进行直接数字控制。安徽铜陵冬瓜山选矿厂，从芬兰引进 Pmscon20/200 计算机控制系统，江西永平铜矿从美国引进计算机系统，所有这些对浮选过程自动化的发展起到了促进作用[14]。

8.1.2 国内外浮选机过程控制的现状

国内外选矿厂的自动化集成程度也越来越高，其中浮选机的控制系统按照复杂程度、硬件要求及性能也分为了三种不同层次，依次为：稳定控制、监督控制、最优控制。

8.1.2.1 稳定控制

浮选机控制回路主要包括浮选机液位控制、充气量控制以及药剂添加量控制等。对于每个单回路控制，操作工只需输入一个设定值，就能将自动变量保持在这个设定值上。所有控制回路的程序都在一个过程控制器来执行，PID 控制算法用在每一个控制回路[15]。早期的浮选自动控制一般包括一个或两个 PID 控制回路，但是现在的 DCS 系统可能包含上百个 PID 回路。一个好的可调控制器，可以保持矿浆稳定在设定位置。例如当矿浆的流量突然增加时，液位会升高，此时为了保持设定液位，本作业的阀门会开大，也就造成下一个作业的给矿量增大。这种干扰会从一槽波及另外一槽，整个系统的调稳也就需要一段时间。精准的液位控制，如今可以采用监督控制系统或其他更加灵活有效的现代控制策略。

在澳大利亚的 Century 选矿厂，拥有当时最大的浮选过程控制系统[16]。包括 79 台 200m³ 的浮选机、45 套液位控制。考虑到每个作业的联动关系，单回路 PID 控制可能存在不足，所以需要新的控制算法来实现液位控制。

8.1.2.2　监督控制

监督控制系统指稳定控制回路，能自动调节设定值，使所有控制回路同时动作以达到浮选回路性能最佳化[17]。这些设定值的调整都是根据测得的浮选效率，同某些性能指标或控制目标作比较后进行的。

监管控制系统作为一个更高水平的控制系统，可以减少操作工很多重复的工作。例如操作工可以通过 X 荧光分析仪每间隔 5min 观测尾矿的取样结果，依据指标好时的给药量、充气量以及液位等参数来设定当前的浮选参数，以获得更好的选矿目标。这样虽然保证了回收率，但是可能导致精矿品位偏低。监督控制无法协调两个指标间的关联影响，为了解决这个问题，控制专家用了很多方法来协调各个工艺流程之间的影响，典型的就是最优控制。

8.1.2.3　最优控制

最优控制系统采用优化技术，按照品位或回收率等目标将浮选条件控制在适合的范围内。其中有一种方法是在选矿厂监控系统中，记录尽量多的数据，并从中抽取指标较好的数据进行训练，来找到最优的浮选过程参数组合。

定向逻辑和基于规则的控制算法已经被用在浮选参数设置上，这样的系统就如同一个有丰富经验的操作工一样，参数设定值一直朝着最优的方向调整，后来被称作专家控制系统。它是由人工智能专家发展起来的，可以模拟有经验的专家来解决一些问题。

目前，工业生产中常用的浮选过程控制系统包括浮选机液位控制、浮选机充气量控制和浮选机泡沫图像分析等。

8.2　浮选机液位控制

浮选机液位控制是浮选机过程控制最重要的组成部分。槽内矿浆液位的稳定，不仅是浮选机设备本身、工艺流程的正常运行的重要前提，而且可以有效降低安全隐患，更重要的是它对生产指标的提高也有着直接的影响。特别对于大型浮选机来说，保持浮选槽中矿浆液面的稳定，有利于稳定精矿品位、提高回收率。在浮选过程中，高质量的泡沫分上、中、下三层，最上层泡沫的精矿品位最高，越往下精矿品位越低。液位的高低直接影响最终产品的品位和回收率，特别是在精选作业中，提高矿浆液位，则可以提高回收率，然而精矿品位就降低；降低矿浆液位，则可提高精矿品位，然而回收率又会降低，因此保持浮选机液位在一个合适的高度，是提高浮选作业技术经济指标的一个关键因素。

在选矿生产过程中，浮选机液位的高低容易受到多方面扰动因素的影响，磨矿回路不稳定，入矿浓度以及阀门开度变化都会给浮选机液位带来影响，浮选机液位控制技术就是结合现代化的检测仪表，在周期性的和非控制性的扰动量发生作用之前或之后，通过运用及时有效的调节手段来保持矿浆液面高度的稳定。

目前,国内外的多个浮选机生产厂家均研发出来了配套的浮选机液位控制系统,例如 Outotec 公司的 EXACT,FLSmidth 公司的 ECS,以及北京矿冶研究总院的 BFLC。虽然不同厂家的液位控制系统在具体形式和技术细节上略有差别,但基本都是由三个主要单元组成:液位检测单元、执行机构单元以及控制策略单元。本节以北京矿冶研究总院的 BFLC 型浮选机液位控制系统为例,详细介绍浮选机液位控制系统。

浮选机液位控制系统由液位测量装置、就地控制箱和执行机构三部分组成。其工作原理:首先,由液位测量装置把检测到的液面高度转换成三线制 4~20mA 直流标准电流信号,就地控制箱内的主控制器将传输过来的电流信号进行 A/D 转换后,通过浮选液位专用控制算法进行一系列运算后 D/A 输出驱动电流信号至气动执行机构,气动执行机构根据电流大小线性调节排矿阀的开度,最终实现调控液面高度的目的。图 8.1 所示为 BFLC 型浮选机液位控制系统原理。BFLC 浮选机液位控制系统可以实现对多槽浮选作业液位的自动调节,保证浮选流程的工作稳定,有效稳定精矿品位和回收率,满足工艺指标要求。该系统控制精确稳定、操作维护简单、运行稳定可靠,已经在全国多数选矿厂得到了广泛应用,得到了业内人士的好评。

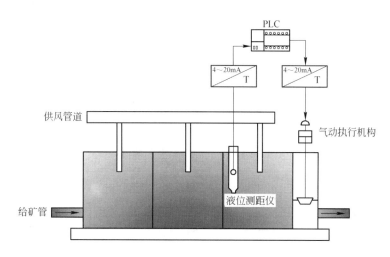

图 8.1　BFLC 型浮选机液位自动控制系统原理

8.2.1　液位检测装置

在浮选过程中,浮选槽内的矿浆会由于叶轮的旋转产生强烈的搅拌,同时由于充气和药剂的影响,浮选槽内会产生大量的气泡。疏水矿粒会附着在气泡上,被气泡带到矿浆面而积聚成矿化泡沫层,亲水的脉石粒留在矿浆中。这个过程是在固(矿粒)-液(水)-气(气泡)三相界面上进行的,液面上方堆积了较厚的泡沫层,而且浮选槽内有着强烈的搅拌,矿浆本身带有黏性和腐蚀性,这样就给浮选机的液位测量带来难度,需要重点解决浮选机液位测量问题[18]。

浮选机液位检测方式曾出现过许多种,例如电容式、静压式、吹气式、恒浮力式等,但均由于浮选槽内的复杂检测环境,不是检测精准度差,就是维护量大且寿命短暂。BFLC 型浮选机液位检测装置较好地解决了这个难题,激光-浮子式液位测量仪采用激光测距原理，由激光测距仪、隔离筒、液位支架、浮子组件构成（图 8.2）。液位支架、隔离筒及浮子组件全部采用不锈钢材质，设计精巧、经久耐用、拆卸方便。激光测距仪安装简易、测量范围广、信号精确稳定、防护等级高。液位支架同时集成了一套冲洗装置，具有消除隔离筒内产生的泡沫的作用，以减少浮选泡沫黏附在浮子组件表面，避免泡沫黏附影响测量精度。同时隔离筒可以阻隔浮选机叶轮搅拌时带来的剧烈冲击，并且可以有效减少筒内的浮选泡沫，从而确保能够检测到真实的液面高度。浮子组件包括浮球、浮球连杆和反射盘。

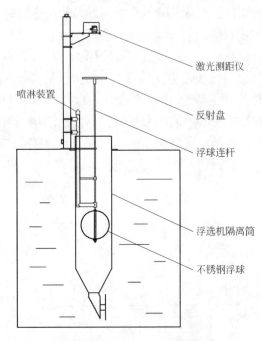

图 8.2 BFLC 浮选机液位检测装置

浮球内置于隔离筒中，通过悬臂的作用，与浮球连接的反射盘会随着矿浆液面的波动而垂直上下运动，激光测距仪不断测出与反射盘的距离，然后输出 4~20mA 直流信号给主控制器，经过换算来确定液位高度。如图 8.3 所示，当矿浆面到达溢流堰处时，激光传感器和反射盘距离为 H_0，标定此时泡沫层厚度为 0mm。当浮球探测到最深液位时，传感器和反射盘距离为 H_2，标定此时泡沫层最大厚度值 $H_{max} = H_2 - H_0$，一般情况下，500mm $\leqslant$ $H_{max} \leqslant$ 1000mm。泡沫层厚度 H 计算公式为：

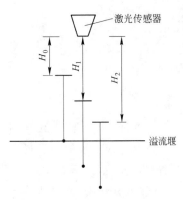

图 8.3 液位测量原理

$$H = H_1 - H_0 \qquad (8.1)$$

通过较多工业对比试验，如在室内使用，测距传感器选择激光传感器较为合理；而在室外考虑到光线的影响，多采用超声波传感器。

8.2.2 执行机构

在液位控制系统中，执行机构输出动作控制排矿阀门的开度，执行机构的性能直接影响着液位控制效果的好坏。BFLC 型浮选机液位控制系统的执行机构分为电动执行机构和气动执行机构两种类型。气动执行机构接收电流信号，可以实现自动控制（图 8.4）；而电动执行机构通常起到的只是辅助调节的作用，只能手动操作。

气动执行机构配有智能定位器，具有线性度好、调节精度高、控制灵敏的特点。它垂直安装于浮选机中尾矿箱正上方的安装支架上，与浮选设备中间箱、尾矿箱内的阀杆连接，输出垂直位移，带动阀杆及阀体沿垂直方向上下动作，从而改变中尾矿箱矿浆流通面积，即改变中尾矿箱的排矿流量，来达到调整浮选机液位的目的。气动执行机构必须与阀杆、阀体同心安装。同时配有手轮机构，在仪表气源断开时可手动调节汽缸行程。当出现断气、断电、断信号故障时，气动执行机构还可实现保位的功能。

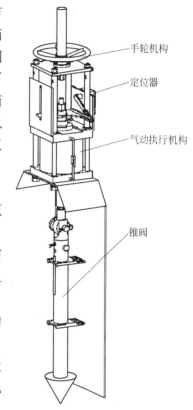

手轮机构

定位器

气动执行机构

锥阀

气动执行机构的关键部件为阀门定位器，它的控制原理是：以压缩空气为动力，接收调节单元或人工给定的 4～20mA 直流电信号或 0.02～1MPa 气信号，转变成与输入信号相对应的直线位移，以调节介质流量。当定位器有输入信号时，定位器输出压力推动活塞及活塞杆做直线运动，活塞杆带动滑板及摆臂运动，反馈到定位器，当活塞移动到与输入信号相对应的位置时，定位器关闭输出压力。

根据浮选机处理量的差别，不同的液位控制回路配置不同数量的气动执行机构，通常大型浮选机配置双气动执行机构，即两台执行机构都参与调节；而对于小型浮选机，由于处理能力小，通常一台执行机构即可以满足调节需求，同时配套电动执行机构作为辅助，避免当气动执行机构出现问题时影响正常生产。

图 8.4 BFLC 浮选机气动执行
机构、锥阀组件

气动执行机构和电动执行机构相比，在以下几方面具有优势性：

（1）允许短时间内，阀门进行频繁的调节，耐用性比电动执行机构强。

（2）浮选机尾矿锥阀选用线性化设计，气动执行机构的良好线性度，恰好是两者配合实现液位稳定控制的重要前提。

（3）气动执行机构的能耗也要低很多。

（4）气动执行机构的输出力为柔性力，安全系数高，不用担心电动执行机构可能会在阀门压得过死或阀杆不同心时的过电流状况。

试验证明，在满足控制效果的情况下，采用单气动执行机构控制和双气动执行机构控制各有利弊：使用单气动执行机构控制时，由于调节排矿量小，为了保证液位的平稳，阀门的开度变化幅度往往在 10%左右；而双气动执行机构控制时，由于调节排矿量大，在保持液位平稳时，阀门开度的变化幅度在 3%左右，而且调节更为灵敏，调节时间短，超调量小。对于整个浮选流程来说，排矿阀开度变化的幅度和频度，决定了后续作业液位的控制效果，从试验来看，采用双气动执行机构实施液位控制对于处理量大的大型浮选机来说其液位控制效果更为优良。

8.2.3　液位控制策略

8.2.3.1　单回路 PID 控制策略

单回路控制系统通常是单个检测变送器、控制器、执行机构和被控对象构成的根据偏差实现控制的闭环控制系统，它是简单控制系统，也是单参数控制系统，使用非常广泛，占总控制回路数的 80%左右。

液位控制属于工业控制的一个重要分支，技术也相对成熟。PID 控制算法凭借其结构简单、容易实现、调整方便等优点在液位控制中被广泛应用[19]。

PID 控制器是一种线性控制器，它根据给定值 $y_d(t)$ 与实际输出值 $y(t)$ 构成控制偏差：

$$error(t) = y_d(t) - y(t) \tag{8.2}$$

PID 的控制规律为：

$$u(t) = K_p[error(t) + \frac{1}{K_i}\int_0^t error(t)\mathrm{d}t + \frac{K_d \mathrm{d}error(t)}{\mathrm{d}t}] \tag{8.3}$$

或写成传递函数的形式：

$$G(s) = \frac{U(s)}{E(s)} = K_p(1 + \frac{1}{K_i s} + K_d s) \tag{8.4}$$

式中　K_p——比例系数；

K_i——积分时间常数；

K_d——微分时间常数。

从系统的稳定性、响应速度、超调量和稳态精度等各方面来考虑，K_p、K_i、K_d 的作用如下[20]：

（1）比例系数 K_p 的作用是加快系统的响应速度，提高系统的调节精度。其值越大，系统的响应速度越快，调节精度越高，但容易产生超调或不稳。K_p 取值过小，则会降低调节精度，使响应速度缓慢，使系统静态、动态特性变坏。

（2）积分时间常数 K_i 的作用是消除稳态误差。K_i 的值越大，系统的静态误差消除越快，但 K_i 过大，在响应过程的初期会产生积分饱和现象，从而引起响应过程的较大超调。若 K_i 过小，将使系统静态误差难以消除，影响系统的调节精度。

（3）微分时间常数 K_d 的作用是改善系统的动态特性，其作用主要是在响应过程中抑制偏差向任何方向的变化，对偏差变化提前预报。但 K_d 过大，会使响应过程提前制动，从而延长调节时间，而且会降低系统的抗干扰性能。

常规 PID 控制技术成熟，通常用来控制小型浮选机的液位，但针对于大型浮选机液位控制，常规 PID 控制已不能满足实际要求，主要存在如下问题：

（1）磨浮回路的不稳定，会给浮选机液位带来较大扰动，常规 PID 控制响应时间长，调节缓慢且易超调，特别是在初始给料或因设备故障停料时，控制不稳现象更为明显。

（2）大型浮选机的液位系统由于槽体容积大，存在大滞后性因素，P、I、D 三个控制参数较难整定。

（3）浮选机容量大，处理量大，作业时间短。以江铜大山选矿厂试验为例，采用的是两槽作业，矿浆从进入一台 200m³ 浮选机到进入下一个浮选作业，仅有 6min，而在每个槽停留的时间仅为 3min，因而要求液位控制调节灵敏，否则容易出现冒矿事故。

（4）浮选机的排矿量大。在实际应用中，大型浮选机不仅采用了流通面积更大的排矿阀，而且是双阀进行排矿，因而在液位调节过程中，不能只注重液位的稳定，还要注意排矿量的稳定，以免引起该浮选槽的液位波动，也同时避免对后续作业液位的影响，所以，排矿阀的动作就不能太过频繁，其开度变化幅度也不能太大。

由于浮选机矿浆液位存在这些非线性、迟滞大、多变量互相耦合的特点，因此必须在通用的控制算法中寻求一种专用于液位控制的改进算法，在液位控制实验中，对各种改进算法进行了比较研究，最终确立了一种液位专用控制算法（图 8.5）。

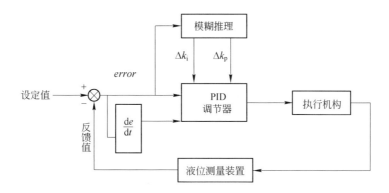

图 8.5　浮选机液位控制系统原理

自适应模糊 PID 控制是解决以上问题的有效途径，它将模糊理论和 PID 算法相结合，调节快速，鲁棒性强。以偏差 E 和偏差变化率 E_C 作为输入，利用模糊推理规则在线对 PID 进行自整定，以满足不同时刻的 E 和 E_C 对 PID 参数的要求。当系统出现大扰动时，输出值也可以快速恢复到设定值上。

液位控制系统中，一般只调整比例系数 P 与积分系数 I 两个参数就能稳定液位，所以此模糊控制模型为两输入（偏差 E 和偏差变化率 E_C）和两输出（Δk_p 和 Δk_i）。模糊语言变量均划分为{NB，NM，NS，ZO，PS，PM，PB}，子集中元素分别代表{负大，负中，负小，零，正小，正中，正大}。

模糊推理是模糊控制的核心，建立模糊控制规则库成为一个关键问题[21]。它一般基于控制理论和操作者的实际经验。在浮选液位系统中：

（1）当偏差 E 较大时，为了快速地抑制偏差，提高响应速度，Δk_p 的取值要增大，Δk_i 的取值要减小。当偏差 E 较小时，为了继续消除 E 的影响，防止带来大的超调，产生振荡，Δk_p 的取值要减小，Δk_i 的取值也要减小。当偏差 E 很小时，以消除稳态误差为目的，Δk_p 的取值要继续变小，Δk_i 的取值可以稍大或者不变。

（2）偏差变化 E_C，为偏差变化的速率。其值越大，Δk_p 的取值要减小，Δk_i 的取值增大。相反，当 E_C 变小时，Δk_p 的取值要增大，Δk_i 的取值要减小。

根据自适应模糊 PID 参数整定规则，结合浮选机液位的实际情况，建立关于 Δk_p 和 Δk_i 的模糊规则表，见表 8.1 和表 8.2。

BFLC 型浮选机液位控制策略是以模糊 PID 控制为核心，同时还在此算法上进行了优化设计，加入了滤波和死区等外围程序。

表 8.1　Δk_{p} 的模糊规则

Δk_{p}		E						
		NB	NM	NS	ZO	PS	PM	PB
E_{C}	NB	PB	PB	PM	PM	PS	ZO	ZO
	NM	PB	PB	PM	PS	PS	ZO	NS
	NS	PM	PM	PM	PS	ZO	NS	NS
	ZO	PM	PM	PS	ZO	NS	NM	NM
	PS	PS	PS	ZO	NS	NS	NM	NM
	PM	PS	ZO	NS	NM	NM	NM	NB
	PB	ZO	ZO	NM	NM	NM	NB	NB

表 8.2　Δk_{i} 的模糊规则

Δk_{i}		E						
		NB	NM	NS	ZO	PS	PM	PB
E_{C}	NB	NB	NB	NM	NM	NS	ZO	ZO
	NM	NB	NB	NM	NS	ZO	PS	PS
	NS	NB	NM	NS	NS	ZO	PS	PS
	ZO	NM	NM	NS	ZO	PS	PM	PM
	PS	NM	NS	ZO	PS	PS	PM	PB
	PM	ZO	ZO	PS	PS	PM	PB	PB
	PB	ZO	ZO	PS	PM	PM	PB	PB

对于充气式浮选机来说，虽然隔离筒已经起到了隔离叶轮强烈搅拌产生的冲击力的作用，但是浮球仍旧会出现小幅的波动，这样就需要在软件中对液位信号进行滤波，通过调节滤波系数，减少了干扰的影响，使液位更为平稳。

对于 PID 控制算法，它是基于偏差的控制，只要有偏差的存在，就有控制信号的输出，因此，液位的波动，经常会引起执行机构的频繁动作，这极大地降低了执行机构的寿命，同时引起了后续作业液位的扰动。而死区的设置，不仅可以避免执行机构动作过于频繁，保护执行机构，延长其使用寿命，同时也可防止由于外界信号干扰，尾矿阀偶尔的大开大合造成的堵塞或液位振荡强烈等不利情况，同时也保证了后续作业中液位的稳定。

8.2.3.2　多作业协同控制策略

根据浮选流程，浮选机每一个系列都是多套液位控制串联而成，矿浆从一个作业传递到下一个作业，由于多种干扰源的存在和浮选作业的串联分布，使得作业之间相互耦合、相互影响，如果仅仅采用以前常用的单回路 PID 控制，则越到后面的流程，液位波动越大。因为采用单回路控制，每套液位只关注自己液位的变化，只有当干扰引起了一定的液位波动，使液位与设定值的偏差存在时，PID 才会起作用，这种对于干扰的调节是滞后的。因此，采用单回路 PID 进行控制，往往很难从宏观上对整个浮选流程进行把控，全作业的稳定系数较低。浮选槽的干扰源主要来自入口流量、循环泵的流量、调节阀的开度变化，而这些干扰引起的浮选液位波动，随着浮选作业的传递而传递，并有放大的趋势，因此，导致后续作业的液位波动逐级增大而使控制效果恶化。

BFLC 型浮选机液位控制系统通过现场总线将液位实时数据上传至 DCS，这就为全系列浮选流程进行整体控制提供了可能，即浮选机多作业液位协同控制技术，其具体控制原理如图 8.6 所示。

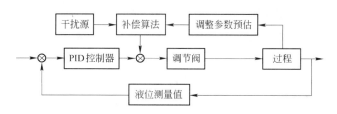

图 8.6 浮选多作业液位协同控制技术

浮选机多作业液位协同控制技术，同时管理整个浮选流程，它能够在干扰影响到浮选液位之前，采取有效的补偿措施，以抑制扰动。同时，该技术立足于整个浮选流程，管理整个浮选流程中的液位变化情况，无论是采用浮选机还是浮选柱，对于连续的矿浆流程，采用了整体的控制思路，当有干扰时，通过模型预估，使液位的干扰和波动能够预先感知，能够在干扰还没影响到液位之前，通过调节阀门开度，将干扰在过程中进行抑制，从而保证了液位的稳定。因此，这种技术可以有效地防止干扰，抑制液位波动。

8.2.4 BFLC 型浮选机液位控制系统工业应用

对于液位控制系统来讲，无论是外充气式浮选机和自吸气式浮选机，它们所配备的液位检测装置、执行机构和控制策略基本相同，下文以 BFLC 型浮选机液位控制系统在 KYF-200 型浮选机工业试验中的应用为例，介绍使用情况及数据分析。

8.2.4.1 系统开环试验结果分析

系统的开环特性如图 8.7 所示，当汽缸开度上升 5% 时，液面降低。过渡过程时间 246s，液面下降距离 25mm。

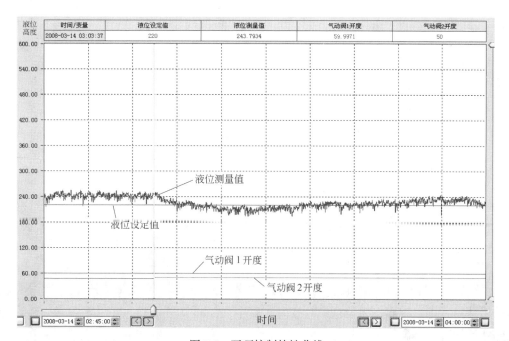

图 8.7 开环控制特性曲线

8.2.4.2　全手动液位控制

在试验初期，采用全手动控制，即双汽缸都工作在手动模式下，由操作员进行阀门开度设置，进行液位调节。手动控制效果如图 8.8 所示。

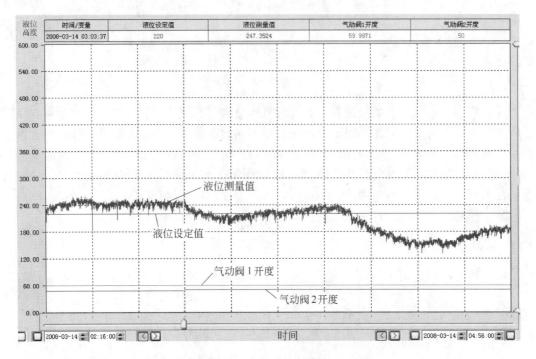

图 8.8　全手动控制曲线

由图 8.8 可以看出，全手动控制时，液位波动较大，且存在液位平衡态偏移，主要原因是不能对给矿量波动进行及时有效调节，即手动控制无抗干扰能力。

8.2.4.3　单汽缸液位自动控制

对于单汽缸自动控制，即其中一个汽缸定在设定的手动开度值，另一个汽缸接受控制器传来的自动控制信号，进行自动调节。

控制效果曲线如图 8.9 所示。

由控制曲线可以看出，液位自动控制曲线波动小，一直在设定值附近做小范围的波动，稳态误差在 10mm 之内。

与手动控制作对比可知，自动控制能够对给矿量变化做出自动调整，而手动控制不能及时有效地调整，这说明自动控制具有抗扰动功能，而手动控制无抗扰动性。

在系统稳定运行中，改变设定值，给系统一个单位阶跃输入，考察系统动态跟随性能指标。

由图 8.10 可以看出，系统延迟时间 1s，调节时间 t_s=54s，系统最大超调量为 1.6%。从动态特性曲线可以看出，当设定值改变时，反应快，调节时间短，超调量小，说明系统动态跟随性能好，精度较高。

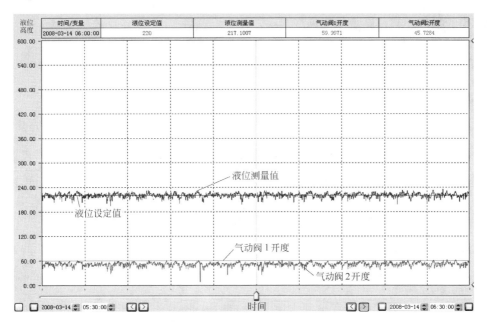

图 8.9 单汽缸液位自动控制特性曲线

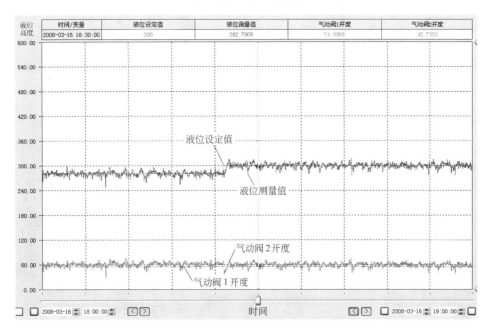

图 8.10 设定值上调液位自动控制特性曲线

8.2.4.4 双汽缸液位自动控制

对于双汽缸自动控制，即两个汽缸均接受控制器传来的自动控制信号，进行自动调节。控制效果曲线如图 8.11 所示。

由图 8.11 可知，液位自动控制曲线波动小，一直在设定值附近作小范围的波动，稳态误差在 10mm 之内。采用双汽缸自动控制之后，相比于单汽缸自动控制，存在两个优势：一是调节更加灵敏，反应更快；二是阀门开度的波动更小，对后续作业影响小。可见，双汽缸液位控制平稳，控制效果优良。

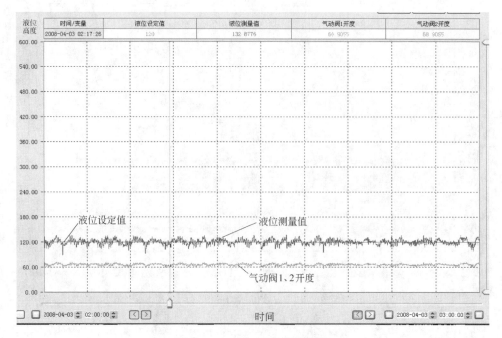

图 8.11　双汽缸液位控制曲线

在系统稳定运行中，改变设定值，给系统一个单位阶跃输入，考察系统动态跟随性能指标。

由图 8.12 可以看出，系统延迟时间 0.5s，调节时间 t_s=43s，系统最大超调量为 1.4%。可以看出，系统能很快地跟随设定值变化，调节时间短，超调量小。相比于单汽缸的动态

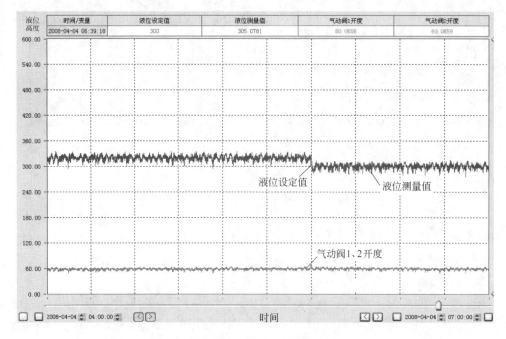

图 8.12　设定值下调液位自动控制特性曲线

性能，双汽缸自动控制更加灵敏，调节时间更短，超调量更小，即双汽缸控制的动态特性优于单汽缸控制的动态特性。

8.3 浮选机充气量控制

充气量被认为是浮选机控制中最灵活、最敏感的参数，它在与浮选药剂有效混合矿浆中形成大量的气泡，增大矿浆的表面张力，把被捕收剂捕获到的有价元素带到泡沫层。控制充气量的目的是提高泡沫负载速率，使各种不同粒级矿物在不同作业中得到充分回收。充气量过大，使浮选机中的矿浆翻花，气泡层被破坏，有价矿粒从气泡上脱落下来；充气量过小，泡沫负载速率慢，矿物在不同作业中得不到充分回收。维持浮选机充气量的稳定性，不仅对浮选的分离过程起到重要作用，而且可以有效改善浮选指标，因此浮选充气量控制是一种最经济的有效控制手段。

8.3.1 充气量检测装置与控制装置

浮选机充气量的特点是低压力、低风速、大风量，一般风压在 11 ~ 65kPa，风速为 0.5 ~ 1.7m/s。目前，较为常见的用于检测浮选过程充气量的方式有三种。它们在价格、检测原理和维护成本等方面各有优势，并且在包括浮选机在内的多个工业现场得到了广泛应用。这三种方式包括热式气体质量流量计、文氏管路压差气体流量计、空速管或均速管压差气体流量计[22]。

8.3.1.1 热式气体质量流量计

测量原理如图 8.13 所示。

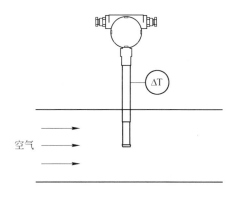

图 8.13 热式气体质量流量计测量原理

热式测量原理是通过监控经由热交换器（热电阻 PT 100）的气流的冷却效应来实现的。经由传感区域的气流需要通过两个温度传感器（热电阻 PT 100），一个用于温度测量，另一个用于加热。前者监控实际过程温度值；后者维持恒定温度值，使其总是高于实际过程温度且与该过程温度保持恒定的温度差。气体的质量流量越大，冷却效应就越大，维持差分温度所需的能量也就越大。因此，通过测量加热器的能量便可得出被测气体的质量流量。它以标准单位测量气体质量流量而无需温度和压力补偿，可测量风速为 0 ~ 163m/s 的空气，测量精度：±1%FS。热式气体流量计采用插入式安装，压损极小可忽略不计，测量管径为 80 ~ 500mm。其特点是安装简易、方便维护，但同时成本较高。

8.3.1.2　文氏管路压差气体流量计

文氏管路压差气体流量计测量原理如图 8.14 所示。

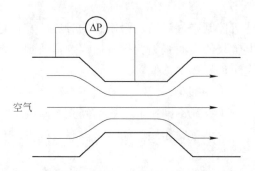

图 8.14　文氏管路压差气体流量计测量原理

逐渐变窄的文氏管路起到了限制气体流速的作用，通过检测气体通过时产生的压降来计算气体流速。这种检测方式稳定可靠、压降较小、测量精准，但同时它也有占用空间大和造价昂贵等不足。

8.3.1.3　空速管或均速管压差气体流量计

空速管或均速管压差气体流量计测量原理如图 8.15 所示。

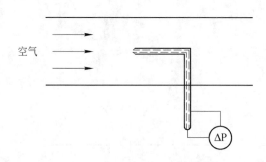

图 8.15　空速管或均速管压差气体流量计测量原理

空速管或均速管压差气体流量计都是通过比较内部管道压力和静态气体压力之间的压差来计算出气体流速。它们之间的不同点是空速管压差气体流量计的检测点只有一个，而均速管压差气体流量计采用多点测量法，并把计算出来的平均值作为气体速率。这两种方式都具有精度高和压降小的优势。

压差气体流量计的问题在于安装时均需要占用较大的空间，并且需要很长一截直管段来保证测量的精确性。针对这种情况，目前提出的解决办法是减小管道直径，进而可以缩短所需直管段的长度。

充气量调节阀门通常采用自控蝶阀，因为蝶阀价格低廉且完全可以满足浮选机充气量控制的精度要求。它的特点是：

（1）小型轻便，容易拆装及维修，并可在任何位置安装；

（2）结构简单、紧凑，回转启闭迅速，启闭次数多达数十万次，寿命长；

（3）流阻小、流通能力大，固有流量特性为近似等百分比特性，调节性能好；

（4）可以安装多种附件，既可作为开关使用也可以通过安装定位器实现连续调节。

8.3.2 充气量自动控制策略

浮选充气量自动控制对浮选过程起着非常重要的作用。浮选效果通常对于充气量的变化比对泡沫厚度的变化敏感度更高，与药剂添加量相比，空气可以说是"最便宜的药剂"，并且充气量再大也不会留下任何残留浓缩物，所以充气量可以起到更加有效的调节作用。

充气量控制系统是浮选过程控制的重要一环，它常常和浮选液位控制、加药控制系统联合作用，如长流程浮选机的串级控制便是通过同时调节液位和充气量两个变量来实现的。

一般来讲，浮选充气量自动控制相比浮选的其他过程控制更加容易一些，一个简单的前馈/反馈 PI 控制回路就足以实现对充气量的调节。充气量自动控制的原理如图 8.16 所示。充气量自动控制方案是测量浮选机充气量，将充气量信号送至控制仪表，由控制仪表接收充气量信号，并根据充气量设定值，输出控制信号给充气量调节阀，自动调整阀门的开度，使充气量稳定在设定值。

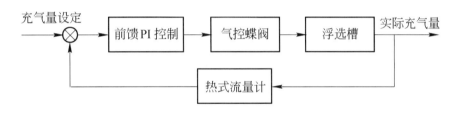

图 8.16　浮选机充气量控制系统原理

调节阀门的大小对控制效果有着至关重要的影响，如果选用的阀门口径过大，虽然可以有效降低压损，但控制精确性却是非常有限，而且会迅速对浮选效果及液位波动产生较大影响。如果浮选机采用的是水平配置，且一个作业由一个管道总体供风，现场通常是手动调节浮选机入口蝶阀来调整每台浮选机的进风量。通常自吸气式的浮选机是不配备充气量自动控制系统的，因为这种浮选机吸入的总风量毕竟是有限的，尤其在高海拔的地方尤为突出，这在某种程度上限制了浮选过程控制系统的应用以及先进控制策略的实施。

8.3.3 BFLC 型浮选机充气量控制系统工业应用

下文介绍 BFLC 型浮选机充气量控制系统在 KYF-200 型浮选机工业试验中的应用情况及数据分析。

8.3.3.1 充气量手动控制

手动控制即由操作员设定蝶阀开度，进行充气量调节，其控制曲线如图 8.17 所示。

由图 8.17 可以看出，手动控制时，充气量并不平稳，存在稳态偏移，原因在于手动控制没有抗干扰性能。

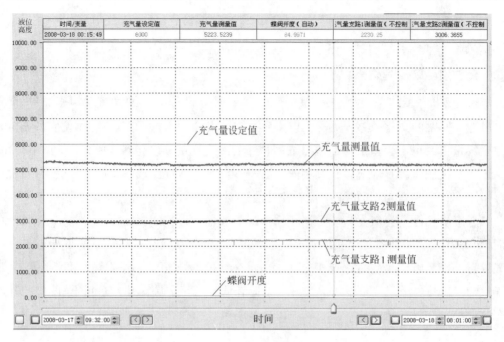

图 8.17　充气量手动控制曲线

8.3.3.2　充气量自动控制

充气量自动控制采用的是由操作员设定充气量设定值，控制器采集空气流量信号后进行运算处理，输出控制信号给蝶阀，进行充气量自动调节。自动控制的控制效果如图 8.18 所示。

由图 8.18 可以看出，充气量控制平稳，蝶阀开度波动小，最大动态误差在 $50m^3/h$。

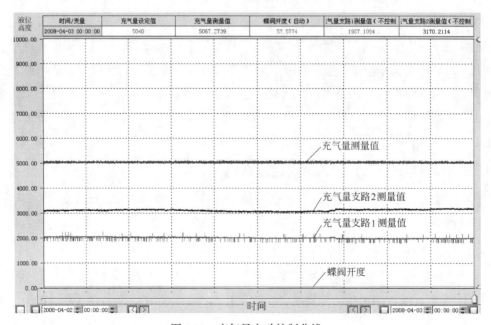

图 8.18　充气量自动控制曲线

充气量自动控制系统控制稳定、波动小，完全可以满足浮选设备对气量的要求。

8.4　浮选机泡沫图像分析

近年来，随着计算机技术、软件技术、数字图像技术和图像采集设备的迅猛发展，数字图像技术已逐渐渗透科学研究、工业生产和日常生活的各个方面，并发挥越来越大的作用。以"计算机视觉"代替人的视觉，加强数字图像技术在选矿过程中的应用研究，利用当代最新数字图像技术成果来促进在浮选泡沫图像技术的开发，对实现选矿厂的智能化控制具有非常重要的意义。

浮选泡沫体是由很多大小不一、形状各异、颜色不同的矿化气泡组成（图 8.19），其包含有大量与浮选过程变量及浮选结果有关的信息。其中泡沫的速度、大小以及颜色对于浮选控制策略来说是三个很关键的参数：泡沫的移动速度可以表征浮选机的刮泡量；泡沫的大小和纹理可以表征所给药剂量是否合适；泡沫的颜色和亮度可以描述精矿的品位和回收率[23]。

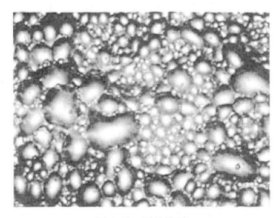

图 8.19　浮选泡沫

泡沫图像是由固定在浮选机正上方的高清照相机通过采集泡沫表面的数字影像而来，泡沫图像处理技术在浮选过程控制上的应用，显著地提高了工艺指标和自动化程度。了解浮选泡沫图像处理的系统构成和泡沫物理参数的算法，以及图像处理技术在浮选过程控制中的应用及特点，对掌握和使用泡沫图像处理技术具有重要的意义。

8.4.1　浮选泡沫图像相关设备及实现方法

1998 年，澳大利亚的 Nguyen 教授利用计算机强大的计算能力，发明了第一台应用在工业上的泡沫图像分析系统[24]。这套系统使用了多个高精度 CCD 相机，然后把拍到的图片通过光纤发送到计算机中。这套系统可以计算泡沫的速度、推断泡沫的面积等。

JK Froth Camera 系统首次安装在一个选煤的浮选柱中，后来也安装在了一个铜选矿厂中，也获得了成功。从 1998 年，Nguyen 设计的系统被很多公司采购并应用。

图 8.20 所示为 Outotec 公司的图像采集设备和 Metso Cisa 公司的泡沫图像分析系统。图像采集设备安装在离泡沫层最近，且泡沫又溅不到的最低位置。光线的强度对于图像分析的算法来说是极其重要的，所以在 CCD 照相机旁边安装了遮阳板和 LED 灯等辅助设备。

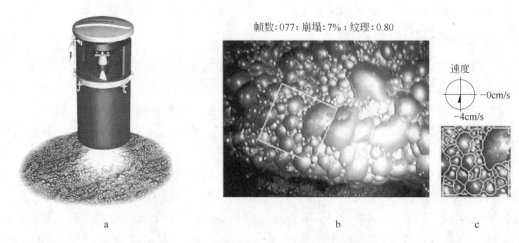

图 8.20　图像采集设备和泡沫图像分析系统

图 8.20a 所示为安装在泡沫层上方的图像采集设备。CCD 照相机每分钟捕捉 25 帧的画面，然后通过光纤或同轴电缆传输给计算机。图 8.20b 所示为拍摄泡沫的一个近景，图 8.20c 所示为照相机可以旋转、拉近和拉远，这样就可以捕捉到对图像分析最有价值的图片。在图 8.20c 上方有一个记录泡沫在坐标 X 轴和 Y 轴的画面，图 8.20c 的图片则划定了每个泡沫的轮廓。这个系统对实时性的要求很高，只有这样才能测量出泡沫的速度、大小、黏度和颜色。

在国内，北京矿冶研究总院设计的 BFIPS-I 型浮选泡沫图像处理系统处于领先水平。该系统由软、硬件平台组成，硬件平台主要由相机子系统、照明子系统、机械架构子系统、图像处理工作站等组成；软件平台主要基于 VS 2005 .NET 平台开发，包括图像获取模块、图像特征参数提取模块、品位预测模块等[25]。

浮选泡沫图像处理系统的核心技术主要包括基于规则的区域生长图像分割方法、基于属性匹配的浮选视频测速方法、改进型 BP 神经网络数字模型等技术。

8.4.2　浮选机泡沫图像分析在浮选过程控制系统中的应用

由北京矿冶研究总院研制的泡沫图像分析仪目前已经在山东黄金焦家金矿、江西德兴铜矿大山选矿厂等现场安装使用，该泡沫图像分析仪的应用有效地指导了现场生产，为浮选作业的优化控制奠定了坚实基础。

图 8.21 所示为 BFIPS-I 型浮选泡沫图像处理系统在江西德兴铜矿大山选矿厂的应用图片，它分别被安装在了 KYF-200 型浮选机一步粗选第一槽和二步粗选第二槽上，泡沫分析仪的中控箱对四台图像获取设备进行集中监控。考虑到获取图像的视频流数据量较大，每台相机达到了 40MB/s，所以采用了千兆网络以及光纤传输到控制室的泡沫图像处理工作站，根据在大山选矿厂获取的 100 个样本数据，其中 80 个样本建立数学模型，20 个样本验证建立好的数学模型，化验品位、预测品位及其相对误差统计结果见表 8.3[26]。

根据实际的取样数据对比分析，预测品位与实际化验品位的平均相对误差达到了 9.78%，很好地反映了品位变化的趋势。

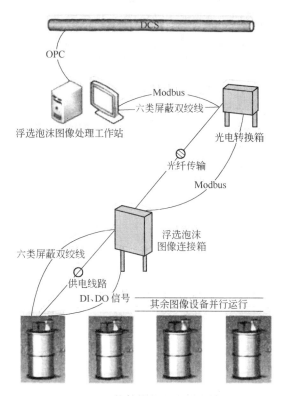

图 8.21　泡沫图像分析仪应用

表 8.3　预测铜品位与化验铜品位对比

样本序号	1	2	3	4	5	6	7	8	9	10
化验品位	5.90	10.05	5.45	4.56	7.73	7.54	6.94	6.96	5.29	18.07
预测品位	7.26	9.12	5.87	4.46	6.04	9.66	7.16	6.35	5.52	18.83
相对误差	23.10	−9.20	7.80	−2.10	−21.80	28.10	3.10	−8.80	4.30	4.20
样本序号	11	12	13	14	15	16	17	18	19	20
化验品位	16.33	15.62	12.07	15.23	12.49	8.64	7.63	13.99	17.88	15.71
预测品位	16.83	15.53	12.04	13.76	11.81	7.62	9.02	13.22	19.77	18.55
相对误差	3.10	−0.60	−0.30	−9.60	−5.50	−11.80	18.20	−5.50	10.60	18.10

8.5　浮选机过程控制存在的问题和发展趋势

8.5.1　浮选机过程控制存在的问题

　　虽然近 10 年来，浮选机过程控制得到了较快的发展，但是跟其他的行业相比仍相对较慢，影响其发展的几个主要因素为：

　　（1）自动化相关仪表还没有突破性的进展，一些与矿浆相关的检测仪表仍然存在可靠性能差、测量精度不高、使用寿命短等老问题[27]，例如现在能检测浮选机泡沫层厚度的传感器市场上仍没有成熟的产品，这些都是影响选矿过程控制应用水平的重要因素。

　　（2）在浮选过程控制算法中，现在使用较多的还是简单 PID 控制。虽然现在浮选控制领域结合了很多优化算法，例如模糊控制、神经网络、遗传算法以及专家系统等，但是这些大都处于理论研究探讨阶段，实际应用在选矿厂中的高性能控制算法还不多。

（3）随着浮选机大型化的发展，对自动化集成度要求也越来越高。例如矿浆的流量检测、气量和泡沫层厚度控制、泡沫图像分析系统以及 X 射线荧光分析仪等品位检测装置都有必要安装。但是系统检测的数据毕竟只能反映部分浮选流程的特征，一些浮选参数还得靠更先进的控制技术来检测。

（4）大多数选矿厂在现场的设备和系统维护方面存在不足，现场对系统的维护和调整缺少专业的技术骨干，造成控制设备在投产后较短的时间内运行状况良好，但是当设备发生故障时，现场的技术人员很难解决，特别是电气自动化这部分，解决不及时将会影响选矿厂的正常生产。

8.5.2　浮选机过程控制的发展趋势

8.5.2.1　传感器技术的智能化、数字化、虚拟化

近年来，传感器技术得到了很快发展，工业中也出现了不少新型传感器，但是近年来对产品质量的要求也越来越高，如传感器的稳定性、精确性、及时性和可重复性，这些因素对于为过程控制提供可靠数据是极为有用的。传感器的智能化、数字化为控制装置之间实现网络连接提供了条件，凭借现场总线技术成功地实现了多方向、多变量的数据传输，逐一替代了老式的单变量和单方向的直接输入输出的设备装置。虚拟化技术则是以通用的硬件平台为基础，完全依靠软件技术来实现传感器特定的硬件功能。这些对于缩短产品开发周期以及降低成本，都是非常有必要的。

8.5.2.2　自动控制理论、方法的改进及其优化

浮选工艺并不是一个简单的工业过程，因为它包含了很多难处理、复杂的自动化技术难点，例如控制系统容易出现的非线性、时变、易超调、多变量和随机干扰等特点。这样就要求控制单元具有强鲁棒性和适应性，随着智能化控制技术的不断迈进，将会有更多、更优化的控制策略应用在浮选生产流程中。以下几个控制策略将引导过程控制技术的发展方向[28]：

（1）模型预测控制，主要是根据某些选矿过程的模型不易准确地搭建而引进来的。基于模型的分析方法可以进一步分为两个子类，即：经验学模型和现象学模型。经验学模型由各种将测量的输入、输出数据关联起来的统计方法构成，涉及两个或两个以上独立变量和因变量的多变量模型，可以用于预测控制。此外，通过不断分析浮选回路数据，并且不断纠正调整基于模型的预测控制器，可以使其适应不断变化的条件（即自适应控制）。自适应控制对于浮选控制这种非线性，过程复杂的情况显得尤为重要。许多浮选预测控制系统常常包括自适应控制方面。目前虽然有较多的专门论述基于模型的多变量控制系统的文献，但在行业中的应用数量仍然相对较小。一阶浮选动力学模型便是属于现象学模型的一种，它是建立在这样的假设条件下：矿浆颗粒的数量是决定颗粒与气泡相撞速度的第一要素，并且泡沫浓度保持恒定。我们可以使用化学反应类比法来为浮选机建模，即固体颗粒从矿浆中移除出去的过程可以由一阶速率方程来定义。以上模型的实验结果比较理想，特别是在鲁棒性和稳定性的出色体现。因此，它将成为未来选矿自动控制领域中很重要的一种控制策略。

（2）最优控制。最优控制最根本功能就是让选矿厂利用最少的资源成本来获得最大的经济利益，通过寻找最优的过程参数组合，使其浮选指标达到最优。应用到的技术主要有人工神经网络、归纳机器学习等智能控制算法。在国内外的一些矿企中，集散控制系统已经得到了广泛应用，但是基于集散控制系统中浮选过程参数的优化将是今后的一个发展方向。

8.5.2.3　向"智能化矿山"迈进

由于计算机技术、网络技术以及自动化技术的不断发展，矿山行业的信息化方向应该向综合化、数字化、多功能领域发展。从实际的行业出发，应该把以网络信息技术作为核心的数字矿山当做信息化发展的方向和目标[29]。矿山信息化主要表现在生产过程控制、经营管理系统的搭建以及生产安全的监控；强化统筹规划，对选矿厂的每个职能、每个系统之间的信息流通逐渐完善，"信息孤岛"问题才能被有效地解决。同时对相关软件的开发力度应增强，加快对矿山领域内的高科技IT人才的重点培养和加大其引进力度。

参 考 文 献

[1] 韩龙. 选矿过程控制的发展现状和前景展望[J]. 有色金属，2000，52(4): 123~125.

[2] 李振兴，文书明，罗良烽. 选矿过程自动检测与自动化综述[J]. 云南冶金，2008，37(3): 20~21.

[3] 丁长兴，韩龙. 实现选矿过程控制是选矿工业发展的必由之路[J]. 国外金属矿选矿，1999，36(9): 29~33.

[4] LYNCH A J，WATT J S，FINCH J A，et al. History of flotation technology[C]// Proceedings Centenary of Flotation Symposium，2005: 15~18.

[5] AMSDEN M P，CHAPMAN C，READING M B. Computer control of flotation at Ecstall concentrator[J]. CIM Bulletin，1973(9): 84~91.

[6] AUSIMM BROKEN HILL BRANCH. The development of processes for the treatment of crude ore，accumulated dumps of tailing and slime at Broken Hill，New South Wales，AusIMM Proceedings，1930，80: 379~444.

[7] BEHREND G M. Mill instrumentation and process control in the Canadian mining industry，in Milling Practice in Canada[M]. Montreal: Canadian Institute of Mining and Metallurgy，1978:23~44.

[8] HUGHES D V. Sampling systems for on-stream X-ray analysers in ore-dressing plants[J]. Transactions of the Institute of Measurement and Control，1983，5(4):185~191.

[9] 聂光华，林和荣. 选矿厂过程控制的现状及发展前景[J]. 矿产综合利用，2007(5):28~29.

[10] STUMP N W，ROBERTS A N.On-stream analysis and computer control at the New Broken Hill Consolidated Limited concentrator，AIME Transactions，1974，256:143~148.

[11] WATT J S，GRAVITIS V L. Radioisotope X-ray fluorescence techniques applied to onstream analysis of mineral process streams，in Automatic Control in Mining，Mineral and Metal Processing，IFAC International Symposium，Sydney，1973(8) :199~205(Institution of Engineers).

[12] LESKINEN T，KOSKINEN J，LAPPALAINEN S，et al. On-stream analysers and Outokumpu concentrators，presented to 74th Annual Meeting of the CIM[M]. Montreal:Canadian Institute of Mining and Metallurgy，1972.

[13] MULLER B，SMITH G C，SMIT S，et al. Enhancing flotation performance with process control at Century Mine，in Proceedings Metallurgical Plant Design and Operating Strategies (Met Plant) [M]. Melbourne:The Australasian Institute of Mining and Metallurgy 2004 Conference，2004: 337~350.

[14] 王丰雨，张覃，黄宋魏. 我国选矿自动化评述[J]. 国外金属矿选矿，2006(8) : 18~21.

[15] 杜计划. 自控技术在国内选矿厂的应用[J]. 金属矿山，1998(10)：42~44.

[16] SINGH A，LOUW J J，HULBERT D G. Flotation stabilization and optimization [J]. Journal of the South African Institute of Mining and Metallurgy，2003(11)：581~588.

[17] JOHN A，HERBST S.浮选操作的控制系统[J]. 有色矿山，1993(2)：40~44.

[18] 苏军，杨朝虹.浮选机液位控制系统在钾盐浮选中的应用[J]. 矿冶，2008，17(2).

[19] 杨文旺，武涛.微处理量浮选柱液位控制系统的设计与研究[J]. 有色金属(选矿部分)，2011(6)：53~55.

[20] 刘金琨. 先进 PID 控制 MATLAB 仿真[M]. 北京：电子工业出版社，2010.

[21] 李国勇. 智能预测控制及其 MATLAB 实现[M]. 北京：电子工业出版社，2009.

[22] SHEAN B J, CILLIERS J J. A review of froth flotation control [J]. International Journal of Mineral Processing 100，2011：57~71.

[23] 何桂春，黄开启.浮选指标与浮选泡沫数字图像关系研究[J]. 金属矿山，2008(8)：96~101.

[24] RUNGE K, MASTER J M, WORTLEY M, et al. 2007. A correlation between Visio Froth measurements and the performance of a flotation cell，in Proceedings Ninth Mill Operators' Conference [M]. Melbourne: The Australasian Institute of Mining and Metallurgy，2007: 79~86.

[25] 梁栋华，于飞，赵建军，等. BFIPS-I 型浮选泡沫图像处理系统的应用与研究[J]. 有色金属（选矿部分），2011(1)：43~45.

[26] 汪中伟，梁栋华.基于浮选泡沫图像特征参数的应用研究[J]. 矿冶，2011(20)：82~85.

[27] 陆博，李映根. 专用浮选液位控制器的设计与应用[J]. 矿冶，2009，18(3)：91~93.

[28] 秦虎，刘志红，黄宋魏. 碎矿磨矿及浮选自动化发展趋势[J]. 云南冶金，2010，39(3)：13~16.

[29] 蒋京名，王李管.DIMINE 矿业软件推动我国数字化矿山发展[J]. 中国矿业，2009，18(10)：91~93.

9 浮选机的选型设计

浮选机的选型设计影响因素较多，不仅包括矿石性质、矿石处理量、磨矿粒度、浓度和药剂制度等选矿工艺条件，而且受厂房尺寸与浮选机类型等因素影响。浮选机的选型通常按如下顺序进行：（1）确定浮选机的类型；（2）计算浮选机的规格大小；（3）确定浮选机的配置情况；（4）选择配套设备。本章首先对几种典型的浮选机的特点进行对比，然后从浮选机的类型、规格、浮选机的配置及其配套设备选型等四个方面进行讨论，最后介绍浮选机选型的模糊综合评判方法和基于实例推理的浮选机快速选型方法。

9.1 常用几种浮选机的比较

目前国内最常用的浮选机有 KYF、XCF、BF、JJF、GF、CLF 和 CGF 等浮选机，本节主要从它们的结构、充气量或吸气量大小、操作维护方便程度及对矿石选别的适应性等方面进行比较。

（1）浮选机结构。自吸气机械搅拌式浮选机，为了保证可以自吸入空气，对结构进行了特殊设计，通常可以自吸矿浆，如 JJF 型、BF 型及 GF 型浮选机具有吸气或吸浆的功能。而绝大多数充气机械搅拌式浮选机，如 KYF 型和 CLF（直流槽）型浮选机等，不能自吸矿浆，其叶轮仅分散空气和搅拌矿浆，结构相对简单；但由于有些充气机械搅拌式浮选机特殊的结构设计，如 XCF 型、CLF（吸浆槽）型浮选机等，解决了充气式浮选机不能自吸矿浆的世界难题，在充气的同时可以自吸矿浆。

（2）充气量或吸气量。BF 型、GF 型、JJF 型浮选机为自吸气机械搅拌式浮选机，吸气量一般为 $0.8 \sim 1.0 \mathrm{m}^3/(\mathrm{m}^2 \cdot \min)$；KYF 型、XCF 型、CLF 型浮选机为充气式机械搅拌式浮选机，充气量可按需要调整。对于需要气量较大或较小的矿石性质来说，选择充气式浮选机比较合理，气量调节范围宽，调节精确；而自吸式浮选机吸气量大小取决于浮选机的结构及运转参数，气量调节范围比较窄，调节不精确，适用于对气量要求范围宽的矿物的选别。

（3）功率消耗。浮选机大型化后，浮选机的单位容积安装功率和实际功耗比小浮选机大幅度减小。如 JJF16 型的单位容积安装功率为 $1.9 \mathrm{kW/m}^3$，JJF200 型仅为 $1.1 \mathrm{kW/m}^3$；KYF16 型的单位容积安装功率为 $1.35 \mathrm{kW/m}^3$，而 KYF320 型的仅为 $0.65 \mathrm{kW/m}^3$。

（4）设备配置。KYF 型和 JJF 型浮选机原则上各浮选作业之间需阶梯配置，中矿返回需用泡沫泵；GF 型、BF 型、CGF 型和 XCF 型浮选机不需要泡沫泵，流程配置简单便；从浮选机的容积看，$50 \mathrm{m}^3$ 及以下的浮选机采用水平配置较多，$70 \mathrm{m}^3$ 容积以上的浮选机都为阶梯配置。对于 $50 \mathrm{m}^3$ 及以下浮选机，建议采用水平配置，可降低厂房的高度，浮选机布置比较整齐和美观；对于大型浮选机，矿浆量比较大，吸浆槽的吸浆能力受限制，建议采用阶梯配置更加合理。

（5）矿石选别的适应性。以上提到的 KYF、XCF、BF、JJF 和 GF 浮选机多属于常规浮选机，适合于选别有色金属、黑色金属和一些非金属矿常规粒级的选别；对于粒度分布比较粗或入选浓度特别大的矿物可选用 CLF 浮选机；对于盐类矿物和氧化矿浮选则倾向选用充气机械搅拌式浮选机。

9.2　浮选机型号的选择

浮选机的型号的选择与原矿性质(矿石密度、粒度、含泥量、品位、可浮性等)、设备性能、选矿厂规模、流程结构、系统划分等因素有关。选型中应注意以下四个方面的问题：

（1）矿石性质及选别作业要求。对粒度粗或密度大的矿石，一般采用高浓度浮选方法来降低颗粒的沉降速度，减少矿粒沉积。为了适应这一特点，设计中应选用浅槽浮选机或者粗颗粒专用浮选机（比如 CLF 型浮选机）；对于充气量较大的硫化矿和对充气量敏感的氧化矿，一般选用充气机械搅拌式浮选机，便于气量的控制；对于充气量要求适中的矿物，自吸气机械搅拌式浮选机和充气机械搅拌式浮选机都适用。

粗、扫选作业在于提高回收率，一般需要大规格的浮选机，需要较长的溢流堰，加速泡沫的排出；精选作业主要在于提高精矿品位，浮选泡沫层应该厚一些，为脉石更好地分离创造有利条件，不需要充气量较大的浮选机。因此，精选作业的浮选机与粗、扫选作业的浮选机的选择和操作应有所区别。

（2）根据矿浆流量合理地选择浮选机规格。为保证选别效果，必须保证每个浮选槽内的矿浆有一定的驻留时间，时间过长或过短都会造成有用矿物的流失、降低作业回收率，因此，浮选机的规格必须与选矿厂的规模相适应。

为尽量发挥大型浮选机的优越性，浮选系列应尽量减小。对某些易浮的矿石，在条件允许的情况下，甚至考虑单系列生产，按目前国产的浮选机（KYF320 型）系列，每个系列可达 10000～40000t/d，甚至可以更大。

（3）通过技术经济比较确定浮选机的规格与数量。在方案比较中，一般应在选别指标、经营费用、操作管理、维护检修方面进行全面对比，尽量保证设备的型号和规格统一，但对选矿厂而言，选别指标应视为主导因素，应给予足够重视。

（4）注意设备的制造质量及备品、备件供应情况。良好的设备质量及充分的备品、备件供应来源，是保证选矿厂生产的必要条件，型号选择中不容忽视。

9.3　浮选机规格的选择

9.3.1　浮选矿浆体积的计算

浮选矿浆体积按式 9.1 计算：

$$W = \frac{K_1 Q\left(R + \dfrac{1}{\rho}\right)}{60} \tag{9.1}$$

式中　W——计算矿浆体积流量，m^3/min；

　　　K_1——矿浆波动系数，当浮选前为球磨时，$K_1=1.0$，当浮选前为湿式自磨时，$K_1=1.3$；

　　　Q——设计作业流程量（包括返回量），t/h；

　　　R——作业矿浆的液体与固体质量之比；

ρ——矿石的密度。

9.3.2 作业浮选时间的确定

浮选时间的长短对浮选槽容积的大小和浮选指标的好坏影响很大，必须慎重选取。通常根据试验结果并参照类似矿石选矿厂生产实例确定某一作业的浮选时间。试验的浮选时间通常比工业生产的时间要短，在设计中应将试验浮选时间加长，通常乘以调整系数 k，计算公式如下：

$$t = t_0(q_0/q)^{1/2} + \Delta t \tag{9.2}$$

式中　t——设计浮选时间，min；

　　　t_0——试验室浮选机的浮选时间，min；

　　　q_0——试验室浮选机充气量，$m^3/(m^2 \cdot min)$；

　　　q——工业浮选机充气量，$m^3/(m^2 \cdot min)$；

　　　Δt——根据生产实践增加的浮选时间，min，

$$\Delta t = K_{rt} t_0$$

　　　K_{rt}——浮选时间调整系数，随着浮选机容积的变大，浮选机短路情况不可避免地有所增加，为了补偿浮选时间的不足，浮选时间调整系数 K_{rt} 随着浮选机容积必须做出调整：

$$K_{rt} = \begin{cases} 1.5 \sim 3, & V_0 \leqslant 40m^3 \\ 2.0 \sim 3.5, & V_0 > 40m^3 \end{cases}$$

　　　V_0——浮选机的容积，m^3。

9.3.3 作业矿浆驻留时间的计算

矿浆的驻留时间一般认为是矿浆从作业给矿口进入到出口排出时矿浆在浮选机槽体内的平均停留时间。在国内一般认为矿浆在浮选机槽体内的驻留时间近似于浮选时间。

根据本书 4.3.2.4 节矿浆驻留时间动态技术，当浮选机泡沫产率不大时或者浮选机容积小时，将一个作业整体考虑计算，泡沫的溢出体积量不予考虑，作业的驻留时间按式 4.11 计算；当浮选机泡沫产率大或者浮选机容积较大时，作业的驻留时间按式 4.13 计算。

9.3.4 浮选机槽数的计算和确定

考虑到浮选机驻留时间的分两种情况计算，浮选机的槽数的计算依据上述两种情况确定。

（1）浮选机泡沫产率不大时或者浮选机容积小时，令 $t_r = t$。浮选机的槽数计算如下：

$$n = \frac{W_F t}{V_e} \tag{9.3}$$

式中　n——浮选机计算槽数；

　　　W_F——计算矿浆体积，m^3/min；

　　　t——浮选时间，min；

　　　V_e——选用浮选机的有效容积，m^3：

$$V_e = K_2 V$$

K_2——浮选槽有效容积与几何容积之比，当选别硫化矿石时，取 K_2=0.8 ~ 0.85，选别氧化矿（或盐类矿物）时，取 K_2=0.65 ~ 0.75，泡沫层厚时，取小值；

V——浮选机的几何容积，m^3。

（2）浮选机泡沫产率小或者浮选机容积大时，令 $t_r = t$。浮选机的槽数计算如下：

$$n = i \tag{9.4}$$

满足条件：$t = V_e/W_{f_1} + V_e/W_{f_2} + \cdots + V_e/W_{f_i}$

浮选机总槽数可按公式 9.3 和 9.4 一次算出，然后再分成几个系列，也可以先分成几个系列，然后再算出每个系列所需的浮选机槽数。浮选作业系列数目的确定方法：

（1）与磨矿机的系列相同。该方法便于矿浆自流，但不利于稳定矿浆流量和系列之间的互换及生产检测。

（2）与磨机系列不同。该方法便于稳定矿浆流量和系列之间的互换及生产检测，更加有利于实现浮选机大型化的要求，但往往难以实现主矿流自流输送。该方法多用于自动控制水平要求较高的大型选矿厂。

在计算确定浮选机台数时，应避免产生"短路"现象。在小型试验中，槽内所有矿粒都有同样的槽内停留时间，具有同等的可浮机会。但在工业生产的连续浮选过程中，矿粒在浮选槽中停留的时间是不平衡的，存在着停留时间的分布问题，其中部分矿浆（或矿粒）通过浮选回路的速度快于平均的或按名义停留时间算出来速度，这部分矿粒可能很快流入尾矿，得不到充分的回收，这就出现了"短路"现象。因此，为了减少产生"短路"的可能性，每个系列的粗、扫选浮选作业的槽数不宜过少，一般不得少于 6 槽。

随着大型浮选机的应用，浮选单元反应器技术的提高，关于浮选机槽数的概念也在开始变化，目前粗、扫选浮选槽少于 6 个槽的大型选矿厂已有不少实例。甚至单台浮选机作为一个作业的设计理念，逐渐为工程技术人员所接纳。所以在确定每系列浮选机的槽数时，应视浮选机的规格、浮选时间等因素不同，参照类似企业实例选定。

在浮选机的选择中，还应注意中间箱的选用。一般中小型浮选机每 4 ~ 6 槽应设一个中间箱，使被分隔的各区段可单独控制矿浆和泡沫的水平，从而使总回收率达到最佳值；容积大于 50m^3 的大型浮选槽中间箱配置根据工艺条件而定，一般 2 ~ 4 槽为宜；对于容积大于 200m^3 的超大型浮选机一般 1 ~ 2 槽一个中间箱，该中间箱可根据工艺进行外置和内置设计。

此外，为了便于维修、管理和配置，除精选作业外，其他作业最好选用相同型号和规格设备。精选作业应视精矿产率及作业浓度而定，如果精矿产率较大，在不影响选别效果的情况下，也可考虑选用与粗扫选相同型号的浮选机。

9.4 浮选机的配置

浮选工艺确定后，设计浮选流程时首先要考虑的是浮选机的配置方式，在满足浮选工艺的情况下，选择什么样的浮选机或浮选机组，就决定了采用水平配置还是阶梯配置，它涉及矿浆的流动方式和中矿泡沫的返回方式。配置方式决定了浮选厂房的设计和浮选机基础的设计，好的浮选机配置方式能够简化浮选机基础设计，减少厂房高度，降低基本投资。几十年来，北京矿冶研究总院以矿产资源高效开发利用为核心，研制开发出十几个型号上百种规格的浮选机，主要有 KYF、XCF、JJF、BF、GF、CLF、CGF 等，其中 KYF、XCF 和 CLF 属于充气机械搅拌式浮选机，JJF、BF、GF 和 CGF 属于机械搅拌式浮选机。它们能够单独使用，也可以组成联合机组使用，发挥各自的优势。

9.4.1　水平配置

水平配置是指不同作业的浮选机安装在同一个水平面上，中矿在作业间能够通过浮选机的自吸来完成（图9.1）。水平配置省去矿浆泵和泡沫泵等辅助设备，降低了选矿厂能耗和设备维护成本，简化了选矿厂设计，减少了厂房高度。

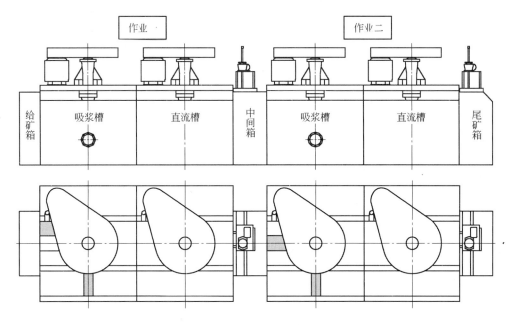

图 9.1　水平配置示意图

能够水平配置的浮选机或浮选机组有 BF 浮选机、GF 浮选机、BF/JJF 浮选机组、GF/JJF 浮选机组、XCF/KYF 浮选机组、GF/KYF 浮选机组、CLF 吸浆槽和直流槽浮选机组等，下面对这些浮选机或机组的情况进行简要的介绍，举出典型的应用实例供参考。

9.4.1.1　BF 浮选机和 GF 浮选机

BF 浮选机和 GF 浮选机都是北京矿冶研究总院研制的机械搅拌式浮选机，具有自吸空气、自吸矿浆、自吸中矿泡沫和浮选四重功能，能够自成浮选回路，不需要风机和泵等辅助设备，作业间水平配置，既可以作吸浆槽，又可以作直流槽，便于浮选流程变更。GF 浮选机侧重解决含金、银等贵金属矿物的浮选问题，单独使用时在金银选矿厂应用较多。

这两种浮选机广泛应用于我国的中小型选矿厂，浮选机单槽容积从 0.15~50m³，比较典型的选矿厂见表9.1。

表 9.1　BF 和 GF 浮选机典型选矿厂

序　号	矿 山 名 称	矿石类型	型　号
1	鞍钢集团弓长岭矿业公司	铁矿	BF-20
2	新疆阿舍勒铜业股份有限公司	铜锌矿	BF-20、BF-10
3	云南驰宏锌锗会泽铅锌矿	铅锌矿	BF-16、BF-8

序号	矿 山 名 称	矿石类型	型 号
4	中国铝业山东分公司	铝土矿	BF-16、BF-8
5	青海元通钾肥有限公司	钾盐矿	BF-20
6	吉林吉恩镍业股份有限公司	镍矿	BF-8、GF-4
7	新疆阿希金矿	金矿	BF-8、BF-2.8
8	大红山铜矿	铜矿	GF-1.1
9	长青钨钼有限公司	钼矿	GF-4、GF-2
10	承德燕山银业有限公司	银矿	GF-2
11	嵩县庙岭金矿	金矿	GF-1.1
12	辽宁后英集团	镁矿	BF-40、BF-24

9.4.1.2　BF/JJF 和 GF/JJF 浮选机组

JJF 浮选机是一种机械搅拌式浮选设备, 它能够自吸空气, 但是不能自吸矿浆和中矿泡沫, 单独使用时要阶梯配置, 矿浆和中矿泡沫返回需要泵来实现。为了实现浮选机水平配置, 常常使用 BF/JJF 浮选机组或 GF/JJF 浮选机组, BF 浮选机或 GF 浮选机作为吸浆槽, JJF 浮选机作为直流槽。

BF/JJF 浮选机组和 GF/JJF 浮选机组的单槽容积为 1~50m³, 能够满足国内外大多数中小型选矿厂的需求。BF/JJF 和 GF/JJF 浮选机组的典型用户见表 9.2。

表 9.2　BF/JJF 和 GF/JJF 浮选机组的典型用户

序 号	矿 山 名 称	矿石类型	型 号
1	西林铅锌矿	铅锌	BF/JJF-8
2	鞍千矿业公司	铁矿	BF/JJF-20
3	陕西大西沟矿业公司	铁矿	BF/JJF-20
4	金川镍业公司	镍矿	GF/JJF-24
5	栾川三强钨钼有限公司	钼矿	GF/JJF-16
6	大红山铁矿	铁矿	GF/JJF-20
7	江西铜业德兴铜矿泗洲选矿厂	铜矿	GF/JJF-28
8	金川集团	镍矿	GF/JJF-28、GF/JJF-24

9.4.1.3　XCF/KYF 浮选机组

KYF 浮选机是北京矿冶研究总院研制的充气机械搅拌式浮选机, 它需要风机提供空气来完成浮选, 没有自吸矿浆和中矿泡沫的能力, 单独使用时需要阶梯配置, 矿浆和中矿泡沫返回需要泵来实现。

XCF 浮选机是一种能够自吸矿浆和中矿泡沫的充气机械搅拌式浮选机, 需要风机来压入空气, 该机在世界上首次攻克了充气式浮选机无法自吸矿浆和中矿泡沫的技术难题, 是我国独有的一种浮选机。XCF 浮选机作吸浆槽, KYF 浮选机作直流槽, XCF/KYF 浮选机组能够很好地实现浮选机的水平配置, 取消泡沫泵的使用。

XCF/KYF 浮选机组的单槽容积最大为 50m³, 是目前我国应用范围最广, 使用量最大的一种充气机械搅拌式浮选机组，近几年的典型用户见表9.3。

表 9.3 XCF/KYF 浮选机组的典型用户

序号	矿 山 名 称	矿石类型	型 号
1	蒙古国图木尔廷-敖包锌矿	锌矿	XCF/KYF-8
2	吉林珲春金矿	金矿	XCF/KYF-40、XCF/KYF-24
3	青海威斯特股份有限公司	铜矿	XCF/KYF-16
4	酒泉钢铁公司	铁矿	XCF/KYF-50
5	武钢大冶铁矿	铁矿	XCF/KYF-50
6	云南磷化集团有限公司	磷矿	XCF/KYF-50、XCF/KYF-30
7	丰宁鑫源钼业有限公司	钼矿	XCF/KYF-50
8	中国铝业公司中州分公司	铝土矿	XCF/KYF-40
9	国投罗布泊钾盐	钾盐	XCF/KYF-50

9.4.1.4 GF/KYF 浮选机组

GF/KYF 浮选机组是用 GF 浮选机作吸浆槽、KYF 浮选机作直流槽的一种机组。这种浮选机组在中矿返回量大的选矿厂应用较多，能够充分发挥 GF 浮选机吸浆能力大的特点。GF/KYF 浮选机组的单槽最大容积 50m³。

铁矿和铝土矿反浮选等选矿工艺中，由于中矿泡沫返回量大，泡沫黏，流动性差，常常选用 GF/KYF 浮选机组，典型用户见表9.4。

表 9.4 GF/KYF 浮选机组典型用户

序号	矿 山 名 称	矿石类型	型 号
1	包头钢铁公司选矿厂	铁矿	GF/KYF-50
2	中国铝业河南分公司	铝土矿	GF/KYF-40
3	哈萨克斯坦铜业公司尼古拉铜矿	铜矿	GF/KYF-40

9.4.1.5 CLF 吸浆槽和直流槽浮选机组

国内外现有的常规浮选机选别最佳粒度范围一般为 10~100μm，对于粗重矿物（如金银等贵重金属，各种炉渣浮选），由于其粒度粗、密度大、浓度大等，普遍存在选别指标不理想，回收率偏低等问题，针对这些特点，北京矿冶研究总院研制了 CLF 全粒级浮选机，处理最大矿物粒度达 1mm。

CLF 浮选机是一种在全新的浮选动力学理念基础上研制的全粒级充气机械搅拌式浮选机。它的特点是特殊的槽体结构和全新的矿浆循环方式，处理粗粒级物料时不沉槽；槽内设有格子板，促使其上方造成粗粒矿物的悬浮层，从而达到粗颗粒浮选的目的，内设循环通道，满足细粒级矿物的矿化和选别。

CLF 浮选机组的单槽容积最大可达 40m³，选用这种浮选机组的典型选矿厂见表9.5。

表 9.5 CLF 浮选机组或浮选机典型选矿厂

序号	矿 山 名 称	矿石类型	型 号
1	江西铜业集团贵溪冶炼厂	炉渣	CLF-8、CLF-40
2	通辽矽砂工业公司	石英砂	CLF-8
3	丰宁三赢矿业公司	磷	CLF-8、CLF-40

续表9.5

序号	矿山名称	矿石类型	型号
4	双滦建龙矿业公司	钛、磷	CLF-8、CLF-40
5	山东阳谷祥光铜业公司	炉渣	CLF-8、CLF-40
6	首钢秘鲁铁矿	黄铁矿	CLF-8
7	重庆钢铁集团太和铁矿	钛、铁	CLF-16

9.4.2　阶梯配置

阶梯配置是指不同作业的浮选机不安装在一个水平面上，各个浮选作业间有高差，上一个作业的矿浆依靠重力自流到下一个作业，中矿泡沫靠泡沫泵返回的一种配置方式(图9.2)。采用阶梯配置时，浮选机各作业间的基础要有一定的高差以便于矿浆自流，因此流程复杂时会增加厂房高度，增加投资费用。但阶梯配置时矿浆通过量不受浮选机吸浆能力的限制，这是阶梯配置最显著的一个优点。

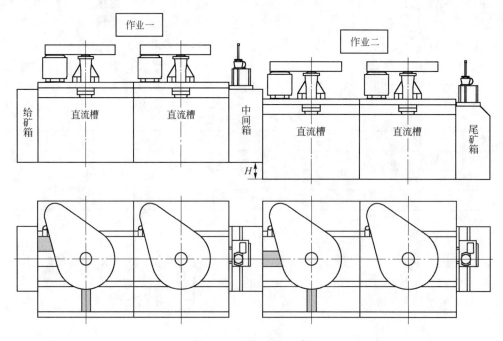

图9.2　阶梯配置示意图

阶梯配置常用的浮选机有 KYF 浮选机、JJF 浮选机、CLF 浮选机。

9.4.2.1　KYF 浮选机

KYF 浮选机是一种充气机械搅拌式浮选设备，该机的独特之处是采用了后倾叶片倒锥台状叶轮、多孔圆筒形空气分配器及低阻尼的悬空式定子。近十年来，浮选设备已向大型化、高效化、高度自动化的方向发展。大容积浮选设备的优点在于：可减少选矿厂需要的空间，或在现有选矿厂空间不变的前提下提高处理能力；简化浮选段的设计布置；简化控制装置的复杂性，改善浮选段的操作灵活性；显著降低维修费用；降低处理每吨矿石的功耗生产总成本等。

目前大型和超大型 KYF 浮选机已在国内外大规模推广应用,取得了良好的经济效益和社会效益。大型和超大型 KYF 浮选机典型用户见表 9.6。

表 9.6 大型和超大型 KYF 浮选机典型用户

序号	矿 山 名 称	矿石类型	型 号
1	中国黄金乌努格土山矿	铜钼矿	KYF-320、KYF-160
2	江西铜业德兴铜矿	铜矿	KYF-200、KYF-160、KYF-130、KYF-70
3	昆钢大红山	铁矿、铜矿	KYF-200
4	金川集团公司	镍矿	KYF-160、KYF-50
5	贵州锦丰金矿	金矿	KYF-100、KYF-50、KYF-40
6	洛阳钼业	钼矿	KYF-100、KYF-50
7	汝阳金堆城钼业公司	钼矿	KYF-50

9.4.2.2 JJF 浮选机

JJF 浮选机属于一种槽内矿浆下部大循环自吸气机械搅拌浮选机。由于不能自吸矿浆,JJF 浮选机单独使用时需要采用阶梯配置,中矿返回依靠泡沫泵来实现。JJF 浮选机具有极强的适应性,广泛应用在有色金属、黑色金属、非金属及化工原料的浮选作业。目前,各种规格的 JJF 浮选机 1000 多台正服务于各种选矿厂,并取得了满意的技术经济指标。

由于小型 JJF 浮选机常与其他有吸浆能力的浮选机组成联合机组来使用。单独使用 JJF 浮选机的选矿厂较少,比较典型的有表 9.7 中所列的选矿厂。

表 9.7 JJF 浮选机典型选矿厂

序号	矿山名称	矿石类型	型 号
1	江西德兴市银山矿	铅锌	JJF-4
2	金川集团公司	镍矿	JJF-8、JJF-24、JJF-28
3	江西铜业集团德兴铜矿	铜矿	JJF-28
4	铜陵有色集团	铜矿	JJF-130

9.4.2.3 CLF 浮选机

CLF 浮选机用于处理量大、流程简单的作业时,常常选用阶梯配置。江西铜业集团贵溪冶炼厂渣选车间原矿为炉渣,通过浮选来回收炉渣里的铜,采用二粗二扫三精的选别工艺,粗选和扫选作业选用 15 台 CLF-40 浮选机,由于矿物单一,流程简单,矿浆不需要返回,CLF-40 采用阶梯配置。承德双滦建龙矿业公司采用一粗一扫三精的工艺来进行磷的浮选,同样由于流程单一,处理量大,矿浆不需要返回,将 CLF-40 浮选机进行阶梯配置。

9.4.3 两种配置方式的特点

9.4.3.1 水平配置的特点

水平配置的特点包括:

(1)取消泡沫泵,减少设备管理和维护。当浮选机采用阶梯配置时,中矿返回必须采用泡沫泵,而泡沫泵由于转速高,线速度大,叶轮和泵壳极易磨损,维护费用高;另外泡沫泵对黏而不易破碎的泡沫难以扬送,使得流程难以畅通,金属流失大。为了避免采用泡沫泵后使选矿厂作业率降低，一般都采用增加备用泡沫泵的做法来保证选矿厂作业率，而采用水平配置则从根本上避免了由于采用泡沫泵而带来的缺点。

（2）浮选作业能耗低。采用水平配置的浮选机组可降低浮选作业能耗 10% ~ 20% 以上，KYF、JJF、CLF 等浮选机本身的能耗较低，但由于泡沫泵和矿浆泵能耗较高，导致浮选作业总体能耗大。

（3）降低基本建设投资。采用水平配置可降低基本建设投资。当采用阶梯配置时，为使得矿浆能顺利流动，每个阶梯必须有 400 ~ 1000mm 的高差，按每个阶梯在 400mm 计算，以一般铜选矿厂为例，粗选、扫选、精选一般需要 5 个左右，需增加 2m 的高差，不仅要增加浮选机基础的投资，而且厂房高度、吊车等辅助设施也需加高 2m，这就势必增加投资。另外采用水平配置还可以减少泡沫泵的一次性投资和以后的维护和维修等费用。

9.4.3.2　阶梯配置的特点

由于矿浆通过高差靠重力自流，不用考虑浮选机的吸浆能力的大小，所以阶梯配置时矿浆通过量大。采用顺序返回时需采用泡沫泵输送。对于容积超过 70m³ 大型浮选机由于没有吸浆槽的配套技术，一般采用阶梯配置。

9.4.4　配置方式的选择

选择配置方式，一般遵循以下原则：

（1）优先选择水平配置，水平配置时具有不用泡沫泵、操作方便、维护费用低、投资少等优点，另外水平配置流程变更简单，当原矿性质变化或选矿工艺变化时，流程变更方便。

（2）对选别流程段数多、流程结构复杂的中小型选矿厂，选择水平配置浮选机配置方便灵活。流程段数多，流程复杂需要的泡沫泵或矿浆泵多，此时更能体现水平配置的优越性。

（3）对于大型选矿厂，由于处理量大，流程简单，常采用阶梯配置。

（4）同一个选矿厂可以一部分作业选用阶梯配置，另一部分作业选用水平配置，这样可以发挥两种配置的长处。一般是粗选和扫选作业处理量大，选用的浮选机容积大，用阶梯配置；精选处理量小，选用的浮选机容积小，用水平配置。

总之，在进行浮选机配置时，应该综合考虑各个方面的因素，以经济效益和社会效益最大化为出发点，灵活掌握。

9.5　配套设备的选择

浮选机的配套设备包括浮选过程控制系统和工艺用配套设备。

浮选过程控制系统属于自动控制仪表范畴，一般包括液位自动控制系统、充气量控制系统、浮选机轴承温度检测系统和浮选泡沫监控系统。

工艺用配套设备主要有加药机、空气压缩机、低压鼓风机等设备。

9.5.1　浮选过程控制系统

9.5.1.1　选矿厂规模

小型选矿厂由于流程简单，设备少，可不采用浮选过程控制系统。大型选矿厂，由于规模较大，人为的不当因素对选矿指标影响较大，一般需采用液位自动控制系统、充气量控制系统和浮选机轴承温度检测系统等，以保证浮选作业的稳定性及精确性，且保障设备的正常运行。

9.5.1.2 自动化水平

各个选矿厂的设计理念及配套自动化水平不一致，对于自动化水平要求较低的选矿厂，一般只选用单作业液位自动控制系统。对自动化水平要求较高的选矿厂，建议采用集中控制系统，包含液位自动控制系统、充气量控制系统、浮选机轴承温度检测系统和浮选泡沫监控系统。浮选机控制系统留有接口，可与整个选矿厂的 DCS 系统通信。

9.5.1.3 浮选机的容积

小型浮选机由于容积小，矿浆波动周期短，人为调控比较简单，一般不建议采用液位控制系统。对于容积大于 30m³ 的浮选机，为了减轻人工劳动强度，减少人为因素的干扰，一般需采用液位自动控制系统、充气量控制系统和浮选机轴承温度检测系统。

9.5.2 工艺配套设备

9.5.2.1 低压风机的选型计算

采用充气机械搅拌式浮选机的选矿厂才需考虑低压风机的选择。

A 低压鼓风机类型的选择

选矿厂低压鼓风机一般选用的有离心风机和罗茨风机。离心风机一般噪声小，但排出风压力有较大波动；罗茨风机属于容积式风机，一般噪声较大，但排出风压力波动较小。

B 低压鼓风机配备

考虑的低压风机的可靠性，一般一个选矿厂风机设在一个独立的车间，采用 2 工 1 备或者 3 工 1 备的方式。

C 低压风机的计算

a 风机的风量选取

一般主要根据浮选工艺试验中所确定的充气量大小，则风机总气量为 $Q_{气}$ 计算公式如下：

$$Q_{气} = kPSn \tag{9.5}$$

式中 k——风量系数；

P——充气量由浮选工艺试验确定，$m^3/(m^2 \cdot min)$；

S——每槽浮选机表面积，m^2；

n——浮选机台数。

b 风机升压

风机升压的选取由三部分组成，一是为浮选机所需的最小进口风压，二是风机到浮选机的管路损失，三是考虑海拔影响。

（1）浮选机所需的最小进口风压计算。用浮选机的叶轮沉没深度乘以所有浮选槽中矿浆密度最大的矿浆密度即：

$$P_1 = H\rho \tag{9.6}$$

式中 H——浮选机的叶轮沉没深度；

ρ——所有浮选槽中最大矿浆密度。

（2）风机到浮选机的管路压力损失计算。

$$P_2 = (\xi_{总} \gamma v^2)/2g \qquad (9.7)$$
$$\xi_{总} = \xi_1 + \xi_2 + \xi_3$$
$$\xi_1 = aL/D$$
$$\xi_2 = bn_2$$
$$\xi_3 = c\, n_3$$

式中　　　γ——介质密度；

　　　　　v——风速；

　　　　　g——重力加速度，$g = 9.807\text{m/s}^2$；

a，b，c——直管段、弯头、阀门的压力损失系数；

　　　　　L——直管长度；

　　　　　D——直管直径；

　　　　　n_2——弯头个数；

　　　　　n_3——阀门个数。

（3）海拔影响。不同海拔高度的空气密度不一样，海拔高度 0m 时的空气密度 ρ_0，压力为 P_0，则风机在海拔高度 S 处的升压 P_S 为：

$$P_S = (\rho_0/\rho_S) \times P_0 \qquad (9.8)$$

式中　　ρ_S——在海拔高度 S 处的空气密度。

9.5.2.2　空气压缩机

空气压缩机主要用于给液位控制系统及充气量检测系统提供动力，气体流量大小和压力需要根据浮选机配套的控制系统的规格及数量进行计算。

9.5.2.3　加药机

药剂的添加和调节是浮选过程中重要的工艺因素，对提高药效、改善浮选指标有重大的影响。药剂合理添加目的是保证矿浆中药剂最大效能和维持最佳浓度。为此，可根据矿石的特性、药剂的性质和工艺要求，选择加药地点和加药方式，确定浮选回路药剂制度最佳化和控制。为了保证药剂的精确添加，建议选用自动加药机，加药机主要依据加药量和加药点进行配置。

9.6　浮选机选型的模糊综合评判

在浮选设备选型过程中，企业需要降低生产成本、提高经济效益，这要求选择出性价比最高的浮选设备，即需要考虑很多难以量化的因素如设备的价格、使用寿命、可操作性与可维修性，所以浮选设备选优是一个模糊概念上的多目标评价问题。因此，运用模糊评价方法综合考虑各方面的因素给出模糊综合评价数学模型、对浮选设备做出合理的模糊评价，是企业科学、经济和合理地配置设备的重要依据[1]。

9.6.1　模糊综合评价过程

模糊综合评价方法是模糊数学中应用比较广泛的一种方法，其本质是利用集合和模糊数学方法将模糊信息数值化以进行定量评价的方法。对于多个评价目标的方案，先分别求各评价目标的隶属度，考虑加权系数，据模糊矩阵的合成规律求得综合模糊评价的隶属度，再通过比较求得最佳方案[2]。

9.6.2 因素集和因素

在设备选型过程中，浮选设备的评价因素集包含了设备的价格、功能、操作性、维修性和使用寿命。将其表示为：

$$U = \{u_1, u_2, u_3, u_4, u_5\} \tag{9.9}$$

在每一因素又包含有若干子因素，可表示为：

$$U_i = \left\{ u_{i_1}, u_{i_2}, \cdots, u_{ij}, \cdots, u_{i_{m_i}} \right\} \quad i = 1, 2, 3, 4, 5$$

式中　U——评价因素集；

　　　U_i——因素集中第 i 因素；

　　　u_{ij}——第 i 因素中 j 子因素；

　　　m_i——i 因素中子因素数量。

9.6.3 权重系数的确定

考虑因素集 U 中的各元素为评判指标，各元素对评判结果的影响程度不一样，因此要用权重向量 A 来对考虑因素集 U 进行量化描述。当研究是二阶模糊综合评判时，权重系数应包括因素权重系数和子因素权重系数。

9.6.3.1 因素权重系数的确定

因素权重系数是反映各因素间的内在关系，体现了各因素在因素集中的重要程度。因素权重系数具有模糊性，因此在确定权数大小时要综合考虑专家意见。因素权重集记为：

$$A = \{a_1, a_2, a_3, a_4, a_5\} \tag{9.10}$$

式中　A——U 上的模糊子集。

规定式 9.10 中 a_i 为第 i 因素 U_i 所对应的权，且 $\sum a_i = 1$。

9.6.3.2 子因素权重的确定

子因素权重系数是反映某因素内的子因素间的内在关系，体现了子因素在某因素中的重要程度。与上述因素权重系数相似，子因素权重集记为：

$$A_i = \left\{ a_{i_1}, a_{i_2}, k, a_{im_i} \right\} \quad i = 1, 2, 3, 4, 5 \tag{9.11}$$

式中　A_i——U_i 上的模糊子集。

9.6.3.3 评价等级集的确定

评判集 V 中各元素为评判结果，元素的个数即为划分的等级数。在实际应用中，浮选设备评价结果常常分为 4 个级别：优/很好、良/好、中/一般、差。将其概括后表示为：

$$V = \{v_1, v_2, v_3, v_4\} \tag{9.12}$$

9.6.4 模糊结论集

9.6.4.1 模糊评判矩阵

模糊评判矩阵描述的是因素集与评判集的关系，它的每一行对应着一个考虑因素，每一列对应着评判集中一个评判结果。对第 i 因素的单因素模糊评判为 V 上的模糊子集：

$$R = \{R_1,\ R_2,\ R_3,\ R_4\} \tag{9.13}$$

若用 r_{ijk} 表示子因素 u_{ij} 对于等级 V_i 的隶属度。r_{ijk} 被试人员针对子因素 u_{ij} 在等级 V_i 上投票人数与总被测人数之比。即可得到对于任一子因素的模糊评价矩阵：

$$\boldsymbol{R}_i = \begin{bmatrix} R_{i_1} \\ R_{i_2} \\ \vdots \\ R_{i_{m_i}} \end{bmatrix} = \begin{bmatrix} r_{i11} & r_{i12} & \cdots & r_{i1k} \\ r_{i21} & r_{i22} & \cdots & r_{i2k} \\ \vdots & \vdots & \vdots & \vdots \\ r_{im1} & r_{im2} & \cdots & r_{imk} \end{bmatrix}$$

式中　　$\boldsymbol{R}_i$——$[u_i \times V]$ 上的模糊矩阵称作评判矩阵，$\sum\limits_{k=1}^{4} r_{ijk} = 1$。

对于每一因素，均需要通过一次模糊统计试验来确定其评判矩阵 $\boldsymbol{R}_i$。

9.6.4.2　模糊矩阵运算

在实际进行模糊运算时，可能用到四种模糊运算模型，分别是：模糊变换法、以"乘"代替"取小"、以"加"代替"取大"和加权平均法[3]。

A　模糊变换法

模糊变换法以"最大最小"原则来计算，获得评价结果向量，计算公式为：

$$b_j = \mathop{\vee}\limits_{i=1}^{m} \left(a_i \wedge r_{ij} \right) \quad (i = 1, 2, \cdots) \tag{9.14}$$

式中　　∨——取大运算；

　　　　∧——取小运算。

B　以"乘"代替"取小"

以"乘"代替"取小"的计算公式为：

$$b_j = \mathop{\vee}\limits_{i=1}^{m} \left(a_i r_{ij} \right) \quad (i = 1, 2, \cdots) \tag{9.15}$$

C　以"加"代替"取大"

以"加"代替"取大"的计算公式为：

$$b_j = \sum_{i=1}^{m} \left(a_i \wedge r_{ij} \right) \quad (i = 1, 2, \cdots) \tag{9.16}$$

D　加权平均法

加权平均法的计算公式为：

$$b_j = \sum_{i=1}^{m} \left(a_i r_{ij} \right) \quad (i = 1, 2, \cdots) \tag{9.17}$$

9.6.4.3　模糊结论集

模糊结论集为模糊运算的最终结果，可由此结果评判出等级。在由 (U, V, R) 构成的综合评判空间中，评判对象的模糊结论集 B 是 V 上的模糊子集[4]。结合浮选设备招标的实际情况，即二阶模糊评判矩阵，二阶模糊集：

$$B = A \cdot R = (b_1, b_2, b_3, b_4) \tag{9.18}$$

式中　B——评判结论集；

　　　b_k——系统性能 U 对于等级 V_k 的隶属度，$b_k = \sum_{i=1}^{4} a_i b_{ik}$。

综上所述，模糊综合评判的过程（图 9.3）首先要确定考虑因素集 U 和评判集 V；然后建立评判矩阵；接着按上述模糊运算模型进行运算；最后由最大隶属度原则或变换 $C = B \cdot V$ 来处理评判结论集 B，得到评判的最终结果 C。

图 9.3　模糊综合评判的过程

9.7　基于实例推理浮选机选型

长期以来，浮选机的选型是根据选矿工艺条件，结合实践经验进行的。浮选机的设计和选型一般不会从零开始，面对一个新的选矿工艺条件，设计者往往是首先根据以前工作中曾经出现过的类似条件，找出两者之间的区别，并以此作为依据确定新的设计选型方案[5]。同样的选矿工艺条件下，由于不同的设计选型者各自经验的不同，往往会得出不同的结果，导致选别效果差距很大。针对上述问题，本节采用基于实例推理的方法，将以前积累的知识和经验集成一个系统，利用计算机技术，使每一个设计者都拥有大量的专业知识和经验，提高设计和选型的准确性。因此，开展对基于实例推理的浮选机设计和选型系统研究具有重要的现实意义。

9.7.1　基于实例推理的设计和选型

基于实例推理（case-based reasoning，CBR）技术是近几十年来人工智能领域发展起来的[6]，其核心是用过去求解问题的经验来解决当前问题。CBR 优点包括不需要完整的领域知识模型、实例获取相对简单、能够直接复用过去的求解经验、推理速度快、求解效率高、具有增量式自学习能力和系统易于实现等，适合于求解工艺设计这类复杂的问题[7]，近年来已广泛应用于商贸、医疗诊断、法律诉讼、工程设计、系统诊断、软件工程等领域[8]。CBR 系统由实例的表示、实例检索、实例修改和实例存储四个部分组成[9]，难点在于：

（1）实例表达，着重解决设计实例的逻辑表达结构及存取模式。

（2）实例检索，重点研究设计实例的动态检索和匹配原理，实现基于实例的推理过程。

浮选设备的设计和选型就是一个基于以往经验复杂的设计问题，非常适合采用 CBR 的方法来解决。本节在总结以往相关研究工作的基础上，通过分析浮选设备的设计和选型的特点，确定了基于实例推理的浮选机动态设计和选型计算系统的规划框图（图 9.4），并设计了相应的工艺实例库和实例检索方法。

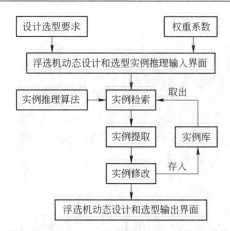

图 9.4　基于实例推理的浮选机动态设计和选型计算系统的规划框图

9.7.2　实例表达和实例检索

9.7.2.1　实例表达

实例表达是 CBR 系统的基础，既要正确全面地表达实例中的共性问题，又要表达出实例发生的具体背景，同时要对同一类问题具有启发和指导意义，并可重复应用。能否正确全面地表达实例，关系到 CBR 系统的实用性。根据浮选设备的设计和选型实例的生命周期，实例可以表示为：

（1）问题描述（problem description）。浮选设备的设计和选型影响因素很多，包括矿石性质、工艺流程、工艺条件等。

1）矿石性质包括矿石种类、矿石密度、选矿厂地点；

2）工艺流程包括粗选、精选、扫选；

3）工艺条件包括处理量、入选浓度、入选粒度、浮选时间、产率。

（2）解决方案（solution）。根据影响因素对浮选设备进行选型，确定浮选设备的型号、规格、数量、配置；同时也决定是否需要和如何浮选设备的设计进行改进，包括电动机是否升级、转速是否升级等。

（3）结果描述（result）。包括运行时间、浮选指标、调试情况、运行情况（实耗功率、磨损情况、沉槽）、备件情况、故障情况。

因此浮选设备的设计和选型实例可以描述为：$T = [P(X, Y, Z), S(\alpha, \beta, \gamma, \delta, \varepsilon), R(\zeta, \eta, \theta, \lambda, \mu, \varphi)]$，其特征见表 9.8。

表 9.8　特征参数表

特　征	特征参数	特征参数描述
问题描述 $P(X, Y, Z)$	矿石性质 $X(a, b, c)$	a—矿石种类：铜、钼、铅、锌、磷等
		b—矿石密度
		c—选矿厂地点
	工艺流程 $Y(d)$	d—工艺流程：粗选、精选、扫选
	工艺条件 $Z(e, f, g, h, i)$	e—处理量
		f—入选浓度
		g—入选粒度
		h—浮选时间
		i—产率

特　征	特征参数	特征参数描述
解决方案 $S(\alpha,\ \beta,\ \gamma,\ \delta,\ \varepsilon)$	型号 $\alpha(j)$	j—型号：XCF、KYF、CLF、JJF、BF、GF、SF
	规格 $\beta(k)$	k—规格
	数量 $\gamma(l)$	l—数量
	配置 $\delta(m)$	m—配置
	设计改进 $\varepsilon(n,\ o,\ p)$	n—功率
		o—转速
		p—其他
结果描述 $R(\zeta,\ \eta,\ \theta,\ \lambda,\ \mu,\ \varphi)$	运行时间 $\zeta(q)$	q—运行时间：半年、一年、两年、三年、五年以上
	浮选指标 $\eta(r,\ s)$	r—精矿品位
		s—回收率
	调试情况 $\theta(t)$	t—调试情况
	运行情况 $\lambda(u,\ v)$	u—实耗功率
		v—磨损情况
	备件情况 $\mu(w,\ x)$	w—备件：叶轮、定子、空气分配器、轴承等
		x—更换时间：半年、一年、两年、三年、五年以上
	故障情况 $\varphi(y)$	y—故障情况

9.7.2.2　实例检索

要想从实例库中高速、有效地检索出相似实例，在进行检索时必须满足：

（1）检索出的实例应尽可能少。

（2）检索出来的实例应尽可能与新问题相似。

因此，检索策略尤为重要[10]。目前，大多数 CBR 系统使用的检索策略主要有最近相邻策略、归纳检索法、知识引导法等[11]。首先采用特征矩阵的方法进行初步筛选，然后按特征权重顺序逐项匹配的方法进行精细筛选，从工艺实例库中提取到最相似的实例。

特征矩阵算法是根据设计选型要求的特征和实例特征进行相似性匹配。实例库中共有 m 个实例，每个实例有 n 个特征属性。f_{ij} 表示第 i 个实例的第 j 个特征，其中 $i = 1,\ 2,\ \cdots,\ m$；$j = 1,\ 2,\ \cdots,\ n$。函数 $P_c(f_{ij})$ 表示实例特征 f_{ij} 对应的属性值，$P_r(f_j)$ 表示新零件特征属性 f_j 对应的属性值，f_j 表示新零件的第 j 个特征。根据特征值数据类型的不同，采用如下不同方法计算第 i 个实例和新零件在第 j 个特征的相似度 $S(f_{ij})$。

（1）连续数值型特征相似度 S_c：

$$S_c(f_{ij}) = \frac{\min[P_c(f_{ij}), P_r(f_j)]}{\max[P_c(f_{ij}), P_r(f_j)]} \tag{9.19}$$

（2）离散数值型特征相似度 S_d：

$$S_d(f_{ij}) = \begin{cases} 1 & P_c(f_{ij}) = P_r(f_j) \\ 0 & P_c(f_{ij}) \neq P_r(f_j) \end{cases} \tag{9.20}$$

（3）字符串型特征相似度 S_s：

$$S_s(f_{ij}) = \begin{cases} 1 & P_c(f_{ij}) = P_r(f_j) \\ 0 & P_c(f_{ij}) \neq P_r(f_j) \end{cases} \tag{9.21}$$

因此，实例 i 的特征矩阵 $\boldsymbol{C}_i = (C_{i_1}, C_{i_2}, \cdots, C_{i_j}, \cdots, C_{i_n})$，$C_{i_j} = S(f_{ij})$。

确定特征矩阵后，设计者按照设计选型要求，人工输入各特征的权重系数 W_j，其中 $j = 1, 2, \cdots, n$；且

$$\sum_{j=0}^{n} W_j = 1 \tag{9.22}$$

则实例 i 的相似度 S_i 为：

$$S_i = \sum_{j=0}^{n} C_{ij} W_j \tag{9.23}$$

检索结果按相似度从高到低排列，由设计者来选择实例，并根据设计和选型要求修改实例，最终确定浮选机的设计选型结果。

基于实力推理的浮选设备设计选型系统使选矿厂设计者在大量的设计经验基础上，根据选矿工艺条件，快速准确对浮选机进行设计改进，大大减少了设计选型时间，提高了设计选型精度。该系统对于浮选工艺流程成熟的矿物的选别尤其适用，但对于浮选工艺不成熟或新开发的浮选设备而言则意义不大，仍需采用传统的方式选型设计。

参 考 文 献

[1]　马一太，王志国，杨昭，等. 燃气轮机性能评定的模糊综合评判方法[J]. 中国电机工程学报，2003(9): 218 ~ 220.

[2]　李安贵，　张志宏，段凤英. 模糊数学及应用[M]. 北京：冶金工业出版社，1991: 248 ~ 267.

[3]　曹卫国，王华生. 模糊综合评判在选矿机械设备中的应用[J]. 有色金属，2005(4): 42 ~ 45.

[4]　孙伟，刘杰，李小彭，等. 机械产品设计质量评价及评价系统的开发[J]. 机械设计，2007(6): 5 ~ 7.

[5]　李磊. 数字化产品预装配序列生成评价与优化研究[D]. 西安：西北工业大学，2002.

[6]　刘晓冰，刘彩燕，马跃，等. 基于分层实例推理的混合型行业工艺设计系统研究[J]. 计算机集成制造系统，2005，11(7): 941 ~ 946.

[7]　周雄辉，聂明，阮雪榆. 模具计算机集成制造技术的研究. 锻压技术，1996(1): 43 ~ 46.

[8]　ONG N S, WONG Y C. Automatic subassembly detection from a product model for disassembly sequence generation [J]. International Journal of Advanced Manufacturing Technology, 1999(15): 425~431.

[9]　袁晓红，王钰. 基于实例的推理：综述与分析[J]. 模式识别与人工智能，1999(12): 19~31.

[10]　　罗尚虎，尹建伟，董金祥. 一个工艺实例的匹配方法[J]. 计算机辅助设计与图形学学报，2002, (6): 590~593.

[11]　　袁国华. 智能级进模工步排样系统关键技术研究[D]. 上海：上海交通大学，2000.

10 浮选机应用实例

浮选机是实现浮选过程的重要设备，由于其具备较高的可靠性及较好技术经济指标，在有色金属矿、黑色金属矿、稀贵金属矿和一些非金属矿得到广泛应用。从浮选机的规格来看，从容积 0.15m³ 到 320m³ 都有使用；从浮选机的型号来看，充气机械搅拌式浮选机、自吸气机械搅拌式浮选机都有使用；从浮选机配置方式来看，水平配置和阶梯配置都有使用；从联合机组的使用情况来看，KYF/XCF 联合机组使用最多，GF、BF/JJF 使用次之，CLF/CGF 的使用较少一些。

本章以典型矿山为例，结合浮选机自身技术性能特点，介绍浮选机规格型号的选择、配置的特点和使用的效果。

10.1 浮选机在有色金属矿的应用

本节介绍浮选机在铝土矿、铜矿、铅锌矿、镍矿和钼矿等重要有色金属矿物方面的应用。

10.1.1 浮选机在铝土矿的应用

由于铝土矿选矿具有充气量小且敏感、气泡发黏、泡沫产率大且难以输送、矿浆在浮选机内停留时间长等特点，铝土矿浮选设备的研究一直是选矿难点。浮选机与浮选柱等浮选设备先后得到了应用，浮选机由于具有较强的矿石适应能力和较好的选矿指标在铝土矿选矿上得到了大规模应用。北京矿冶研究总院不仅开发了国内容积最大的 40m³ 铝土矿选矿浮选机，而且开发了 KYF 型浮选机、GF 型浮选机和 XCF 型浮选机相互融合的铝土矿成套浮选机技术，克服了铝土矿选矿的泡沫发黏、充气量小且敏感等一系列问题，在国内的中州铝厂、长城铝业和孝义市天章铝业有限公司等单位推广应用了 200 多台套。下文主要对河南中州铝厂和山西某铝业有限公司浮选机的应用情况进行重点介绍。

10.1.1.1 浮选机在河南中州铝厂的应用

河南中州铝厂浮选机共有 7 个系列，每个系列的处理干矿量 2000t/d，7 个系列共计 14000t/d，是国内最大选矿拜耳法生产单位，一共采用了 128 台套容积为 40m³ 的浮选机。中州铝厂采用正浮选工艺，粗扫选系统由一次粗选两次扫选组成，精选系统由二次精选作业和一次精扫选作业组成。粗选尾矿和精选尾矿合并作为最终尾矿排出。精二作业的精矿作为最终精矿。其工艺流程如图 10.1 所示。

考虑到铝土矿的矿物性质，浮选机配置有如下特点：

（1）主体浮选机采用外加充气 KYF 型浮选机，浮选机的充气量可精确调节；

（2）根据不同作业的特点设置了 GF 和 XCF 吸浆槽浮选机，对叶轮与盖板的结构参数进行调整，提高了空气分散度，使浮选机的吸浆能力大大提高，提高大量黏性泡沫的输送能力，从而有利于分选指标提高；

（3）浮选机作业采用水平配置，采用 GF 和 XCF 吸浆槽浮选机实现中矿返回功能，节省了泡沫泵；

（4）粗选作业的首槽浮选机采用 KYF 型浮选机，避免了首槽泡沫产率过大，品位难以控制的难题；

（5）采用高精度的浮球-激光液位测量装置和特殊设计的泡沫隔离装置，使得液面稳定更加迅速，波动更小，为铝土矿的正浮选提供很好的环境。

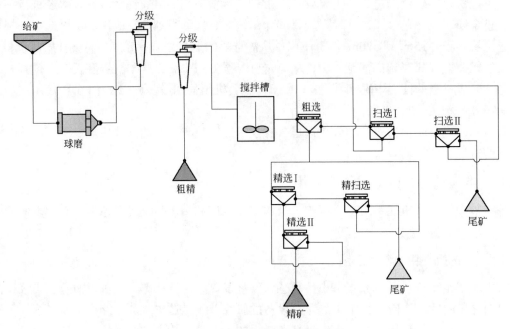

图 10.1 中州铝厂的浮选基本流程

根据以上的特点浮选机配置设计如图 10.2 所示的形式。

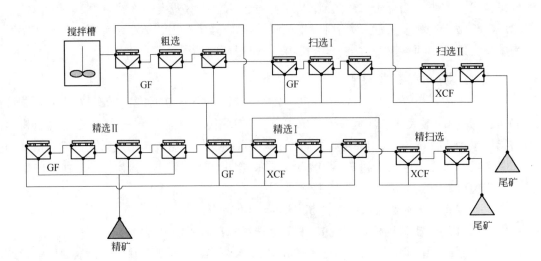

图 10.2 4 系列浮选机的配置方式

现场使用情况如彩图 1 所示。

从 2004 年开始，经过近一年的生产摸索，对工艺和部分设备进行改进，生产指标不断好转。铝土矿选矿产品指标见表 10.1[1]。

表 10.1　铝土矿选矿产品指标

产品名称	产出率/%	Al$_2$O$_3$ 品位/%	SiO$_2$ 品位/%	A/S	Al$_2$O$_3$ 回收率/%
精矿	78.78	69.20	6.23	11.11	84.92
尾矿	21.22	45.65	27.67	1.65	最好达 91
原矿	100.00	63.47	11.38	5.58	

10.1.1.2　浮选机在山西某铝业有限公司的应用

山西某铝业有限公司生产的矿石属于典型的一水硬铝石型铝土矿，矿石形态较复杂，多呈粒状、鳞片状、部分为板片状或隐晶质，晶体粒度一般为 0.005~0.03mm，具有典型的高铝、高硅、低铝硅比的特点，而且该矿石嵌布粒度较细，要求细磨才能解离，增加了浮选难度。

该矿 2011 年建成投产，选矿厂共采用 27 台 40m^3 容积浮选机，由 KYF、XCF 和 GF 三种机型组成，后两种机型作为吸浆槽使用，其配置情况与中州铝厂相似，浮选机全部采用水平配置，整个作业流程既简单又节省泡沫泵，不仅大大降低选矿厂的能耗，而且减少了选矿厂的基建投资，同时水平配置又给浮选操作工人的工作带来便利条件，减少了设备的管理和维护成本。选矿厂工艺流程图如图 10.3 所示。

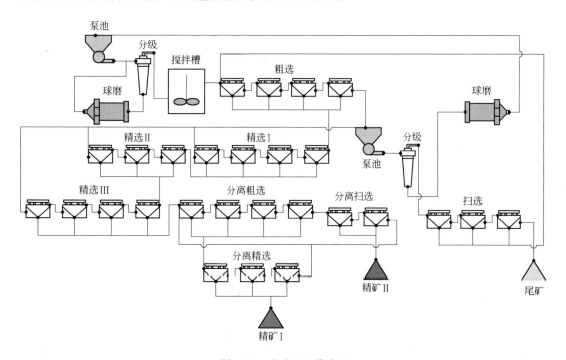

图 10.3　选矿厂工艺流程

铝土矿正浮选用浮选机组自工业化投产以来，设备运行可靠，矿浆液面平稳。浮选机搅拌力强，在浮选机中上部形成了悬浮层，泡沫层稳定，没有翻花和沉槽现象。工艺指标表明，原矿的 A/S 比由 5.31 达到精矿的 9.33，Al_2O_3 精矿平均品位达到 69.70%，平均回收率达到 66.51%，最终的选矿指标完全能够满足选矿厂的设计要求[2]。其现场生产情景如彩图 2 所示。

10.1.2　浮选机在铜矿的应用

铜矿山应用的浮选机种类较多。大型矿山采用的大型浮选机以 KYF 型和 JJF 型为主，小型矿山主要采用的机型有 KYF/XCF 联合机组、JJF 型、BF 型和 GF 型等。浮选机的配置方式有水平配置和阶梯配置两种方式，以水平配置为主。

由于铜矿石的入选品位越来越低，矿石的处理量也越来越大。因此大型、节能型、高效能的选别设备是提高铜精矿品位，提高铜矿山经济效益的一种途径。国内的德兴铜矿（日处理 130000t）、城门山铜矿（日处理 10000t）、永平铜矿（日处理 10000t）、乌努格土山铜钼矿（日处理 40000t）、德尔尼铜矿（日处理 15000t）、珲春紫金铜金矿（日处理 15000t）等矿山的粗选扫选作业均采用了容积大于 40m³ 的浮选机。浮选机型号的选择上以充气式浮选机为主，同时也有选择自吸气浮选机的；配置方式上水平配置和阶梯配置都有。下文以德兴铜矿大山选矿厂和乌努格土山铜钼矿为代表重点介绍。

10.1.2.1　浮选机在德兴铜矿大山选矿厂的应用

德兴铜矿大山选矿厂是国内规模最大的铜选矿厂，主要处理斑岩型铜矿石。2010 年完成改造后处理能力从 60000t/d 增加到 90000t/d。共有三个系列组成，粗扫选作业和精选作业采用浮选机，精选作业采用浮选柱。浮选机作业间均采用阶梯配置，中矿返回采用泡沫泵。其工艺流程如图 10.4 所示。每个系列的浮选机配置情况见表 10.2。

表 10.2　大山选矿厂的浮选机的配置情况

作业名称	处理量/万吨·天⁻¹	浮选机型号	台数	配置方式	作业高差/m
I 系列粗扫选作业	3.375	KYF-200	9	阶梯	1.0
II 系列粗扫选作业	3.375	KYF-200	9	阶梯	1.0
III 系列粗扫选作业	2.25	KYF-160	9	阶梯	0.8
精扫选作业	0.55	KYF-70	18	阶梯	0.8

2009 年 7 月第 I 系列 9 台 KYF-200m³ 浮选机首先运行，第二系列仍采用原有的 CNNC39 m³ 浮选机。200m³ 浮选机投产后，设备运行良好；泡沫层稳定，没有翻花现象；搅拌力强，矿浆流向稳定；浮选机停机时，检查槽内没有死区，无矿浆沉积现象的发生；空气分散均匀，分散度高，气泡大小分布合理；浮选机液位自动控制系统可以根据需要任意调节，控制精度满足工艺要求；浮选机泡沫层厚度可根据需要调节；在满负荷停车后能够正常启动。

200m³ 浮选机投产后，2009 年 7~11 月的铜指标见表 10.3。表 10.3 表明，粗选段作业使用 200m³ 浮选机，在生产处理能力增加 0.375 万吨/d 的情况下，选铜回收率高于 39m³ 浮选机，充分说明 200m³ 浮选机分选效果良好，有利于选矿技术指标的提高[3]。选矿指标见表 10.3。

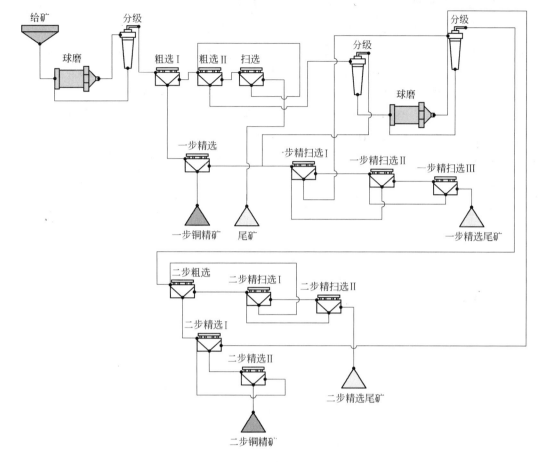

图 10.4 德兴铜矿大山厂的工艺流程

表 10.3 粗选段作业铜指标 (%)

设备名称	原矿品位	精矿品位	尾矿品位	系统回收率
200m³ 浮选机	0.442	5.74	0.062	86.81
39m³ 浮选机	0.444	5.76	0.063	86.79
差值	−0.002	−0.02	−0.010	0.02

200m³ 浮选机与 39m³ 浮选机能耗数据见表 10.4。表 10.4 表明，在相同作业条件下，200 m³ 浮选机每生产处理 1 t 矿石可节电 0.18 kW·h。200m³ 浮选机取代 39m³ 浮选机后，浮选机台数减少，减少了备件消耗，方便了维修，节约了维修费用和人工成本。充分说明 200m³ 浮选机在实际生产中有利于节能降耗。大型浮选机替代小型浮选机能产生较好的技术经济指标。大山厂 KYF-200 浮选机生产情况如彩图 3 所示。

表 10.4 能耗数据

设备名称	安装功率/kW	实际功耗/kW	电耗/kW·t⁻¹
200m³ 浮选机	220	130.73	0.75
39m³ 浮选机	45	38.77	0.93

10.1.2.2　浮选机在乌努格土山铜钼矿的应用

乌努格土山铜钼矿是 2008 年新建的大型铜矿山。原矿磨碎后经铜钼混选生产出铜钼混合精矿，精矿脱药、脱水浓缩后经再次磨矿进入铜钼分离浮选作业。铜钼分离浮选生产的铜精矿经高效浓密机浓缩后再经过滤作业送入铜精矿库。铜钼分离生产的钼精矿经压滤干燥后送入钼精矿库。浮选过程中产生的尾矿经膏体浓密机浓缩后用泵输送至尾矿库。

浮选基本流程：（1）钼铜优先浮选作业：分为一次粗选、四次扫选、四次精选。钼铜优先浮选流程浮选精矿为铜钼混合精矿，经再磨后进入铜钼分离系统；浮选尾矿为最终尾矿。（2）铜钼分离浮选作业：铜钼分离浮选流程为一次粗选，二次扫选、四次精选，铜钼分离浮选精矿为粗钼精矿，尾矿为铜精矿。（3）钼精矿再磨精选作业：粗钼精矿经立式磨机擦洗再磨后进入 3 台串联的浮选柱精选，选出最终钼精矿。具体工艺流程如图 10.5 所示。

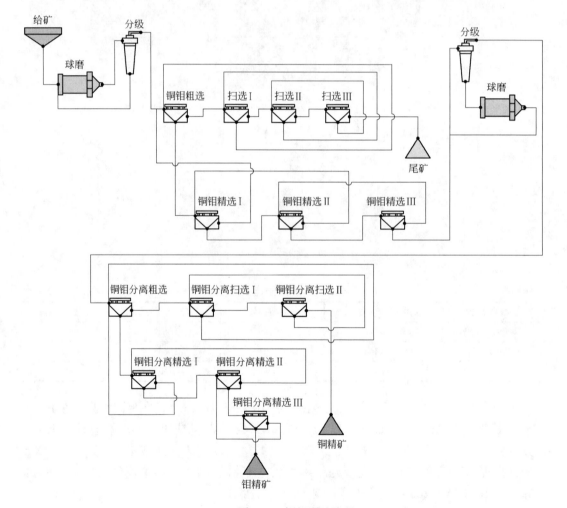

图 10.5　铜钼混选流程

该矿钼铜优先浮选作业设计了两个系列，每个作业给矿量 18000t/d。矿量大，给矿品位低，同时考虑大型浮选机具有安装台数少、占地面积少、易于自动控制、基建投资费用少、单位槽容安装功率小、综合经济效益高等突出优点。粗扫选选型采用了 32 台特大型充气机械搅拌式 KYF-160 浮选机，两个系列平行布置。液位和充气量都采用自动控制。

乌努格土山铜钼矿一期规模为采选铜钼矿石 36000t/d，单系列的矿石处理量接近 20000t/d。在充分考虑现场空间、矿石工艺特点和 KYF-160 浮选机的情况下，一期的规模采用 2 台一个作业的布置(图 10.6)。

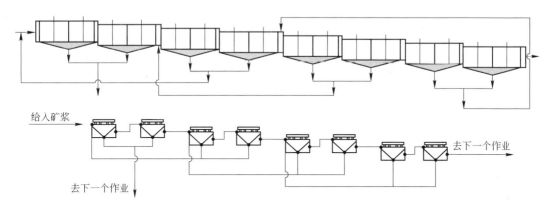

图 10.6　一系列 KYF-160 浮选机的配置

2008 年 12 月，开始部分带矿试生产，2010 年 3 月基本上达产达标，生产出合格的铜精矿(彩图 4)。浮选机配置有液位自动控制系统和充气量控制系统。其中的液位控制系统采用多作业间的协同控制策略，实现后续作业对前期作业的预判，更有利于选矿指标的保证。一年多的应用表明，在原矿入选累计铜品位 0.4%，精矿品位累计达 27.3%，回收率达到了 89.13%的好指标。

KYF-160 浮选机的工艺指标达到了大型浮选机的先进水平，浮选机泡沫层可根据需要调节，有利于提高精矿品位和降低杂质含量。KYF-160 浮选机主电动机装机功率为 160kW，主电动机实耗功率约 115~120kW，浮选机单机总功耗在 150kW 左右；单位矿浆的功率指数约为 0.94kW/m^3。

乌努格土山铜钼矿二期规模为日采选铜钼矿石 45000t/d，采用 16 台 KYF-320 浮选机作为粗扫选作业（彩图 5）。该系统是目前世界上生产应用中采用浮选机单槽容积最大的生产系统。

10.1.3　浮选机在铅锌矿的应用

铅锌在应用的浮选机种类较多。由于工艺流程复杂和处理规模不大，浮选机以小容积设备为主。厂坝铅锌矿使用的 KYF-50 浮选机，是国内铅锌采用的最大容积的浮选机。浮选机的配置方式均为水平配置。近几年国内主要铅锌矿设备的配置情况见表 10.5。

表 10.5　近几年国内主要铅锌矿设备的配置情况

序号	矿山名称	处理量/t·d^{-1}	系列	每个系列浮选机型号
1	会泽铅锌矿	2000	1	BF-16、BF-8、BF-4
2	昭通铅锌矿	2000	2	BF-16、BF-8

序号	矿山名称	处理量/t·d⁻¹	系列	每个系列浮选机型号
3	凡口铅锌矿	4500	2	BF-4、BF-2.8、BF-1.2、JJF-8、JJF-4
4	蔡家营铅锌矿	1000		XCF/KYF-10、XCF/KYF-2
5	厂坝铅锌矿	4500	1	XCF/KYF-50、XCF/KYF-10
7	图木尔廷-敖包铅锌矿	1000	1	XCF/KYF-8、XCF/KYF-4
8	葫芦岛八家子铅锌矿	1500		XCF/KYF-24、XCF/KYF-8

本节以会泽铅锌矿、昭通铅锌矿和厂坝铅锌矿为代表重点介绍。

10.1.3.1　浮选机在会泽铅锌矿的应用

会泽铅锌矿是国内少有的几家高品位铅锌矿之一，处理量为 2000t/d。矿体硫化矿和混合矿 500 多万吨，氧化矿约 200 万吨，平均地质品位为 Pb 8.35%、Zn 17.41%；铅锌氧化率为 4%～90%，铅金属 48.6701 万吨、锌金属 101.4251 万吨，伴生稀贵元素白银 404.29t、锗 154.41t、镉 2010.39t。

选矿流程采用先选硫化矿再选氧化矿、先选铅矿再选锌矿的原则流程。在硫化矿浮选中采用"异步等可浮—锌硫混选—分离"工艺，即采用异步等可浮流程结构，并应用高选择性捕收剂进行硫化铅铁异步等可浮浮选，粗精矿再磨后精选，产出铅精矿；而后进行硫化锌与硫化铁混合浮选，混合精矿锌硫分离，产出硫化锌精矿和硫精矿。该流程方案获得了高质量的铅精矿、锌精矿和硫精矿。在铅锌氧化矿浮选中针对氧化铅锌的可浮性，采用不脱泥硫化浮选新技术和电化学控制浮选新技术高效回收铅锌金属的新工艺。其工艺流程如图 10.7 所示。

BF-16 浮选机在会泽铅锌矿的使用现场如彩图 6 所示。

由于流程复杂，采用了具有自吸空气和自吸浆能力的 BF 型浮选机，BF 型浮选机兼作直流槽和吸浆槽。根据泡沫产率的大小，设置了单边刮泡和双边刮泡兼用的 BF-16 浮选机。硫化矿的粗选采用 54 台 BF-16 浮选机，精选采用 21 台 BF-8 浮选机。

会泽铅锌矿于 2004 年投产，选取 2006 年 1～2 月累计指标进行了统计，结果见表 10.6。

表 10.6　2006 年 1～2 月累计指标统计　　　　　　　　　　　(%)

项　目	名　称	品　位	回收率
原矿	Pb	8.8	
	Zn	22.8	
	FeS	15.3	
精矿	Pb	Pb65.56，Zn4.84	78.90
	Zn	Zn51.85，Pb2.71	89
尾矿	Pb	1.51	
	Zn	4.26	

从生产数据可以看出，BF 型浮选机很好地支撑了工艺的实现，取得了较好指标。

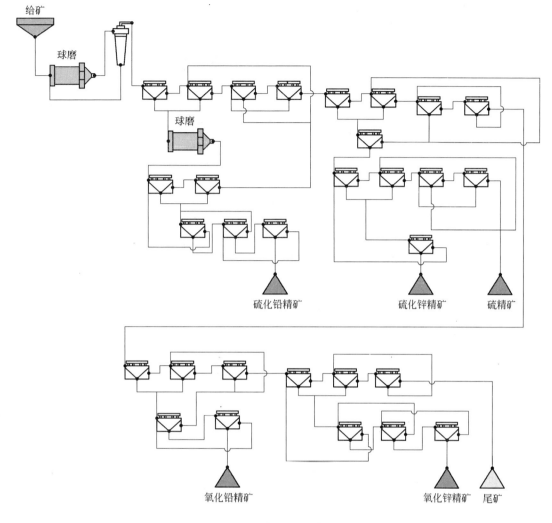

图 10.7　会泽铅锌矿的设计工艺流程

10.1.3.2　浮选机在昭通铅锌矿的应用

昭通铅锌矿是云南驰宏锌锗公司所属矿山，2009 年建成投产，处理量达到 2000t/d。采用两段磨矿，磨矿细度–0.074mm 占 60% ~ 85%，给矿浓度 30%，进入铅硫粗选作业；铅硫粗选精矿再磨达到–0.043mm 占 90%，经过两次铅硫精选的精矿进入铅硫分离作业，经过一次粗选两扫和两精产出铅精矿和硫精矿；铅粗选的尾矿经过扫选后进入锌粗选作业，经过一粗三扫两精生产出锌精矿，工艺流程如图 10.8 所示。整个选矿厂的浮选流程设计两个系列，采用了 7 台 BF-16 和 103 台 BF-8 的浮选机，BF 型浮选机既可作为直流槽又可作为吸浆槽使用，整个选矿厂采用水平配置，简洁美观；浮选设备采用了先进的自动控制技术，浮选机操作简单，维护方便。从 2009 年至今，已经稳定生产 3 年多，浮选机运行稳定，生产指标达到了设计要求（图 10.9）。

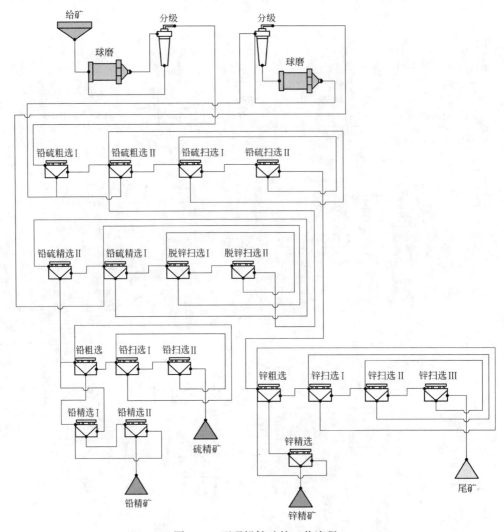

图 10.8 昭通铅锌矿的工艺流程

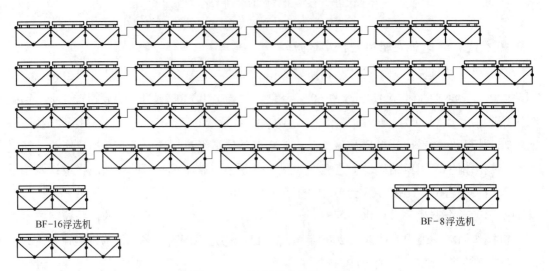

图 10.9 昭通铅锌矿的浮选车间

10.1.3.3 浮选机在厂坝铅锌矿的应用

厂坝铅锌矿是白银有色金属集团公司所属矿石，2009 年完成技改，处理量达到 4500t/d；原矿密度不大于 2.85t/m³；采用两段磨矿，磨矿细度达到–0.074mm 占 85%，给矿浓度不大于 30%，进入铅粗选作业；铅粗选精矿再磨达到–0.043mm 占 92.5%，经过四次精选生产出铅精矿。铅粗选的尾矿经过扫选后进入锌粗选作业，锌粗选精矿再磨达到–0.043mm 占 92.5%，经过三次锌精选作业生产出锌精矿，工艺流程如图 10.10 所示。

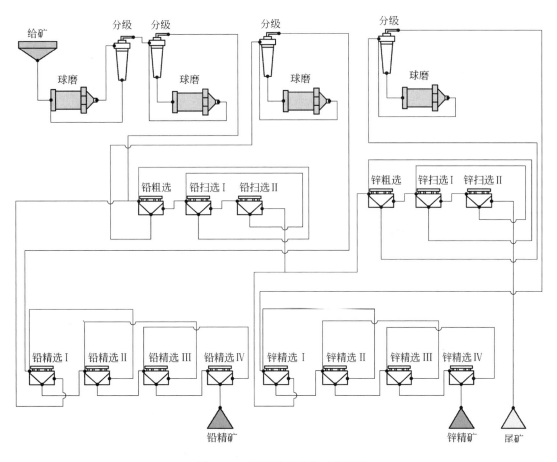

图 10.10 厂坝铅锌矿的工艺流程

整个选矿厂的浮选流程设计一个系列，采用了大容积 KYF/XCF-50 的浮选机，进行铅锌粗扫选作业，XCF 作为吸浆槽使用，整个选矿厂采用水平配置。KYF-50 浮选机是国内到目前为止在铅锌矿使用的最大容积的浮选机。采用 KYF/XCF-10 浮选机分别进行铅、锌的精选作业。整个选矿厂浮选机的配置情况如图 10.11 所示。

一共采用了 18 台 XCF/KYF-50 浮选机和 15 台 XCF/KYF-10 浮选机。从 2010 年至今，已经稳定生产 2 年多，浮选机运行稳定，生产指标达到了设计要求。

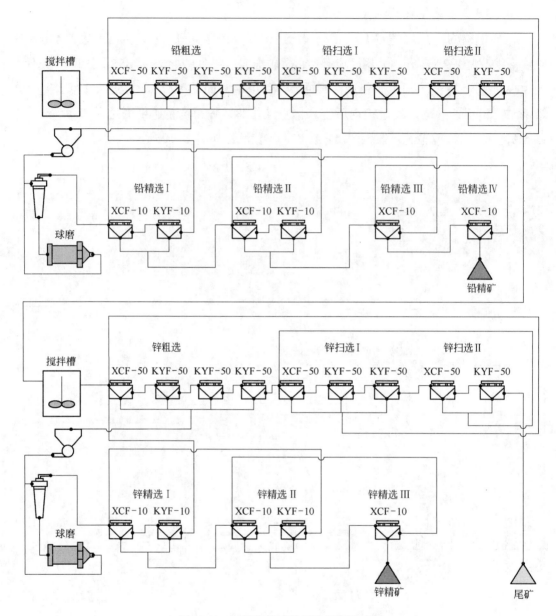

图 10.11 厂坝铅锌矿的浮选机配置情况

10.1.4 浮选机在镍矿的应用

镍矿作为硫化矿的一种，浮选工艺采用的浮选机种类较多，不仅有自吸气的 JJF 型、GF 型浮选机，也有 KYF 型外加充气浮选机。浮选机的容积从 $0.7m^3$ 到 $160m^3$，都有采用。槽体外形上有 U 形、正八边形和圆形三种。小型的浮选机一般采用水平配置，$50m^3$ 以上的浮选机采用阶梯配置。吉林镍业由于处理能力较小，采用小容积的 GF 系列浮选机。金川集团作为中国最大镍生产厂商，其选矿的处理能力将近 30000t/d，采用的浮选机种类较多，主要有 KYF 型、JJF 型和 GF 型。本小节主要对浮选机在金川集团三选厂（6000t/d）和新选厂（14000t/d）的应用情况进行介绍。

10.1.4.1　浮选机在金川集团三选厂的应用

金川集团三选厂处理量为 6000t/d，金属矿物主要是磁黄铁矿、镍黄铁矿、黄铜矿，脉石矿物主要是蛇纹石、橄榄石和辉石。

选矿流程如下：两段磨矿后，给入一段粗选，一段粗选精矿品位较高，经过两次精选后直接出镍精矿；一段粗选尾矿再磨后进入二段粗扫选作业，中矿顺序返回，二段粗选的精矿经过两次精选后直接出镍精矿。一段和二段镍精矿合并为总精矿进入脱水作业。磨矿产品粒度一段磨矿产品 P_{80} 为 100μm，二段磨矿产品 P_{80} 为 74μm，再磨回路产品 P_{80} 为 50μm。入选浓度为 30% 左右。浮选机 KYF-50 进行粗扫选作业，采用 KYF-24 浮选机进行精选作业。其配置如图 10.12 所示，每个作业设备配置明细见表 10.7。

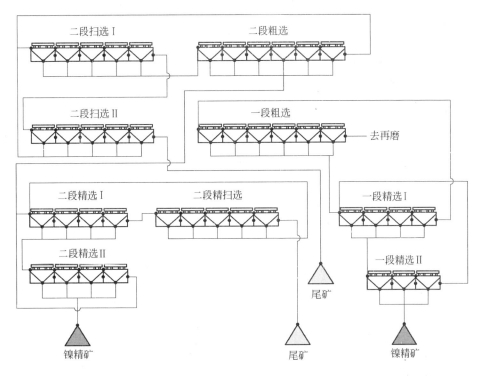

图 10.12　浮选机配置情况

表 10.7　浮选机配置明细

作业名称	浮选机型号	数量	吸浆槽数量	配置特点
一段粗选	KYF-50	6	1	
一段精选 I	KYF-24	4	1	
一段精选 II	KYF-24	3	1	
二段粗选	KYF-50	6	1	
二段扫选 I	KYF-50	5	1	水平配置
二段扫选 II	KYF-50	5	1	
二段精选 I	KYF-24	5	1	
二段精选 II	KYF-24	4	1	
二段精扫选	KYF-24	4	1	

KYF-50 浮选机在 6000t/d 工程生产中，设备运行良好（彩图 7），6000t/d 投产两年来，浮选机性能稳定，选矿厂 6000t/d 系统达产达标后在 2003 年 9 月底进行流程考查指标，原矿镍品位为 1.45%、铜品位 0.89% 的情况下，精矿镍品位 9.36%，精铜品位 4.58%，精矿氧化镁降低至 6.7%，尾矿镍品位 0.22%，尾矿铜品位 0.21%，镍回收率 86.69%，铜回收率 71.65%，指标达到或超过了设计指标，系统指标整体优于同期二选车间 5 号系统的指标。

KYF-50 浮选机节能效果明显，其装机容量 75kW/台、浮选机单位容积功率 1.5kW/台，与充气搅拌式 BS-M8 浮选机装机容量 30kW/台、单位容积功率 1.875kW/台相比，KYF-50 浮选机装机容量节省 25%；与机械搅拌式 6A 浮选机装机容量 11kW/台、单位容积功率 3.928kW/台相比，KYF-50 浮选机装机容量节省 160%，KYF-50 浮选机节能效果非常明显。设备运行良、故障率低。浮选机液位自动控制可靠，操作方便，浮选机运行平稳，泡沫层稳定，没有翻花现象；搅拌力强，矿浆流向稳定；槽内矿粒分匀，无分层现象；槽内没有死区，无矿浆沉积现象的发生；在满槽停车 8h、24h、48h 及 144h 后仍能正常启动，满足了机满槽矿浆长时间停车后启动的要求。KYF-50 浮选机泡沫层较厚，达 100~200mm，而且可根据需要调节，有利于提高精矿品位和降低氧化镁含量[4]。

10.1.4.2　浮选机在金川集团新选厂的应用

金川集团新选厂的处理量为 14000t/d，工艺流程与三选厂（6000t/d）基本一样，选厂设计为两个系列。浮选机采用当时国内最大容积的 KYF-160 外加充气机械搅拌式浮选机，精选系统采用 GF/JJF-24 和 GF/JJF-28 联合机组。其各个作业配置明细见表 10.8。

表 10.8　浮选机配置明细

作业名称	浮选机型号	数量	吸浆槽数量	配置特点
一段粗选	KYF-160	6		阶梯配置，高差 0.8m
二段粗扫选	KYF-160	12		阶梯配置，高差 0.8m
一段精选 I	GF/JJF-28	12	4	水平配置
一段精选 II	GF/JJF-28	6	2	水平配置
二段精选 I	GF/JJF-28	8	2	水平配置
二段精选 II	GF/JJF-28	4	1	水平配置
二段精选 III	GF/JJF-28	4	1	水平配置
中矿粗选	KYF-160	2		阶梯配置，高差 0.8m
中矿扫选	KYF-160	2		阶梯配置，高差 0.8m
中矿精选 I	GF/JJF-28	4	1	水平配置
中矿精选 II	GF/JJF-24	4	1	水平配置
中矿精选 III	GF/JJF-24	2	1	水平配置

10.1.5　浮选机在钼矿的应用

钼矿是硫化矿的一种，一般以辉钼矿形式存在，可浮性较好。应用的浮选机类型与铜矿相似，以外加充气式浮选机为主。BF 型浮选机和 GF 型浮选机在精选和精扫选系统应用较多。国内钼矿应用最大的浮选机容积为 320m^3。从 2004 年开始，浮选柱在钼矿精选作业开始推广应用，具有替代精选浮选机的趋势。本节选取四家典型的万吨级钼选矿厂进行介绍，其浮选设备配置见表10.9。

表 10.9 四家万吨级钼矿厂浮选机的配置

选矿厂名称	处理量/t·d⁻¹	作业名称	浮选机类型	数量	配置方式
洛钼二公司万吨选厂	10000	扫选	Wemco130	8	阶梯配置
河北鑫源钼业有限公司	8000	粗扫选	KYF-50 KYF-10	12 6	水平配置
永煤龙宇钼矿万吨选厂	10000	扫选	KYF-40	32	阶梯配置
伊春鹿鸣矿业	50000	粗扫选	KYF-320 KYF-130 KYF-100	18 8 4	阶梯配置
		精选	XCF/KYF-20 GF-2	10 7	水平配置

10.1.5.1 浮选机在洛钼二公司万吨选厂的应用

洛钼二公司万吨选厂处理量 10000t/d，工艺流程如下：一段粗磨进入粗选，粗选精矿再磨后进入浮选柱进行精选，精选尾矿进行精扫作业，其精矿顺序返回，底流进再磨。粗选扫选采用浮选机，精选采用浮选柱，精扫选采用浮选机。形成两段磨矿、精选闭路的技术特点，其流程如图 10.13 所示。

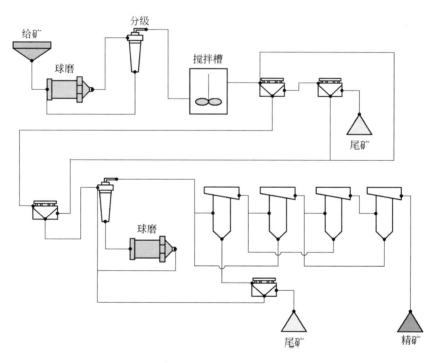

图 10.13 精选浮选柱、粗扫选采用浮选机、精选段闭路流程

设备配置见表 10.9，粗选段采用 φ4.0m×12m 浮选柱 4 台，浮选时间约为 26min；扫选段采用 130m³ 浮选机，浮选时间约为 64min，8 台扫选作业间阶梯配置，必须采用中矿返回泵。

该选矿流程粗选段磨矿细度-0.074mm 约占 65%，为了提高产量粗选段可以适当放粗到 55%，由于采用浮选机对矿石性质变化的适应能力强，保证粗扫段的回收率。精矿再磨后–0.043mm 约占 90%，给入精选，精选段采用浮选柱，有利于提高精矿品位。较好地利用浮选机和浮选柱各自的优点，有效地保证了技术经济指标的实现。但对于黄铁矿、黄铜矿或者高岭土含量较多的矿石性质，精扫尾矿矿石粒度较细，–0.043mm 占 90%以上，精扫选后的底流由于有脉石抑制剂水玻璃的分散作用，使精扫尾矿浆表现为"均质体"，且矿粒表面污染严重[5]，难以进行分选。直接返回粗选，一方面细泥污染了粗选的选矿环境；另一方面促进了黄铁矿或者黄铜矿在流程中的不断累积，增重了整个流程的负荷。在这种情况下，需要在精选段开路及时排出精扫的底流，才能有效保证技术经济指标。生产实践表明，在原矿品位约为 0.1%的条件下，系统回收率约为 76%，精矿品位为 45% ~ 52%。

10.1.5.2　浮选机在河北鑫源钼业有限公司的应用

一段粗磨进入粗选，粗选精矿再磨后进入浮选柱进行精选，精选尾矿进行精扫作业，其精矿顺序返回，底流直接抛掉。粗选扫选采用浮选机，精选采用浮选柱，精扫选采用浮选机。形成两段磨矿，精选、扫选开路，双开路的技术特点；流程如图 10.14 所示。

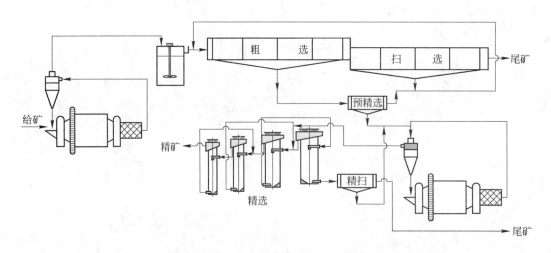

图 10.14　精选浮选柱、粗扫选采用浮选机、精选段开路的流程

该流程配置与上述流程配置基本相同，唯一不同点是精扫选的底流作为尾矿直接抛掉，形成了阶段磨矿的双开流程。该流程配置可以克服上述黄铁矿、黄铜矿或高岭土含量较高带来工艺问题，可减少不必要的多次再磨，将精选段作业抑制的铜、硫铁尾矿单独选别和"过剩"药剂及时排出系统循环，成为解决问题的关键所在。

10.1.5.3　浮选机在永煤龙宇钼矿万吨选厂的应用

永煤龙宇钼矿万吨选厂处理能力 10000t/d，粗选段磨矿细度–0.074mm 占 65%，其工艺流程如下：一段粗磨进入粗选，粗选精矿再磨后进入浮选柱进行精选，精选尾矿进行精扫作业，其精矿顺序返回，底流直接抛掉。粗选采用浮选柱，扫选采用浮选机，精选采用浮选柱，精扫选采用浮选机。形成两段磨矿、精选闭路的技术特点，其流程如图 10.15 所示。

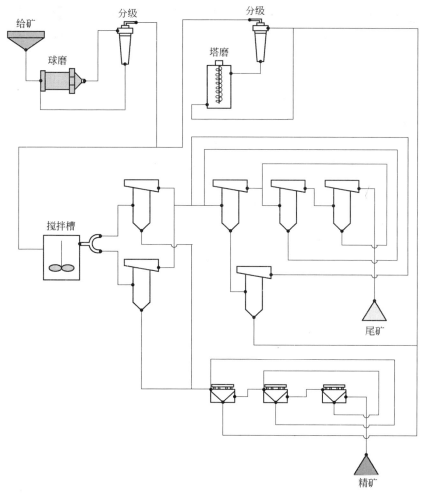

图 10.15 粗选、精选采用浮选柱流程，扫选采用浮选机流程

设备配置见表 10.9，粗选段采用φ4.0m×12m 浮选柱 4 台，扫选段采用40m³ 浮选机 32 台。扫选作业间阶梯配置，泡沫必须采用中矿返回泵。粗选段浮选时间约为 26min，扫选段浮选时间约为 78min，粗扫选总的浮选时间 104min。

该选矿流程粗选采用浮选柱，设计初衷可以把粗选段易浮的目的矿物优先选出，再磨后直接给入精选段，强化了高品位精矿实现；扫选段采用浮选机来保证系统回收率的提高。由于采用浮选柱，粗选段磨矿细度和浮选柱前置搅拌槽高效调浆必须保证。进入扫选段浮选机的矿浆，由于其与药剂长时间的作用，矿物的解离面钝化，不能保证粗颗粒和连生体的有效回收，并且不能完全保证系统的回收率。为了提高回收率需要成倍地增加扫选段浮选时间，增加了过多的能耗，并没有利用浮选柱达到节省能耗的目的。另外，该流程不能克服某些黄铁矿、黄铜矿或者高岭土含量较高的矿石性质不能避免精扫选底流对粗选的污染。该厂原矿品位约为 0.12%，系统回收率90%左右，精矿品位为 45%～52%。

10.1.5.4 浮选机在伊春鹿鸣矿业的应用

伊春鹿鸣矿业处理量为 50000t/d，其磨矿系统采用半自磨加球磨的工艺，磨矿产品分级后进入快速浮选，尽早拿出产品。快浮尾矿进行粗扫选，泡沫产品进入预精选作业，预精选泡沫产品再磨进入精选作业，精选采用浮选柱，精扫选采用浮选机。选用了容积为 $320m^3$、$130m^3$、$100m^3$ 等超大型浮选机（图 10.16）。

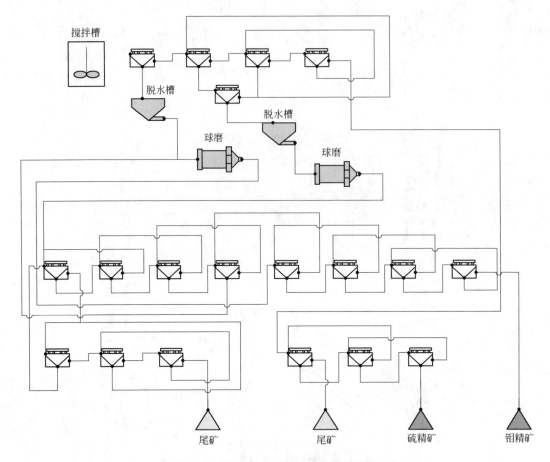

图 10.16　伊春鹿鸣矿业公司浮选机配置

10.2　浮选机在黑色金属矿的应用

　　随着我国钢铁工业的发展，节能减排的压力越来越大，"精料方针"已成为行业共识。此外，由于我国铁矿资源禀赋差，组分复杂，采用常规磁选作业获取高品质铁精矿势必造成回收率的降低，导致资源的浪费。因此，磁选精矿反浮选生产高纯铁精矿的工艺技术日益受到重视。与有色金属选矿相比，铁矿反浮选具有矿浆密度大、矿浆浓度高、泡沫量大、黏度高、所需气量小且对气量要求苛刻等特点，一直是我国矿物加工领域公认的难题，同时，铁矿选矿厂一般规模较大，必须装备大型浮选设备才能满足生产需要。

　　2005 年以前，国内的铁矿山采用的浮选机多以中小型的 BF/JJF 浮选机为主，包括包头钢铁公司选矿厂，鞍山集团的弓长岭、齐大山和胡家庙选矿厂，大红山铁矿选矿厂，海南钢铁公司选矿厂，安阳钢铁公司选矿厂等国内的主要钢铁公司。2005 年后，随着北京矿冶研究总院大型浮选设备的研发成功，同时由于矿业形势的发展特点和大型规模矿山发展的需要，近年来，KYF/XCF-50、KYF/GF-50、CLF-40、KYF-200 等大型浮选机在包头钢铁公司、武汉钢铁集团公司、酒泉钢铁公司、攀枝花钢铁公司、重庆钢铁集团公司、首都钢铁集团公司、隆化顺达矿业公司、承德双滦建龙矿业公司和大红山铁矿等黑色矿山得到了广泛应用。

10.2.1　浮选机在酒泉钢铁公司选矿厂的应用

作为酒钢主要原料基地的镜铁山矿，矿物组成复杂，可选性差，给选矿技术进步设置了天然的障碍。40 多年来，酒钢与国内各大科研院校合作，在矿石预选、磁化焙烧、磁选、选矿流程等方面开展了大量的选矿技术研究，但是铁精矿质量一直没有根本改观，综合精矿品位始终徘徊在 56% ~ 57%左右，从来没有达到过 60%。原料的"先天不足"致使酒钢公司高炉入炉矿品位长期处于全国落后水平。2005 年，在前期研究的基础上，酒钢确定采用阳离子反浮选工艺对酒钢弱磁铁精矿进行提质降杂处理，采用"弱磁选二磁精矿再磨一粗一精四扫反浮选流程"。浮选作业采用 KYF/XCF-50 浮选机，配置两个系列，共使用了 38 台套浮选机并配置液位自动控制系统。每个系列都采用水平配置，省去了中矿泡沫泵，整个流程简洁整齐。从 2008 年 2 月 27 日起，已经实现满负荷生产，处理能力、精矿产量和工艺指标基本达到建设目标及设计指标。经定期测定，在满负荷生产的条件下，入浮选给矿品位 55.04%，$SiO_2$10.55%，选出精矿品位 59.56%，$SiO_2$6.4%。精矿品位提高了 4.52个百分点，SiO_2 降低了 4.15 个百分点，完全达到了设计的指标，每年产生直接经济效益 7000多万元。

KYF/XCF-50 浮选机在酒泉钢铁公司的使用现场如彩图 8 所示。

10.2.2　浮选机在大冶铁矿选矿厂的应用

武钢矿业有限责任公司大冶铁矿选矿厂于 20 世纪 50 年代建设投产，设计原矿处理量为 264 万吨/年，经过多次技术改造，处理能力最高时可达到 400 万吨/年。

由于原矿石性质复杂，铁矿物的嵌布粒度较细，选矿最终铁精矿品位仅 65%左右，硫含量却高达 0.33%，不能满足集团公司对入炉铁精矿质量的要求。为此，大冶铁矿委托长沙矿冶研究院和武汉理工大学进行"大冶铁矿铁精矿提铁降硫选矿技术研究"。根据试验结果推荐先浮—后磁（铜硫混合浮选—磁选—分级—脱硫浮选）流程作为大冶铁矿选矿厂选矿技术改造流程，浮选设备采用 10 台 KYF/XCF-50 浮选机进行粗扫选作业，目前已得到成功应用。

KYF/XCF-50 浮选机在大冶铁矿的使用现场如彩图 9 所示。

10.2.3　浮选机在包头钢铁公司选矿厂的应用

KYF/GF-50 浮选机是属于 KYF/XCF 机组一种特殊机型，针对中矿返回量大及返回泡沫发黏设计。包头钢铁公司选矿厂 3 号、6 号反浮选系统长期使用 BF/JJG-20m³ 浮选机，存在着设备数量多、能耗高、管理维修困难和经济效益低等诸多问题。为进一步提高效益，降低处理成本，提高产品竞争力，包钢公司决定首先对 3 号系统进行改造，在与北京矿冶研究总院多次交流的基础上，按照浮选总时间相等的原则，根据系统现有设备及场地情况，结合国内外浮选设备的发展现状及趋势，决定采用由北京矿冶研究总院研发的 50m³ 浮选机。考虑到系统的要求，北京矿冶研究总院进行了多次技术方案的论证，最终确定了由 KYF-50 充气式浮选机作为直流槽使用，并专门针对包钢的工艺流程设计开发具有自吸气、自吸浆功能的 GF-50 机械搅拌式浮选机作为吸浆槽，充气式浮选机和自吸气浮选机联合使用。这一方案既可有效提高选别指标，又可保证中矿自流返回，保证流程的畅通。

2004 年 3 号系统改造成功，工艺指标获得明显提高，经济效益显著。在此基础上，包钢公司于 2006 年又对 6 号系统改造，获得同样成功。两个系列共采用了 20 台 50m³ 的浮选机。

KYF/XGF-50 浮选机在包钢选矿厂的使用现场如彩图 10 所示。

10.2.4　浮选机在太原钢铁（集团）有限公司尖山铁矿的应用

太原钢铁（集团）有限公司尖山铁矿的原料是鞍山式沉积变质类型的贫磁铁矿，2003 年尖山铁矿采用"阶段磨矿、弱磁选、阴离子反浮选工艺"进行选矿工艺改造，反浮选作业中使用 BF/JJF-16 和 BF/JJF-10 型浮选机机组，改造前精矿品位 65.5%左右，SiO_2 含量约为 8%，改造后获得浮选精矿铁品位 68.9%以上，SiO_2 含量降至 4%以下，反浮选作业回收率为 98.5%左右的指标。

10.2.5　浮选机在鞍山钢铁集团的应用

10.2.5.1　调军台选矿厂

鞍钢集团调军台选矿厂设计规模为处理鞍山式氧化铁矿 900 万吨/年，采用"连续磨矿、弱磁—中磁—强磁、阴离子反浮选"的工艺流程，使用 BF/JJF-20 和 BF/JJF-10 型浮选机机组。在原矿品位 29.6%的情况下，取得了浮选精矿品位 67.59%，尾矿品位 10.56%，金属回收率 82.24%的指标[4]。

10.2.5.2　齐大山选矿厂

鞍钢集团齐大山选矿厂的原料是鞍山式赤铁矿，采用"阶段磨矿、粗细分选、重选—磁选—阴离子反浮选"工艺流程，反浮选作业使用 BF/JJF-10 和 BF/JJF-6 型浮选机。2004 年 4 月以来铁精矿品位一直稳定在 67%以上，尾矿品位也由原 12.5%降至 11.14%，SiO_2 由原 8%降至 4%以下，铁精矿品位比改造前提高 3.8 个百分点，尾矿品位降低 1.36 个百分点，一级品率达 99.80%以上。

10.2.5.3　东鞍山烧结厂

鞍钢集团东鞍山烧结厂处理鞍山式假象赤铁矿，2003 年东鞍山烧结厂进行工艺和设备改造，采用"两段连续磨矿，中矿再磨，重选—磁选—阴离子反浮选工艺"，反浮选作业中使用 BF/JJF -16 型浮选机，改造后铁精矿品位达到 66%以上，尾矿品位降低到 19.53%左右。

10.2.5.4　弓长岭矿业公司

鞍钢集团弓长岭矿业公司二选厂处理的矿石是鞍山式磁铁矿，2003 年鞍钢集团弓长岭矿业公司实施"提铁降硅"反浮选工艺技术改造，采用阳离子反浮选工艺，对磁选铁精矿进行反浮选提铁降硅，采用北京矿冶研究总院研制的 BF/JJF-20 型浮选机 39 台。铁精矿品位由改造前的 65.55% 提高到 68.89%，铁精矿品位提高了 3.34 个百分点；SiO_2 含量由过去的 8.31%降低到 3.90%，降低了 4.41 个百分点。反浮选作业铁回收率达到 98.50%，产品质量跻身于世界一流水平[3]。2003 年 9 月，以弓长岭矿业公司"提铁降硅"反浮选工艺技术改造成果为主要内容的"鞍钢贫磁（赤）铁矿新工艺、新药剂的研究及工业应用"获得全国冶金行业科技进步特等奖。

鞍钢集团弓长岭矿业公司三选厂是一个年产 100 万吨赤铁精矿的选矿厂，处理的矿石是赤铁矿，采用成熟的阴离子反浮选工艺，使用 BF/JJF-20 型浮选机 44 台。2005 年 7 月 1 日投产以来，日产赤铁精矿 2500t，精矿品位达到 66.5%以上。

10.2.6 浮选机在承德双滦建龙矿业有限公司的应用

该公司罗锅子沟铁矿具有矿床规模大、矿石品位低、共伴生元素多、矿石性质复杂的特点，是典型的低铁、低磷、低钛、低钪、低钴的含钒矿石。该项目回收磁选尾矿中含有磷、钛等有价金属，由于磁选尾矿密度大、粒度粗、浓度高、易沉槽的特点，在原有浮选设备技术条件下无法回收，2005 年由于该公司采用了 14 台 CLF-40 浮选机解决了尾矿回收的技术难题。2006 年，建成开始试产，将钛、磷综合回收利用新工艺、新技术用于生产实践，盘活了这一多年来呆滞的大型矿产地，实现了经济效益、社会效益和环境效益同步提高。不仅给公司带来了新的经济收入，而且提高了资源利用率，形成了 4000t/d 生产能力。

10.2.7 浮选机在首钢秘鲁铁矿的应用

首钢秘鲁铁矿目前处理的矿石为含铜、低磷高硫酸型磁铁矿矿石。矿石中可供选矿回收的主要矿物是铁、铜、钴、硫，需要选矿丢弃的矿物是 SiO_2、Al_2O_3、CaO、MgO 等。矿石中金属矿物以磁铁矿为主，其次是半假象赤铁矿、假象赤铁矿、褐铁矿、黄铁矿、白铁矿、磁黄铁矿、黄铜矿，另有少量铜蓝、闪锌矿、方铅矿、辉铜矿等，脉石主要是阳起石、透闪石和普通角闪石[1]。矿石中的有害组分磷、砷含量很低，对选矿产品质量影响很小，但是硫含量很高，选矿过程中必须采用脱硫作业，以获得合格的铁精矿。因此选矿厂采用了阶段磨矿、弱磁选回收矿石铁矿物，利用浮选进行脱硫作业获得最终精矿的作业流程。原矿性质见表 10.10，浮选作业采用黄药作为捕收剂，采用 DOW FROTH 1012 为起泡剂。

表 10.10 矿石性质

矿石密度/g·cm^{-3}	TFe 含量/%	FeO 含量/%	S 含量/%
4.2	55.8	21.5	3.232

目前，整个选矿厂总共有十个系列，其中两个系列为生产粗颗粒铁精矿的粗粉系列，其余八个系列为生产细颗粒铁精矿的细粉系列。

为了减少磨矿量，降低磨矿能耗，选矿厂设计时设计了粗粉系列，生产粗铁精矿。粗粉系列采用棒磨机与旋流器闭路磨矿，旋流器溢流经过弱磁选、浮选脱硫及浮选精矿旋流器分级，浮选精矿的旋流器溢流通过弱磁选脱水后再经球磨机细磨之后转入细粉系列，旋流器底砂通过筛分脱水成为粗粉产品。粗粉系列生产工艺流程如图 10.17 所示。粗粉系列浮选机的给矿粒度为–0.074mm 占 48.3%，给矿粒度较粗，矿石比达 4.2，选用 CLF-8 型粗颗粒浮选机。

两个粗粉系列共采用 10 台 CLF-8 浮选机，分别于 2008 年和 2011 年投入生产。CLF-8 型粗颗粒浮选机运转平稳，液面稳定，具有良好的浮选工艺指标。粗粉系列的生产指标见表 10.11，其中粗粉精矿是粗粉系列浮选后的精矿筛分后的筛上颗粒，筛下的细颗粒进入细粉生产流程。

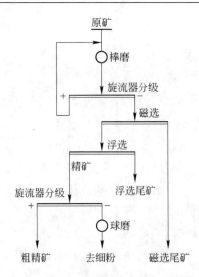

图 10.17　粗粉系列生产工艺流程

表 10.11　粗粉系列的生产指标

项　目	−0.074mm 含量/%	矿浆浓度/%	矿石密度/g·cm⁻³	Fe 含量/%	S 含量/%
浮选给矿	48.3	38.5	5.0	63.8	1.336
浮选精矿	55.4	36.8	5.0	67.0	0.432
浮选尾矿	58.0	5.2	4.8	30.5	13.212
粗粉精矿	23.7			66.6	0.432

10.3　浮选机在稀贵金属矿的应用

　　金矿是稀贵金属的代表性矿石种类。金矿用浮选机一般以外加充气式浮选机为主，小型矿山也有采用 GF 浮选机，配置方式阶梯配置和水平配置兼而有之。国内主要金矿浮选设备型号见表 10.12。

表 10.12　浮选机的配置情况

矿山名称	处理量/t·d⁻¹	浮选机型号	台数/台	配置方式
崇礼紫金	3000	XCF/KYF-30	12	水平配置
		XCF/KYF −6	8	
珲春紫金	10000	XCF/KYF −40	40	水平配置
	6000	XCF/KYF −24	42	
		XCF/KYF −4	10	
河南金源	3000	CLF-30	13	水平配置
		CLF −8	6	
锦丰金矿	4000	KYF-100	9	阶梯配置
		KYF-40	6	
		KYF-50	6	
滩间山金矿	2500	XCF/KYF −20	8	水平配置
		XCF/KYF −6	4	

续表 10.12

矿山名称	处理量/t·d⁻¹	浮选机型号	台数/台	配置方式
焦家金矿	6000	KYF-100	9	阶梯配置
		XCF/KYF -8	3	水平配置
三山岛	6000	KYF-160	5	阶梯配置
		XCF/KYF -8	3	水平配置
招金贵合	4000	KYF-100	5	水平配置
阿希金矿	2000	XCF/KYF -40	12	水平配置
		XCF/KYF -6	6	

　　锦丰金矿是国内金矿选矿上最早采用的大型浮选机的矿山。下面主要介绍浮选机在锦丰金矿上的应用。

　　贵州锦丰金矿（又名烂泥沟金矿）位于黔西南自治州贞丰县，是中国卡林型难选冶原生金矿发现和开发利用最早、探明和控制储量最多的地区。矿区金矿储量达到 110t，远景储量在 130t 以上，是世界级特大型金矿，储量占黔西南州成矿片区金矿总量的 42%。烂泥沟金矿属于微细浸染型难选冶原生金矿，资源丰富但品位低、难选冶。由于其特殊的工艺性能，冶炼开发的难度很大，一直制约着该金矿的开发利用。该矿采用世界上最先进的细菌氧化工艺进行开发，运用成熟的细菌预氧化技术，经现场培育菌种，扩大繁殖，采用浮选—细菌预氧化—炭浸—解析冶炼工艺，全部建成投产后，每年可处理矿石 120 万吨以上，年产黄金可达 6.25t，成为亚洲最大的世界特大型矿山。

　　其浮选作业采用浮选机型号见表 10.13。

表 10.13　浮选机的配置情况

作业名称	浮选机型号	台数/台	配 置 情 况
预浮选	KYF-50	2	1 台给矿箱+2 台 KYF-50m³ 浮选机+1 台尾矿箱；1 套液位检测及自动控制系统，1 套充气量自动控制系统
第一段粗选浮选机	KYF-50	4	1 台给矿箱+2 台 KYF-50m³ 浮选机+1 台中间箱+2 台 KYF-50m³ 浮选机+1 台尾矿箱，2 套液位检测与自动控制系统，2 套充气量自动控制系统
第二段粗选浮选机	KYF-100	3	1 台给矿箱+3 台 KYF-100m³ 浮选机+1 台尾矿箱，1 套液位检测与自动控制系统，1 套充气量控制系统
第二段扫选浮选机	KYF-100	6	1 台给矿箱+2 台 KYF-100m³ 浮选机+1 台尾矿箱，1 台给矿箱+2 台 KYF-100m³ 浮选机+1 台尾矿箱，1 台给矿箱+2 台 KYF-100m³ 浮选机+1 台尾矿箱，3 套液位检测与自动控制系统，3 套充气量自动控制系统
精选/精-扫选浮选机	KYF-40	6	1 台给矿箱+2 台 KYF-40m³ 浮选机+中间箱 1 台+2 台 KYF-40m³ 浮选机+中间箱 1 台+2 台 KYF-40m³ 浮选机+尾矿箱 1 台，3 套液位检测与自动控制系统，3 套充气量自动控制系统，3 套刮板传动装置

　　其配置方式如图 10.18 所示，生产中的浮选机如彩图 11 所示。

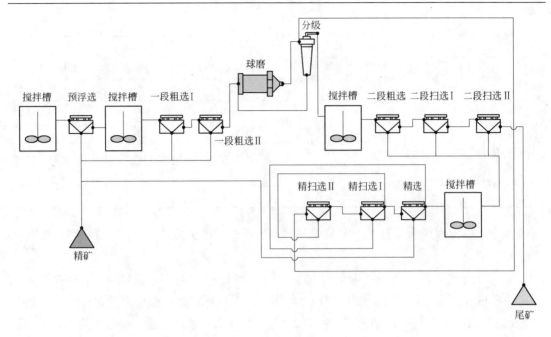

图 10.18 浮选机的配置方式

10.4 浮选机在非金属矿的应用

本节主要介绍浮选机在钾盐矿、磷矿和石英砂矿等非金属矿物的应用。

10.4.1 浮选机在钾盐矿的应用

钾盐选别存在浮选泡沫量大、泡沫较虚、易结盐等问题，尤其是结盐会导致空气分配器堵塞，给矿箱、中间箱、尾矿箱、浮选槽体的死角沉矿等，给浮选机设计带来了新的设计难题。浮选机在钾盐矿应用的型号较多，有 XCF/KYF 型、BF 型、JJF 型和 CLF 型多种，配置方式上以水平配置为主。代表性钾盐选矿厂包括国投罗钾、青海盐湖和青海元通等公司，其使用的浮选设备型号见表 10.14。

表 10.14 不同钾盐矿采用浮选机型号

矿山名称	浮选机型号	台数/台	产量/万吨·年$^{-1}$	配置方式
国投罗钾	XCF/KYF-50	80	120	水平配置
盐湖钾肥	JJF -42	39	100	阶梯配置
青海元通	BF-20、BF-16	20、10	40	水平配置
老挝开元矿业有限公司	CLF-40	12	50	水平配置
	CLF-16	12		水平配置

国投罗钾是国内最大钾盐公司，采用了最先进的浮选机成套技术，其 120 万吨/年选矿工程，分为氯化钾和软钾两大系统，共采用了 80 台 XCF/KYF-50 改进型浮选机。浮选机给料为光卤石分解料浆/钾混盐转化料浆；固相中含有 KCl、NaCl、MgSO$_4$、K$_2$SO$_4$ 等混合物料；其母液主要含 K$^+$、Na$^+$、Mg^{2+}、Cl$^-$、SO$_4^{2-}$ 的饱和母液；料浆 pH 值为 6 ~ 7；粒度：氯化钾系统：0.2mm；软钾系统：–0.15mm 占 80%。其中：

（1）氯化钾系统。给料总体积流量（包括返回量）：粗选：3818.6m³/h，浓度20%～28%，精选1981.3m³/h，浓度16%～18%；扫选：2909.2m³/h，浓度15%～20%。

（2）软钾系统。给料总体积流量：粗选：2280.1m³/h，浓度25%～30%（其中包括返回量扫选精矿：430 m³/h）；扫选：1364.3 m³/h，浓度22%～28%。

针对钾盐的特点，设计了钾盐专用浮选机，完全满足国投罗钾的选矿对浮选机的要求，该浮选机有如下特点：

（1）外加充气浮选机充气量可调，生产中容易保证浮选所要求的最佳充气量；

（2）XCF/KYF浮选机槽内构件少，结构简单，减少了软钾析出结晶的附着点；

（3）XCF/KYF 浮选机易于大型化，大型化后槽内结构还是简单的，不易出现软钾的析出结晶；

（4）针对软钾易结晶的特点，中空轴内加少量冲洗水管进行冲水，及时溶解结晶软钾，使浮选机更加适合国投罗钾的钾盐选别。

其浮选机配置如图10.19和图10.20所示。

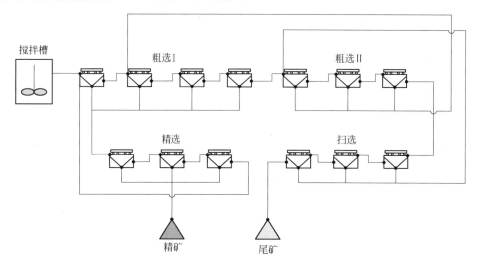

图10.19 氯化钾系统一个系列的浮选机配置方式

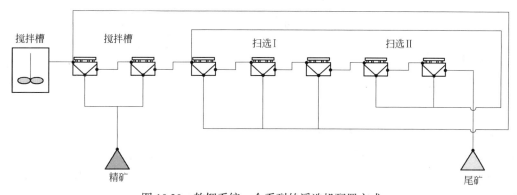

图10.20 软钾系统一个系列的浮选机配置方式

10.4.2 浮选机在磷矿的应用

磷矿是提取磷的主要原料，在化工工业上用来制造磷肥。我国磷矿资源丰而不富，基本储量和经济储量虽都居世界前列，但贫矿多、富矿少、难选矿多、易选矿少。世界大多数国家磷矿石 P_2O_5 品位在 30%左右，我国磷矿石平均 P_2O_5 品位为 17%[6]。在世界磷矿中，资源量最大的是沉积型磷块岩矿(含磷矿物为胶磷矿)，约占 70%以上。中低品位硅钙质胶磷矿利用难度最大，必须采用选矿技术脱除碳酸盐和硅酸盐脉石矿物后，才能满足磷肥加工的要求，因此，开展低品位磷矿的选矿研究，为如何经济有效地开采、回收中低品位磷矿提供技术支撑，这关系着今后磷矿行业的可持续发展。浮选一直被认为是磷矿选矿中最有效的方法，磷矿浮选法包括直接浮选、反浮选、正反浮选、反正浮选以及双反浮选工艺。中国磷矿有三大类型，即：岩浆岩型磷灰石、沉积岩型磷块岩、沉积变质岩型磷灰岩。沉积岩型磷块岩是世界各国中的主要类型，此类矿选矿难度大，其主要工艺目标是去除碳酸盐和硅酸盐脉石矿物。在分选过程中，单一的正浮选工艺往往会因泡沫产量大、泡沫发黏、流动性差等原因，使得常规浮选设备难以适应而导致较低的浮选效率，不能满足选别要求。因此，对于磷矿石的选别，常采用反浮选工艺，或正反浮选工艺相结合的方法。

磷矿自身性质决定了选别工艺，而选别工艺的特点决定了浮选设备的特殊性。多年的生产实践证明，适合于选磷工艺的浮选设备应具备小气量、大槽深、循环性好、易于操作和维护等特点。对于浮选机来说，充气部件阀门灵敏度要高，并易于控制；叶轮应有合适的搅拌强度，并需要保证足够的循环量；吸浆槽浮选机还应具备足够的吸浆能力，吸浆与分选作用不应产生矛盾。

国内代表性磷选矿厂家有湖北黄麦岭磷矿、大峪口磷矿、王集磷矿、翁福磷矿以及云南磷化集团的海口磷矿、安宁磷矿和昆阳磷矿等多家矿山。采用的浮选机以 XCF/KYF 型充气式浮选机为主，配置方式上以水平配置为主。其选用浮选机情况见表 10.15。

表 10.15 各个磷矿采用浮选机情况

矿山名称	浮选机型号	台数/台	处理量/万吨·天$^{-1}$	配置方式
黄麦岭磷矿	XCF/KYF-4	120	100	水平配置
大峪口磷矿	XCF/KYF-16	124	150	水平配置
王集磷矿	XCF/KYF-8、XCF/KYF-4			水平配置
翁福磷矿	XCF/KYF-16	24	250	水平配置
沙特翁福磷矿	KYF-50	20	1250	阶梯配置
海口磷矿	XCF/KYF-50	20	200	水平配置
安宁磷矿	XCF/KYF-30	28	150	水平配置
昆阳磷矿	XCF/KYF-30、XCF/KYF-130	44、8	450	水平/阶梯配置

下面主要介绍浮选机在昆阳磷矿 450 万吨/年项目上的应用。

云南磷化集团昆阳磷矿 450 万吨/年项目是国内最大的单一磷选矿厂，选用了国内最大的浮选装置 KYF-130 浮选机。

云南磷化集团昆阳磷矿 450 万吨/年项目设有两个选矿车间。一车间采用正反工艺，处理能力 150 万吨/年，共两个系列，共采用了 44 台 KYF/XCF-30 浮选机，每个系列 22 台浮选机。在正浮选的作业的首槽采用吸浆量更大的 GF-30 浮选机与 KYF-30 浮选机配套使用，浮选机采用水平配置；二车间采用浮选机和浮选柱联合配置工艺，共采用 8 台 4.5m 直径浮选柱和 8 台容积 130m³ 的充气式浮选机，浮选机间采用水平配置。所有的浮选机都采用先进的液位自动控制系统和气量控制系统。一车间一系列的浮选机配置方式如图 10.21 所示。一车间现场使用的浮选机如彩图 12 所示。二车间浮选机浮选柱配置方式如图 10.22 所示。二车间现场使用的浮选柱和浮选机如彩图 13 所示。

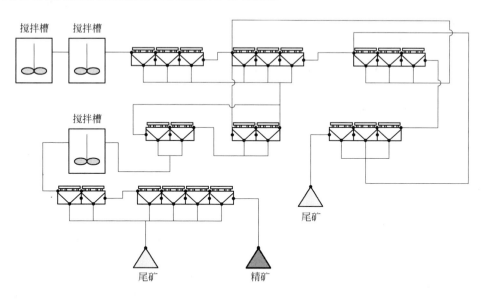

图 10.21　正反浮选工艺一系列采用浮选机的配置

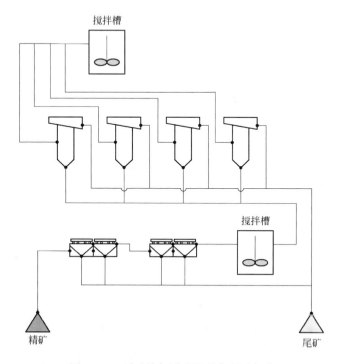

图 10.22　浮选柱与浮选机联合配置方式

10.4.3　浮选机在石英砂矿的应用

高纯度石英砂制备一般采用棒磨擦洗—脱泥—磁选—浮选的工艺。20 世纪 60 年代普遍采用氢氟酸法去除长石，虽有一定效果，但含氟废水得排放导致了严重的污染环境，目前该工艺已被彻底摈弃。现在无氟浮选工艺技术已经成功应用到大规模工业化选矿生产中，是我国硅砂选矿技术研发上的重大突破。

10.4.3.1　石英砂浮选的特殊性

石英砂浮选的特殊性包括：

（1）石英砂浮选入料粒度较粗且粒级单一，入选粒度一般为 0.2~0.7mm，矿浆浓度一般为 30% ~ 40%；

（2）气泡与矿粒黏附力较弱；

（3）药剂与目的矿物需要较长的调浆作用时间；

（4）目的矿物浮选速率快；

（5）需要较大的充气量；

（6）泡沫产品产率大；

（7）槽内产品必须及时顺畅地排出或进入到下一作业；

（8）叶轮-定子使用环境苛刻，磨损严重，必须解决由于磨损下来的铁屑进入精矿产品而导致的二次污染问题。

10.4.3.2　石英砂选矿对浮选机的要求

通过对石英砂浮选特殊性的分析可知，对浮选设备而言，石英砂浮选在不同阶段及同一阶段内对流体动力学状态的要求不尽相同。因此石英砂选矿专用浮选机应遵守以下原则：

（1）建立一个相对稳定的分离区和平稳的泡沫层，减小矿粒的脱落机会；

（2）要求较大的吸气量（或充气量），以形成部分相对大一点的气泡，利于背负粗粒矿物上浮，提高矿粒与气泡的接触机会；

（3）要有较强的搅拌区，保证矿浆充分悬浮；如矿粒不能有效悬浮，则会出现矿物沉淀或分层现象，严重影响浮选过程的进行；

（4）通过叶轮的矿浆量要适当大，以利于物料的悬浮和增加气泡与矿粒的接触机会；

（5）输入功率要低，叶轮对矿浆的搅拌力相对要弱，降低矿浆的湍流强度，以利于粗粒石英砂矿粒与气泡集合体的形成和顺利上浮；

（6）在低搅拌力下，要保证气泡能均匀地分散在矿浆中，同时要保证较石英砂颗粒充分悬浮；

（7）浮选槽要尽量浅，使背负密度大的矿物气泡升浮距离短，同时分离区和泡沫层要更加平稳。

10.4.3.3　浮选机在石英砂选矿上的应用

2004 年通辽矽砂工业公司建成了国内第一条年产 30 万吨浮选精砂生产线。采用了 CLF-8 和 CLF-4 型浮选机联合使用，生产出了 $SiO_2 \geqslant 98\%$、$Al_2O_3 \leqslant 1.0\%$、$Fe_2O_3 \leqslant 0.1\%$ 的产品，达到国家玻璃质量一级品标准。2005 年又采用了 15 台套的 CGF-1 进行浮选精砂的生产。该项目将无氟浮选工艺技术成功应用到大规模工业化选矿生产中，是我国硅砂选矿技术研发上的重大突破，浮选精砂产品的开发成功满足了硅质原料市场的需求，结束了中国北方硅砂品位低、只能作为浮法玻璃原料使用的历史，成为可替代砂岩直接为浮法玻璃生产使用的主料。CLF 浮选机在通辽矽砂工业公司的使用现场如彩图 14 所示。

参 考 文 献

[1] 刘家瑞，刘祥民. 应用选矿—拜耳法工艺处理一水硬铝石型中低品位铝土矿生产氧化铝的工业实践[J].轻金属，2005(4): 11 ~ 14.

[2] 周宏喜，张跃军，谭明，等. 浮选机在铝土矿正浮选中的应用[J]. 有色金属（选矿部分），2012(3): 54 ~ 57.

[3] 谢卫红. 200m³超大型充气机械搅拌式浮选机的研究应用[J]. 有色设备，2010(2): 5 ~ 8.

[4] 高瑞. KYF-50 浮选机在 6000t/d 选矿厂应用的试验研究[D]. 昆明：昆明理工大学，2006.

[5] 李柱国. 铜资源综合回收的实验研究[J].中国钼业，2009(2): 6 ~ 8.

[6] 中国化学矿业协会. 我国磷矿供需形势分析及对策建议[J]. 化学矿物与加工，2004(5): 1 ~ 2.

冶金工业出版社部分图书推荐

书　名	作　者	定价(元)
矿用药剂	张泾生	249.00
现代选矿技术手册(第2册)浮选与化学选矿	张泾生	96.00
现代选矿技术手册(第4册)黑色金属选矿实践	陈雯	65.00
现代选矿技术手册(第7册)选矿厂设计	黄丹	65.00
矿物加工技术(第7版)	B.A.威尔斯 T.J.纳皮尔·马恩　著 印万忠　等译	65.00
探矿选矿中各元素分析测定	龙学祥	28.00
新编矿业工程概论	唐敏康	59.00
化学选矿技术	沈旭　彭芬兰	29.00
钼矿选矿(第2版)	马晶　张文钲　李枢本	28.00
碎矿与磨矿技术问答	肖庆飞	29.00
现代矿业管理经济学	彭会清	36.00
选矿厂辅助设备与设施	周晓四　陈斌	28.00
尾矿的综合利用与尾矿库的管理	印万忠　李丽匣	28.00
煤化学产品工艺学(第2版)	肖瑞华	45.00
煤化学	邓基芹　丁晓荣　武永爱	25.00
泡沫浮选	龚明光	30.00
选矿试验研究与产业化	朱俊士	138.00
重力选矿技术	周晓四	40.00
选矿原理与工艺	丁春梅　闻红军	28.00
现代选矿技术丛书　铁矿石选矿技术	牛福生　等	45.00
选矿知识600问	牛福生　等	38.00
采矿知识500问	李富平　等	49.00
硅酸盐矿物精细化加工基础与技术	杨华明　唐爱东	39.00
矿物加工实验理论与方法	胡海祥	45.00
金属矿山清洁生产技术	李富平　等	46.00